Beschreibung

des

Salzbergbaues zu Hall in Tyrol.

Von

Michael Kopf,

Königl. Bayerischen Salzbeamten zu Aschaffenburg.

Besonders abgedruckt aus Karsten und v. Dechen Archiv
Band XV. Heft 2.

Mit vier lithographirten Tafeln.

Berlin.
Gedruckt und verlegt bei G. Reimer.
1841.

Inhalt.

Dritter Abschnitt.

Betrieb des Salzbergbaues.

Allgemeine Bemerkungen.

Soolen-Vergütung.

Hindernisse des Salzbergbaues.

Seite

Vierter Abschnitt.

General-Befahrung des Salzberges zu Hall im Jahre 1810.

Zustand der Soolen-Erzeugungswerke.

Nachhaltigkeit der Soolen-Erzeugung.

Auf dem schönsten Punkte des Ober-Innthals, mit einer malerischen, bis nach Inspruck reichenden Fernsicht über das weite, reiche Thal, wie über einen Garten, steht am linken Ufer des Inn, zwei Stunden von jener Hauptstadt Tyrols, die Saline Hall, sowohl wegen des Umfangs, der Schönheit und Industrie ihrer Anlagen, als wegen der Grösse der Fabrikation und des Personals, eines der merkwürdigsten Salzwerke in Europa. Es hat in der Periode seines Glanzes jährlich über 400,000 Zentner reines Salz erzeugt, mehr als 700 ständige Arbeiter ernährt, und vor 70 Jahren durch eine originelle, wissenschaftliche Begründung des Salz-Sudwesens, nach vielen und langen theuern Versuchen, um die Salzwerkskunde überhaupt ein grosses Verdienst sich erworben.

An dieser Saline hat der Unterzeichnete, als Jüngling, zwei der schönsten Jahre seiner salinistischen Praxis verlebt, und dabei die Pflicht gehabt, das in ihrem Besitze stehende benachbarte Steinsalzgebirge und den Bergbau, den sie in ihm auf künstliche Soole treibt, zu studiren; er hat diesen grossen Salzbergbau zu Hall in Tyrol, so wie er im Jahre 1814 beschaffen war, nicht nur genau kennen gelernt, sondern auch alle möglichen Materialien darüber gesammelt, ohne damals den Gebrauch, zu dem sie dereinst dienen könnten, auch nur im geringsten zu ahnen.

Später hat er die Erfahrung gemacht, dass von dem Salzbergbau überhaupt keine, oder wenigstens eine sehr unrichtige Vorstellung herrschend ist, und dass selbst in den Vorlesungen über Bergbau auf der Berg-Akademie zu Freiberg im Jahre 1816 so gut als keine Notiz von ihm genommen wurde. Und als er endlich eine solche amtliche Stellung erhielt, die ihm erlaubte, sich seinen Materialien und Gedanken über den Tyrolschen Salzbergbau mit ungestörter, ausschliessender Vorliebe in allen Stunden der Musse hinzugeben, gelangte er zu der Ueberzeugung, dass es nur eine Art gäbe, auf die der Salzbergbau überhaupt betrieben werden soll, und dass jede Abweichung von derselben einen unvermeidlichen Steinsalzverlust zur Folge hat, der mehrere hundert Millionen Zentner beträgt. Diese Ueberzeugung und jene Gleichgiltigkeit, mit der der Salzbergbau bisher betrachtet worden ist, bewogen ihn dann, gegenwärtige Abhandlung, so gut er es vermochte, zu bearbeiten und dem Drucke zu übergeben.

Es lässt sich einwenden, dass es heute zu spät sei, den Zustand eines Bergbaus zu beschreiben, so wie er vor zwanzig Jahren existirt hat. Allein, der Leser wird zu bemerken Gelegenheit finden, dass die Anlagen eines Salzbergbaus, in denen die Soole erzeugt wird, mehr als 50 Jahre lang dauern, und dass die Gebäude, mit welchen das Steinsalzgebirge vor mehrern Jahrhunderten aufgeschlossen worden ist, noch zur Stunde activ und unentbehrlich sind. Die Veränderungen, welche sich nach diesen zwanzig Jahren im Salzberge zu Hall ergeben haben, werden sich daher höchstwahrscheinlich bloss darauf beschränken, dass das eine und andere Soolen-Erzeugungswerk todtgesprochen oder neu angelegt, ein und das andere Feldort aufgelassen oder vorangebracht worden ist. Zuletzt wird dem literarischen Publikum nicht so sehr an diesem Salzberge, als vielmehr an den Grundsätzen, die auf ihn in Anwendung kommen, und auf jeden andern Bergbau bezogen werden können, gelegen sein.

Dass übrigens diese Abhandlung ihre Mängel haben wird, daran ist nicht zu zweifeln. Der Verfasser hat sich auf einem brachliegenden Felde bewegt, und an brauchbarer Literatur so gut als nichts gefunden: es sind seine eigenen Ideen, die er vorlegt, und die grösste Mühe in deren Entwickelung hat wohl darin bestanden, das Misstrauen in sich selbst, welches eine höchst ehrwürdige, vielhundertjährige, jedoch in ganz anderer Weise gegenüber stehende Observanz lange Zeit eingeflösst hat, endlich durch immer gleiche wiederholte Ueberzeugung zu besiegen. Er ist daher auf Zurechtweisungen vollkommen gefasst; er glaubt sogar ein Verdienst dadurch erwerben zu können, indem er vielleicht zu mehrern ähnlichen Beschreibungen, zu immer grösserer Ausbildung der Salzbergbaukunde mittelbare Veranlassung giebt. Sein grösster Lohn aber wird sich immerhin auf die Hoffnung gründen, manchem Berg- und Salinen-Praktikanten, der im Voraus sein Freund ist, die Hauptpunkte, auf die er bei Befahrung eines Salzbergbaues vorzugsweise zu sehen hat, angezeigt, und dadurch das Studium desselben erleichtert zu haben.

Erster Abschnitt.

Natürliche Beschaffenheit der Gegend und ihrer Lagerstätte insbesondere.

Lage des Gruben-Gebäudes.

§. 1. Das Hallthal. In dem Alpengebirgszug, welcher das Ober-Innthal am linken Ufer des Inn begrenzt, liegt eine Stunde nördlich von der Stadt Hall ein nach und nach bis auf eine Viertelstunde sich erweiterndes, anderthalb Stunden langes und bis zur Alpenhöhe äusserst steil ansteigendes Seitenthal, von Südost nach Nordwest streichend, gegen das Ober-Innthal nur auf einer sehr engen Stelle offen, übrigens aber auf allen Seiten von den höchsten Bergen eingeschlossen, unfruchtbar abgeschieden und nur wenige Stunden des Tages von der Sonne erwärmt. Dies ist das sogenannte Hallthal, welches die Lagerstätte des Steinsalzes enthält, aus der die am Ufer des Inn stehenden Salzpfannen der Saline Hall ihre Soole erhalten, und welche nun schon seit mehr als fünfhundert Jahren ihren Segen verbreitet. Von Hall bis zu dem Eingang in das Thal durch die sogenannte Bettelwurfer Schlucht zieht mit bereits beträchtlichem Ansteigen eine wohlunterhaltene Strasse, deren Richtung bald dem Streichen des Thales nach Nordwest immer steiler und steiler folgt, und die fast bis an das Ausgehende desselben, bald zur linken, bald zur rechten Seite des Weissbaches fortsetzt, welcher mit jähem Sturze, grösstentheils durch die ausgeleiteten Grubenwässer gebildet, sich zuletzt in den Innstrom ergiesst, nachdem er die meisten Hallischen Mühlen und Schmieden betrieben hat.

Die vorzüglichsten Berge des Hallthals sind der Vorberg in Südwest, der Bettelwurferkahr, der Lavatscherkahr und das Lavatscherjoch in Nordost, und am Ausgehenden des Thals das hohe Pfeiserjoch und das Wildangergebirg in Nordwest, deren Zusammenhang einen eiförmig geschlossenen, steil abfallenden Gebirgskessel bildet, in welchem auf der merkwürdigen Höhe von 4428 Fuss über dem Meere das Steinsalzgebirge eingelagert ist. So hoch ist nämlich der Standpunkt des Bergamtsgebäudes, welches unter allen Taggebäuden der Grube das ansehnlichste, so ziemlich den Mittelpunkt des sogenannten Salzberges bildet, dessen Ersteigung von Hall zwei Stunden erfordert. Das Hall-Innthalsche Salzbergwerksrevier ist daher durch diese Beschaffenheit des Hallthales scharf begrenzt und abgeschlossen, und von keiner grossen Verbreitung, indem ausser dem Hallthal in andern benachbarten Seitenthälern bisher noch keine Spur einer fernern Steinsalzniederlage vorgekommen ist.

Die Gebirgsart der Berge ist der bekannte Alpenkalkstein, dessen ausgezeichnete Lagen nach Südwest einschiessen: sie selbst sind grossartig, wie alle Berge des Alpenkalksteins; ihre himmelanstrebende Gestalt zeigt in Vorsprüngen, Spitzen und Kämmen die mannigfaltigsten, zum Theil malerischen Folgen der Zerstörung, durch Verwitterung, Auswaschung und Einsturz von Felsmassen, die in bemoosten Trümmern von der verschiedensten Grösse im Rinnsal des Weissbaches durcheinander liegen. Sie sind am Fusse selten mit Lerchen, meistens am Abhange mit Fichten, in grösserer Höhe aber einzig nur mit der Zwerg- oder Legföhre (Pinus pumilio) bewachsen; die inmitten befindlichen kahlen Wände und Flössen, so wie die Gipfel der Berge, haben nicht selten einen jähen, blattförmigen Abfall, der den Gang der Schneelawinen erleichtert und fast jeden Winter gefährlich macht.

§. 2. Das Issthal. Von diesem Alpenkalkstein unterscheidet sich nicht so sehr durch äussere Kennzeichen, als vielmehr durch sein Lagerungsverhältniss ein anderer

Kalkstein, welcher mitten im Hallthal, bevor man die Höhe des Bergamtsgebäudes erreicht, als ein Gebirgskeil ansteht, und sich unter dem Namen Bergangerwand und Kartelserjöchl bis an den untersten Bergaufschluss der Grube hinaufzieht. Von dieser Höhe bis zum obersten Bergaufschluss steht Schotter, und hierauf ausgelaugter Salzthon zu Tage an, worauf wieder ununterbrochen bis zum nahen Gipfel des Salzberges der nämliche Kalkstein erscheint; von diesem Gipfel aber jenseits gegen das hohe Pfeiserjoch und das Lavatscherjoch wieder abfällt, und am Fusse genannter Berge eine kleine Mulde bildet, die sich in halbbogenförmiger Richtung um den Salzberg mit grossem Gefälle hinabzieht, da, wo die Bergangerwand sich prallig auskeilt, in das Hallthal ausmüdet und den besondern Namen **Issthal** führt. In diesem Issthal, welches also bloss eine untergeordnete Seitenschlucht im Hallthal bildet, kommt unter der Dammerde ein schwärzlichgrauer, sehr fetter Thon in dünnen Lagen vor, der für die Grube in Ansehung seiner ausschliessenden Brauchbarkeit zur Anlage der Wöhren besonders schätzbar ist. Und endlich sieht man auf einigen Punkten des Hall- und Issthales ein thoniges Kalksteinconglomerat und hin und wieder, vorzüglich deutlich hinter der Bergangerwand, eine Rauchwacke von gelblichgrüner Farbe, mit grossen Blasenräumen anstehen, welche zum Theil mit einer mergelartigen Masse ausgefüllt sind.

§. 3. **Aeussere Hindernisse des Grubengebäudes.** Von den Sudhäusern der Saline Hall bis zu dem obersten Bergaufschluss beträgt die Ebensohle 30148, und die ihr entsprechende Saigerhöhe 3682 Fuss. Auf dieser Höhe, nahe am Gipfel der Alpen, ringum von nichts als nahen Felswänden eingeschlossen, keine Aussicht, als die Berge und den Himmel über sich, und die steil abfallende Tiefe des Hallthales unter sich, mit kümmerlicher Vegetation, umgeben von dem Schweigen einer wilden Alpennatur, welches nur von Zeit zu Zeit durch die Erscheinung eines aus- oder einfahrenden Bergmanns und das periodische Auslaufen der Hunde unterbrochen wird, auf dieser so einsamen Höhe fühlt man recht die Würde des Bergbaus, dem die blühende Stadt Hall ihr Entstehen verdankt, und dessen Ausbeute seit dem Anfang seines Betriebes sich bereits auf viele Millionen beläuft *).

Bei dieser hohen Lage des Grubengebäudes ist es begreiflich, dass die Beischaffung aller Bedürfnisse unendlich erschwert sein muss. Denn das Hall- und Issthal liefern bloss Bruchsteine, Fichten, Bau- und Brennholz, Lerchenholz und einiges Buchenwerkholz, alle übrigen Materialien und Werkzeuge, die die Grube nothwendig hat, müssen theils aus dem Lavatscherthal, theils aus dem Gleiersthal, theils von dem Dörfnerjoch, vorzüglich aber aus den Material-Vorräthen der Saline am Ufer des Inn, weit und mühsam beigefahren werden. Ein anderer, aus der Beschaffenheit der Tagreviere entspringender Nachtheil ist manchen Winter der häufige Gang der Schneelawinen, der die Communication mit dem Ober-Innthal unterbricht, oder das ganze Personal zwingt, von der Grube abzuziehen. Im letztern Falle ist es eine eigenthümliche Empfindung, wenn bei wachsender Gefahr die Knappschaftsältesten vor der Bergmeisterschaft erscheinen, und im Namen des Personals den Abzug von der Grube beantragen, der dann auch unverzüglich, mit den Rüstigsten auf Schneeraifen voraus, bei den meisten mit Furcht, bei allen in feierlicher Stille, Mann hinter Mann, in dem ausgetretenen Schneepfad durch das Hallthal hinab vollzogen wird.

*) Schon im Jahre 1303 wurde die immer zunehmende Ansiedlung von Salinenarbeitern am Fuss des Inn vom Herzog Otto zu einer Stadt erhoben. mit dem Namen Hall belegt, und derselben ein Wappen mit einem weissen Salzkübel verliehen.

Natürliche Beschaffenheit der Lagerstätte.

§. 4. Das Liegende. Das Steinsalzgebirge von Hall ist, wie gesagt, zuhöchst am Ausgehenden des Hallthals auf dem zusammengreifenden Fuss zwischen dem Vorberg, dem Lavatscherjoch und dem hohen Pfeiserjoch, die Mulde ihres Umkreises ausfüllend, eingelagert; es steht nur allein mit seiner Vorderseite gegen Südost zu Tage an, und ist ohne Zweifel bloss der Ueberrest einer ursprünglich weit mächtiger verbreitet gewesenen Ausfüllung des Hallthals. Der Alpenkalkstein dieser Berge bildet daher das eigentliche Liegende, welches, indem es sich auf drei Seiten weit über den Gipfel des Salzberges hinaus zu hohen Massen erhebt, die Ausdehnung der Lagerstätte in der Länge und Breite auf die anschaulichste Weise begrenzt, und seiner Zeit mit allen Feldörtern der Grube in jeder Teufe des Aufschlusses angefahren werden muss. Bis jetzt ist dieses erst mit einem einzigen Ort, in der Ebensohle des vierten Bergaufschlusses, nämlich mit dem äussersten nordwestlichen Feldort der neuen Holzhamer Schachtricht im Steinberg der Fall gewesen, mit welchem ein trockues Schottergebirge aus scharfkantigen Bruchstücken von Kalkstein, der ohne Zweifal bereits dem Lavatscherjoch angehört, errichtet wurde. Alle übrigen Oerter, deren weiteste Erstreckung, und zwar nach der Länge des Salzberges, von Morgen gegen Abend, oder vom Max Joseph Stollen Mundloch bis zur Leitnerin Ablasswöhr im Königsberg 1820 Stabel *), und nach der Breite, nämlich von Mittag gegen Mitternacht, oder von

*) Bergstabel oder kurz Stabel ist das altherkommliche Grubenmaass auf dem Salzberg zu Hall, welches von allen Vorstehern der Grube, vom Bergmeister bis zum Hutmann, in Gestalt eines Stabes getragen wird, 44. Wiener Zoll misst und in Halbe, Viertel, Achtel und 32stel abgetheilt ist.

dem Feldort der Finger Schachtricht bis zum Feldort der erwähnten Holzhamer Schachtricht im Steinberg 640 Stabel beträgt, selbst das vom Mundloch des Wasserberger Hauptstollens bis zum Mundloch des Max Joseph Stollens 255 Stabel betragende Grubentiefste stehen noch im Salzgebirge. Jedoch ist der Tagepunkt des äussersten südwestlichen Feldorts nicht mehr weit vom Abhange des sogenannten Thürls in der Kette des Vorberges entfernt; der Tagepunkt des äussersten nordwestlichen Feldorts fällt bereits unter die Wegscheide im Issthal, unfern vom Fuss des hohen Pfeiserjoches, und dem Abfalle des Hallthals nach zu schliessen, dürfte auch das dermalige Grubentiefste dem Liegenden schon ziemlich nahe sein. So viel, um ein beiläufiges Bild von dem Auflagerungsverhältniss und der Mächtigkeit der Lagerstätte zu geben, welche überhaupt die Form eines Stockwerks oder einer kubischen Masse hat, dessen äussere Abdachung dem allgemeinen Abfall des Hallthals conform, das schon gegenwärtig auf einen Fassungsraum von wenigstens 297 Millionen Kubikstabel oder 19000 Millionen Kubikfuss eröffnet ist, und wovon sich die Länge zur Breite ungefähr wie 3 zu 1 verhält.

§. 5. Das Hangende. Der Charakter des Gesteins, welches das Salzgebirge bedeckt, lässt sich theils aus der Beschaffenheit der von Tag bis zum Salzgebirge in acht verschiedenen Saigerteufen unter einander aufgeschlossenen Gebirgsarten, theils aus denjenigen Verhältnissen des Gebirges erkennen, unter welchen im Innern der Grube die Selbstwässer entspringen.

Der oberste Bergaufschluss nämlich ist von Tag 234 Stabel in ausgelaugtem Thon, 102 Stabel in einem mit Gips- und Thonmitteln abwechselnden Gebirge, und 240 Stabel bis vor Ort in einem sehr klüftigen Kalkstein aufgefahren.

Der 27 Stabel tiefer liegende Hauptstollen des zweiten Bergaufschlusses steht vom Mundloch 69 Stabel lang in ausgelaugtem Thon, worauf das geniessbare Salzgebirge anfängt, und unter dem Stollenort des ersten Bergaufschlusses weg weit gegen Abend eröffnet ist.

Der wieder um 27 Stabel tiefere Hauptstollen des dritten Bergaufschlusses steht vom Mundloch bis zum Salzgebirge 52 Stabel in einem mit Thon vermengten Schotter, und 122 Stabel in ausgelaugtem Salzthon.

Der um 35 Stabel tiefere Hauptstollen des vierten Bergaufschlusses ist vom Mundloch bis zum anstehenden Salzgebirge 77 Stabel in Schotter und 153 Stabel in einem mit Gips- und Thonmitteln abwechselnden Gebirge aufgefahren.

Der ebenfalls um 35 Stabel tiefere Hauptstollen des fünften Bergaufschlusses steht vom Mundloch bis zum Salzgebirge 79 Stabel in Schotter und Thon und 192 Stabel in Gips.

Der Hauptstollen des sechsten Bergaufschlusses, in einer Saigerteufe von 23½ Stabel unter dem vorigen, steht von Tag bis zum Salzgebirge 75 Stabel in Schotter, 36 Stabel in Thon und 511 Stabel in Gips.

Der um 31 Stabel tiefere Hauptstollen des siebenten Bergaufschlusses 138 Stabel in Schotter und Thon, und 648 Stabel in Gips.

Der tiefste Hauptstollen des achten Bergaufschlusses endlich, welcher in einer Saigerteufe von 77 Stabel unter dem vorigen erst im Jahre 1808 angefangen wurde, steht von Tag 138 Stabel in Schotter, worauf ein fester, wenig klüftiger und unter einem Winkel von 34° einschiessender Kalkstein folgt, in dem das Stollenort am Schluss des zweiten Quartals 1814 bereits 113 Stabel vorgerückt war, während das entsprechende, noch 316 Stabel entfernte Gegenort in sehr höflichem Salzgebirge betrieben wurde.

Aus diesen Daten ziehen wir nun folgende Schlüsse:

a) Der Kalkstein, in dem das Ort des höchsten Hauptstollens aufgelassen ist, und der sich bis zum nahen Gipfel des Salzberges hinaufzieht, so wie jener Kalkstein, durch den der tiefste Hauptstollen von Tag bis zum anstehenden Salzgebirge aufgefahren werden musste, und der sich bis zur Wildangerwand hinunter erstreckt, sind eines Alters und Ursprungs, und bilden das ursprünglich zusammengehangene eigentliche Dach oder das Hangende der Lagerstätte.

b) Später hat eine theilweise Zerstörung dieses Hangenden die Gegend vom 2ten bis zum 7ten Bergaufschluss hinunter getroffen, und das dadurch entblösste Steinsalzgebirge muss Jahrhunderte lang den zerstörenden Einflüssen sowohl von aussen als von innen preisgelegen haben, weil der Salzthon vom 1sten bis zum 4ten Bergaufschluss auf mehr als 200 Stabel von Tag in das Innere des Gebirges ausgelaugt ist, und gegen gleiches Schicksal vom 4ten bis zum 7ten Bergaufschluss nur durch die darauf respective vorliegende ungeheure Gipsbank gesichert war.

c) Aus der Gebirgsabnahme endlich, die in dieser Zeitperiode die Tagrevier des 1sten und 2ten Bergaufschlusses erlitten hat, so wie überhaupt aus der Ablösung von dem Lavatscher- und hohen Pfeiserjoch, hat sich die angeschwemmte, mächtige Decke von Schotter erzeugt, welche vom 8ten Bergaufschluss anfangend, den übrigen steilen Abhang des Salzberges hinunter zu äusserst am Tag, und zwar um so mächtiger ansteht, je tiefer die Punkte sind, auf denen die herabgeschwemmte Masse nach und nach Haltung und Ruhe gewinnen konnte.

Ein noch helleres Licht auf die Natur dieses Hangenden werfen die Selbstwässer-Gebäude im Innern der Grube. Jene in der Ebensohle des 2ten Bergaufschlusses sammt der in Kalkstein aufgefahrenen Korolanz-Schachtricht nehmen das weiteste Feld ein, auf welchem sich ein gräulich- und gelblichweisser, sehr klüftiger Kalkstein von einem eben so klüftigen grauen Gips scheidet. Der Kalkstein bildet nicht selten ein lauteres Gefälle, und die markscheiderischen Bestimmungen seines Verflächens fallen bei jedem Wasserort so verschieden aus, dass das Mittel von 40° wohl nicht als das bleibende Verflächen angenommen werden kann, sondern erst eine Verzeichnung im Aufriss giebt im Durchschnitt ein Fallen von 27—30°. Die saiger unter diesen Wassergebäuden stehende Gebirgs-Revier, in welcher die Selbstwässer des dritten Bergaufschlusses entspringen, ist von geringerer Ausdehnung, jedoch von ganz gleicher Beschaffenheit: grösstentheis Gefälle von Kalkstein auf der Scheidung von krackigem Gips mit bald grössern, bald kleinern Verflächungswinkeln. In der Selbstwasserrevier des vierten Bergaufschlusses endlich ist der Kalkstein verschwunden und die Quellen entspringen bloss auf wenigen Punkten in Gips, der weiter tiefer ganz trocken ist. Sämmtliche Selbstwasserreviere sind ringsum mit Werksanlagen näher und ferner umgeben. Wir glauben daher, obige Schlussfolgerung auf nachstehende Weise fortsetzen zu können.

d) Der Kalkstein, welcher den Gipfel des Salzberges bedeckt, erstreckt sich durch die drei obersten Bergaufschlüsse auf einige 60 bis 70 Stabel in die Teufe der Lagerstätte; er liegt nicht nur auf, sondern auch in dem Salzgebirge, welches widersinnig lautet, indem er nicht zugleich jüngerer und gleichzeitiger Entstehung sein kann.

e) Der Kalkstein des Hangenden, wozu der Gipfel des Salzberges, die Wildangerwand und das Kartelserjöchl gezählt werden, bildet daher keine eigene Formation, sondern e s i s t e i n u n g e h e u r e s G e f ä l l e, welches durch was immer für eine gewaltsame Veranlassung von den emporragenden Höhen der das Hallthal constituirenden Alpenberge herabgestürzt sein muss.

f) Die Revolution, die dieses grosse Gefälle verursacht hat, muss in die Zeit gefallen sein, wo die Lagerstätte noch nicht ausgebildet, wenigstens in den obern Teufen noch nicht erhärtet war, weil sonst derjenige Theil des Gefälles, in dem die Selbstwässer des Bergbaues entspringen, nicht bis unter die Ebensohle des 3ten Bergaufschlusses hätte durchdringen können.

g) Sein Sturz wäre vielleicht noch tiefer gegangen, wenn das Gefälle nicht Gelegenheit gefunden hätte, sich auf der Abdachung einer wenigstens zum Theil früher ausgebildeten und erhärteten Gipsbank abzulagern, nämlich derjenigen, die sich mitten in der Lagerstätte aus der Ebensohle des 4ten Bergaufschlusses durch alle Selbstwasserreviere bis in die Ebensohle des ersten hinauf erstreckt. Dass aber diese Gipsbank noch zum Theil weich war, beweiset der Umstand, dass in den Selbstwassergebäuden des vierten Bergaufschlusses hier und da einige Stücke Kalkstein gefunden wurden, die ganz in Gips eingewachsen waren.

h) Endlich muss die Revolution zu einer Zeit stattgefunden haben, wo das Hallthal noch geschlossen und mit der Steinsalzniederlage ausgefüllt war, weil sonst ein flüssiger oder noch nicht erhärteter Zustand der Lagerstätte nach ihrer dermaligen hohen Lage nicht denkbar wäre, ohne zugleich den Begriff einer totalen Zerstörung derselben durch Abfluss der Solution nothwendig damit verbinden zu müssen.

§. 6. Construction des Steinsalzgebirges. Was nun die Beschaffenheit des Steinsalzgebirges selbst betrifft, so ist dasselbe aus vier vorwaltenden Gebirgsarten zusammengesetzt, nämlich aus Steinsalz, Thon, gemeinem Gips und wasserfreiem Gips. Diese Gebirgsarten haben ein scheinbares Verflächen von Nordost nach Südwest unter einem Winkel von 20 — 30°, und wechseln unter den mannigfaltigsten Erscheinungen oryktognostischen Vorkommens in bunter Unordnung und solcher Wiederholung mit einander ab, dass sämmtliche Gebäude, mit Ausnahme der Wasserörter, beständig in ihnen, bald in der einen, bald in der andern, mehr oder weniger aufgefahren und abgeteuft sind. In ihrer Lagerung herrscht nicht die geringste Spur von Schichtung oder flötzweiser Ausscheidung, welche alle tief liegenden Salzgebirge in Deutschland, wenigstens deutlich die sächsischen Soolschächte und die Bohrlöcher zu Schönebeck und im Neckarthal charakterisirt, sondern das ganze ungeheure Salzstockwerk ist das Bild eines durchaus regellos gemengten Niederschlages in einem durchgehends coordinirten und einem solchen quantitativen Verhältniss, dass der Thon die prävalirende, das Steinsalz und den Gips gleichsam einhüllende Hauptmasse der Lagerstätte bildet.

Die vorherrschende Farbe des Steinsalzes ist die graue; untergeordnet sind die weisse und rothe, die nach den Graden ihrer Beschaffenheit und Mischung mannigfaltige Schattirungen von graulichweiss, milchweiss, perlgrau, röthlichweiss und fleischroth erzeugen; blaues Steinsalz findet sich nur höchst selten, aber dann auch im schönsten Berlinerblau; honiggelbes in sehr kleinen Partien nicht gar häufig. Ueberhaupt mangeln zu Hall jene hohen Farben und Farbenzeichnungen, welche andere Steinsalzgruben gewöhnlich so reizend machen.

Das Steinsalz lässt sich in vier Arten des äussern Vorkommens unterscheiden: entweder steht es derb in gediegenen Massen oder sogenannten Kernsalzwänden an, oder es befindet sich von der Grösse einer Nuss bis zu der eines Nestes eingesprengt und eingewachsen in Thon, und bildet in diesem Zustande dasjenige bunte, höchst angenehme Gebirge, welches unter dem Namen Haselgebirge bekannt ist, oder es ist so innig mit Thon gemengt, dass es mit freiem Auge nicht mehr zu erkennen ist (Salzthon), oder endlich, es ist in vollkommenen Würfeln krystallisirt, was indessen äusserst selten der Fall ist, insofern die künstlichen Krystallisationen in den Soolen-Erzeugungswerken nicht hierher gerechnet werden. Das äussere Vorkommen als Salzthon und als Haselgebirge ist bei weitem das vorherrschende, und versetzt das Grubengebäde, nachdem der Gehalt an Steinsalz im Allgemeinen nur zu 35 Procent angenommen wird, in den Rang armer Steinsalzgruben. Kernsalzreviere befinden sich zwar in einem jeden Bergaufschluss, allein ihre Mächtigkeit ist im Verhältniss zur Seltenheit ihres Vorkommens nicht von Belang. Der vorherrschende Bruch des Steinsalzes ist der blättrige, nur selten erscheint fasriges auf gangartigen schmalen Klüften, welche das blättrige durchsetzen. Gediegenes Steinsalz in derben Massen kommt in der Regel rauchgrau, trüb durcscheinend, mit Thon und Sand mehr oder weniger gemengt, und von Gipsadern nach allen Richtungen durchzogen vor; die Stösse der in denselben aufgefahrnen Strecken beschlagen sich in Folge ihrer Auflösung durch die Wetter nach und nach mit einem lockern sandigen Ueberzug, welcher leicht mit rieselndem Geräusch herabfällt, und aus dem der eingewachsene Gips in grössern und kleinern Knauern hervorragt. Ausgezeichnet jedoch ist die Kernsalzrevier im vierten Bergaufschluss, so ziemlich in der Mitte des ganzen Salzlagers, in der Gegend des Rumel- und Feierabendwerkes, über dem Grundner-, Haidenreich- und Gröbner-Werk, theils weil ihre Ausdehnung nach jeder söhligen Richtung mindestens 100 Stabel beträgt, theils aber auch, weil das sogenannte Krystallsalz dieser Reviere vorzüglich rein ist. Seine Farbe ist perlgrau, der Bruch vollkommen blättrig, mit dreifachem

Durchgang der Blätter, und die Durchsichtigkeit nicht selten vollkommen; die Durchgangsflächen sind glänzend von Fettglanz, und die Bruchstücke würflich, die sehr oft mit buntem Farbenspiel wechseln.

Der Thon ist im ersten Fall vom Steinsalz so innig durchdrungen, dass er dadurch in allen Eigenschaften und Anwendungsfähigkeiten dem gemeinen Thon ganz unähnlich wird. Im Salzberg zu Hall lassen sich sehr deutlich zwei Abänderungen unterscheiden, der salzarme Thon und der Thon des Haselgebirges. Jener ist aschgrau, von fester Cohärenz und erhält durch einen grossen Antheil beigemengten Sandes ein mergelartiges Ansehn mit magerer Anfühlung; der Thon des Haselgebirges hingegen ist mehr oder weniger dunkelgraulichschwarz, er fühlt sich fetter an, und hat wegen des butzen- und nesterweise eingesprengten Steinsalzes einen lockern Zusammenhang. In beiden Abänderungen finden sich sehr häufig unvollkommene Kugeln von der Grösse einer Nuss bis zu zwei Fuss im Durchmesser eingewachsen, gleichfalls Thon, aber immer dunkler von Farbe, mehr erhärtet und stets mit einer glänzenden äussern Ablösung versehen. Nicht selten ist der Thon dieser Kugeln leberröthlich- und schwärzlichbraun, immer zeigt er jedoch die Eigenschaft, dass er, wenn die Kugel offen ist, sich sehr leicht in scheibenförmige Stücke absondert, welche auf den Ablösungsflächen mit einem weissen, zarten Salzhäutchen beschlagen sind, und sich feinerdig anfühlen. In gleicher Kugelform findet sich ein grünlichgrauer Sandstein eingewachsen, jedoch so selten, dass er in geognostischer Beziehung verschwindet.

Der gemeine Gips erscheint gewöhnlich schmutzig graulichweiss, nur sparsam hellweiss in Nestern und Adern, die durch die Mittel des schmutzig graulichweissen ziehen, auch röthlichweiss und blass fleischroth. Er hält auf eine unscheinbare Weise die ganze Thonmasse auf die nämliche Art, wie das Steinsalz, durchdrungen, oder vielmehr er ist ein unzertrennticher Begleiter des Steinsalzes. Dies beweisen die häufigen Selenitkrystalle, die in der Stammkrystallisation aus der Soole in allen Werks-Anlagen anschliessen, und meistens von schmutzig gelber Farbe, klein und sehr klein, auch lang und nadelförmig, in mannigfaltigen, gewöhnlich sehr schönen Gruppen, alle Hervorragungen, besonders gerne die augezimmerten Sümpfe der Soolenablässe überziehen. Er tritt aber auch, wie das Steinsalz, derb in grossen Massen hervor, und zwar mit eigener Vorliebe immer in der Nachbarschaft gediegener Kernsalzwände, die er in allen Richtungen durchsetzt oder plötzlich mit ihnen abwechselt. In diesem Verhältniss ist unter den bisher aufgeschlossenen Bergen keiner, dessen Stollen und Strecken nicht mehr oder weniger in Gips aufgefahren sind, und um eine beiläufige Vorstellung von der Mächtigkeit seiner Massen zu erhalten, wird nur an die §. 5. berührte Gipsbank erinnert, die aus dem vierten Bergaufschluss bis in die Ebensohle des achten hinunter bereits bis auf eine Teufe von 166 Stabel vor dem Salzstockwerk liegt, und mit dem Hauptstollen des siebenten Bergaufschlusses auf eine Länge von 648 Stabel überfahren worden ist. Dieses merkwürdige, im ganzen Salzlager ohne scheinbaren Zusammenhang und in verschiedenen söhligen und saigern Abständen zerstreute Mit- und Nebeneinandervorkommen von so mächtigen Gips- und Steinsalzbänken deutet auf stattgehabte Mitwirkung chemischer Verwandtschaftskräfte hin, so wie denn schon bei Betrachtung des Hangenden der Gedanke sich aufgedrungen hat, dass die Gipsbank, auf welcher sich der Kalkstein vom Gipfel des Salzberges bis unter die Ebensohle des dritten Bergaufschlusses abgelagert hat, früher ausgeschieden und theilweise erhärtet gewesen sein musste, als der ihn umgebende Salzthon, der zur Zeit, als das mächtige Gefälle, welches das Hangende bildet, stattfand, wo nicht flüssig, doch wenigstens noch weich gewesen sein muss.

Der wasserfreie Gips *) kommt immer in der Nähe des gemeinen Gipses theils würflich, theils dicht vor, der würfliche von blassviolblauer Farbe nicht gar häufig, der dichte von graulichschwarzer, auch braunlichrother Farbe, derb, gewöhnlich in mächtigen Massen mit grobsplittrigem, fast ebenem Bruch, an den Kanten schwach durchscheinend, und von einer solchen Härte, dass er mit dem Knappeneisen Funken giebt, und von dem gemeinen Bergmann beziehungsweise bloss der Stein genannt wird.

Dem wasserfreien Gips untergeordnet, und in ihm eingewachsen, erscheint häufig, vorzüglich auf der Herrnbau-Schachtricht im Mitterberg und auf den Hauptstollen des Königs-, Kaisers- und Erzherzogberges, Rautenspath **) von dunkelbraunlich-schwarzer Farbe, der in bedeutenden Mitteln und krystallisirt in kleinen und sehr kleinen Rhomboedern, inwendig glänzend von Glasglanz, im Bruche blättrig, mit theils grobkörnig, theils dünnstänglich und strahlig abgesonderten Stücken, die dem Grubenlichte schon von ferne entgegen glänzen, an den Kanten durchscheinend und ebenfalls so hart, dass er mit dem Knappeneisen Funken giebt.

Als Seltenheit haben sich übrigens auch natürliches Glauber- und Bittersalz mit und in der Nähe von

*) Dieser wasserfreie Gips aus dem Salzberg zu Hall enthält nach Klaproths Beiträgen zur chemischen Kenntniss der Mineralkörper in 500 Theilen seines Gewichts 74 Kochsalz, 137 Gips, 26 milde Kalkerde und 265 sandigen Rückstand.

**) Nach obigen Beiträgen Beiträgen Klaproths enthalten diese Rhomboeder von Bitterspath in 100 Theilen ihres Gewichts 68 kohlensaure Kalkerde, $25\frac{1}{2}$ kohlensaure Talkerde, 1 kohlensaures Eisen, 2 Wasser und 2 beigemengten Thon.

Steinsalz, dann braune Blende und Apatit in Gips auf der Herrnbau-Schachtricht im Mitterberg; endlich in wasserfreiem Gips eingesprengt Schwefelkies auf der Schneeberger Schachtricht im Königsberg und auf dem Ladron-Sinkwerk im Steinberg, dann Rauschgelb auf dem Panzoldischurf im Königsberg gefunden.

§. 7. Das Frischgebirge. Wir haben gesehen, wie das von dem Hangenden entblösste und gegen Morgen zu Tag anstehende Salzgebirge der drei obersten Bergaufschlüsse über 200 Stabel in das Innere des Gebirges theils von den Tagewässern, theils von den im Innern der Grube entspringenden Selbstwässern ausgelaugt worden ist. Eine verhältnissmässig gleiche Auslaugung muss überall im ganzen äussern Umkreis der Lagerstätte unter dem Hangenden, wie auf dem Liegenden, entweder statt gefunden haben, oder noch stattfinden, wo immer süsse Quellen dagewesen sind, oder noch zur Stunde hausen. Dieses ausgelaugte Gebirge nun, welches immer theils das hoffnungslose Ausgehende der Lagerstätte, theils die Gefahr naher Selbstwässer bezeichnet, nennt der Salz-Bergmann zu Hall Frischgebirge. Es steht bereits auf mehrern Feldörtern, obgleich ganz trocken an, hat eine frische graulichschwarze Farbe, keine Spur eines Steinsalzgehalts und eine lockere Cohärenz. Im Uebrigen ist die Kenntniss dieser Gebirgsart noch sehr unvollständig, indem jedes Ort, wo sie erscheint, schnell aufgelassen wird.

Zweiter Abschnitt.

Anlage des Salzbergbaus.

Allgemeine Bemerkungen.

§. 8. **Mögliche Benutzungsarten der Steinsalzgebirge.** Die künstliche Benutzung der Steinsalzgebirge, dieser so reichen, wo sie sind, gewöhnlich auf mehrere Jahrhunderte nachhaltigen Nationalschätze, ist nur auf zweierlei Weise möglich, nämlich in denjenigen Ländern, wo noch das natürliche Steinsalz ausschliessender Handelsartikel ist, mittelst Führung eines regelmässigen Abbaues, und in denjenigen Staaten, wo blos reines Salz genossen wird, mittelst Auflösung zu Soole, die weiter auf reines Salz behandelt wird. Jede dieser beiden Gewinnungsarten ist mit Verlust an Steinsalz verbunden, jedoch ist dieser Verlust bei der künstlichen Soolen-Erzeugung geringer, als bei dem Abbau. Der Grund davon liegt in dem, allen Steinsalzgebirgen, welche bergmännisch betrieben werden können, gemeinsamen Charakter:

1) dass sie ihrer kubischen Masse nach mit einer ausserordentlichen, in ihrer Art einzigen Mächtigkeit, welche die Versicherung alles in Abbau stehenden Gebirges gegen Einsturz ungemein erschwert, abgelagert sind; und
2) dass der Thon, welcher immer die Hauptmasse der Lagerstätte bildet, alles Steinsalz, welches nicht derb in gediegenen Massen ansteht, theils eingesprengt und eingewachsen, theils auf eine noch unscheinbarere Weise so innigst durchdrungen enthält, dass beide auf mechanischem Wege nicht mehr geschieden werden können. Der Abbau aber ist nur auf jene gediegenen Massen anwendbar; der mit ihm verbundene, unvermeidliche Verlust besteht daher

theils in dem vielen stets edlen Gebige, welches als nöthige Bergfeste ungenossen zurückgelassen werden muss, theils in denjenigen, auch den reichsten Steinsalzgebirgen in vollem Maasse zugetheilten Revieren, die wegen Vorwaltung des Thons in die Klasse untergeordneter Nebennutzung verfallen, oder ganz unbenutzt bleiben. Mit einem so grossen Verluste verträgt sich ächte Grubenwirthschaft nicht, und es ist vorauszusehen, dass in künstlicher Benutzung der Steinsalzgebirge die ausschliessende Anwendung des Abbaues seiner Zeit in dem Maasse verdrängt werden muss, in welchem der Genuss des reinen Salzes über jenen des natürlichen Steinsalzes vorherrschend wird.

Auf eine weitere Betrachtung dieser einfachen, von jedem andern Abbau auf Stockwerken sich wenig unterscheidenden Gewinnungsart lassen wir uns nicht ein, sondern gehen auf den eigentlichen Gegenstand dieser Abhandlung, die Soolenerzeugung, über.

§. 9. Natürliche Soolenerzeugung. Unstreitig wird die Soolenerzeugung auf die einfachste Weise der Natur selbst überlassen, so wie es bei allen Salzquellen der Fall ist, sie mögen freiwillig entspringen oder erbohrt sein. Allein, abgesehen davon, dass es selbst bei tiefliegenden Salzgebirgen äusserst selten ist, die Salzquellen in der erforderlichen Quantität gesättigt zu erhalten, ist dieses Glück am wenigsten bei der hohen, so steil abfallenden Lage des Salzberges im Hallthal vorauszusetzen, weil die Anstauung und Verbreitung der von Tag in das Gebirge eindringenden süssen Wässer zu gering, und die Gelegenheit, sich sehr bald auf dem nächsten Punkt des Bergabhanges als Quellen entbinden zu können, zu leicht ist. Im Hallthal, ungefähr auf der Stelle, wo der zweite Bergaufschluss steht, entsprang eine Salzquelle, die schon über 500 Jahre *) vor Anlage des Salzbergbaues versotten wurde, übrigens ihren Eigenschaften nach unbekannt ist, wahrscheinlich aber sehr mächtig und arm war, weil dazumal alle Quellen des Salzberges dem ihrer Entbindung günstigsten Zuge nach der nahen südöstlichen Tagrevier ausschliessend gefolgt sind. Dies beweiset der bei weitem grösste Theil der Lagerstätte, der zum Erstaunen binnen mehrern Jahrtausenden so unversehrt geblieben ist, und die für diese Zeit verhältnissmässig unbedeutende Zerstörung durch Auslaugung des Salzgebirges, welche in der Saigerteufe zwischen dem 1sten und 2ten Bergaufschluss auf 200 Stabel von Tag in das Innere des Gebirges oben nachgewiesen wurde, und wobei die Quellen im Salzberge sicher den Hauptantheil genommen haben.

§. 10. Künstliche Soolen-Erzeugung. Die künstliche Soolenerzeugung kann entweder unmittelbar im eigenen Körper des Salzgebirges, oder mittelbar in Verbindung mit dem Abbau dadurch geschehen, dass das in Stücken gewonnene Steinsalz theils in der Grube auf hölzernen Rösten oder in Reserven aufgelöst, theils ausser der Grube zur Veredlung geringlöthiger Quellsoolen verwendet wird. Im Betreff der letztern Art kommt zu bemerken, dass sich alles arme Steinsalzgebirge zu einer Auflösung in geschlossenen kleinern Räumen aus dem

*) Schon im Jahre 720 hat der Stifter des Klosters Benedicktbayern, genannt Landfried, diesem Kloster eine bestimmte Nutzniessung von der Saline im Hallthal (Salinae quaedam Hallae in inferiori vallae parte), und ebenso im Jahre 1226 Graf Albert von Tyrol dem Kloster Neuburg zwölf, und im Jahre 1232 der Komende zu Langenmoos ebenfalls zwölf Fuder Salz aus seiner Saline zu Tauer verliehen. Im Jahre 1252 hat Friedrich von Wangen dem Stifte Wiltau den halben Zehend der Saline zu Tauer vermacht, und vier Jahre später versprach Graf Gebhard von Hirschberg dem deutschen Hause zu Botzen jährliche zwölf Fuder Salz.

Grunde nicht eignet, weil dessen vorwaltender Bestandtheil, der Thon, indem er sich nicht ausscheiden kann, eine allseitige Einwirkung des Wassers wegen baldiger Verlegung und Verschlammung verhindert; sie ist daher wieder nur auf gediegenes Steinsalz und überhaupt wegen der Weitläuftigkeit und der grossen Kosten des Verfahrens nur aushilfsweise auf solche Kernsalzreviere anwendbar, die wegen häufiger Durchzogenheit mit klüftigem Gips ohne beständige Gefahr des Ausschneidens und Durchbruchs nicht mit Wasser angelassen werden können.

Die künstliche Soolenerzeugung unmittelbar im eigenen Körper des Salzgebirges unterscheidet sich von der natürlichen blos dadurch, dass die erzeugte Soole immer gesättiget ist, und die in der Lagerstätte entspringenden Quellen theils durch zweckmässige Fassung und Ausleitung unschädlich gemacht, theils gezwungen werden, auf das Salzgebirge nur unter solchen Verhältnissen der Quantität, der Zeit und des Raums einzuwirken, als gemäss der besondern Beschaffenheit der Lagerstätte nothwendig ist, um sie möglichst vollständig zu Genuss zu bringen. Das Bestreben hierbei wird durch folgende zwei Gesetze, die die Natur in der freien Auflösung der Steinsalzgebirge beobachtet, auf das Wesentlichste unterstützt.

1) Die Auflösung findet nämlich auf der Sohle eines mit Wasser angufüllten Raumes im Salzgebirge gar nicht, an dessen Wänden verhältnissmässig wenig, an der Decke aber vor allen am meisten und in dem Maasse statt, als durch unbeschränktes Zugrundesinken aller unauflöslichen Bestandtheile einem nachgezogenen Wasserspiegel immer eine frische Auflösungsfläche des Gebirges entgegensteht.

2) Die ausgeschiedenen Bestandtheile, meistens Thon, nehmen auf der Sohle im Zustande der Auslaugung einen grössern Raum ein, als sie früher an der

Decke im Zustande der Gesteinsfestigkeit eingenommen haben; die Sohle wird daher, wenn der Ueberfluss ausgelaugter Berge von Zeit zu Zeit weggeschafft wird, nach und nach in eben dem Verhältniss über sich ansteigen, in welchem die Decke unter sich abnimmt.

Auf diese beiden Gesetze gründet es sich, dass das Salzgebirge seinem gefährlichsten Feinde, dem süssen Wasser, auf lange Zeit und ohne alle mögliche directe Dazwischenkunft sicher und unbekümmert überlassen werden kann; ferner, dass das reichste wie das ärmste Gebirge zu Genuss kommt, und die Natur, die dieses freiwillig und höchst einfach bewirkt, nur gehöriger Unterstütung bedarf, auf dass ohne den geringsten Bergversatz das ganze Salzstockwerk in einen vollendeten Zustand der Auslaugung mit aller Planmässigkeit verwandelt werde.

§. 11. Begriff des Salzbergbaues. Der Salzberg bei Hall, im Ganzen zu arm, um anders benutzt werden zu können, wird auf künstliche Soolenerzeugung ausschliessend betrieben. Sie geschieht im Allgemeinen dadurch:

1) Dass die Lagerstätte auf den vortheilhaftesten Punkten ihrer Teufe mehrmalen unter einander durch ein System von Stollen und Strecken aufgeschlossen wird, wobei jede Abtheilung zwischen je zwei und zwei Aufschlussebenen ein Berg, und die Saigerteufe jedes Berges die Bergdicke genannt wird.
2) Dass aus der Ebensohle eines jeden Berges auf bestimmten und so vielen Punkten, als die Nachhaltigkeit der Soolenerzeugung erfordert, süsses Wasser bis in die Ebensohle des nächst tiefern Bergaufschlusses geleitet, in künstlich vorgerichteten Räumen bis an die Decke des Salzgebirges gezogen und leise bewegt, in spülender Berührung mit derselben

so lange erhalten wird, bis es zu gesättigter Soole verwandelt ist, worauf diese abgelassen und nach einigen Vorarbeiten neuerdings süsses Wasser eingeleitet, überhaupt dieser Prozess so oft wiederholt wird, bis die ganze Dicke des Berges in der Richtung von unten nach oben mittelst langsamer Abätzung aufgelöst ist. Diese Räume, in denen sich das Wasser zur Soole vergütet, heissen zu Hall Soolen-Erzeugungswerke oder kurz Werke; ihren Boden nennt der dortige Bergmann die Sohle, ihre Decke den Himmel, ihre Seitenwände die Ulmen, und ihre Auflösung die Versiedung. Der Inbegriff nun von allen diesen zu einem zusammenhängenden weitläufigen Grubenbau sich vereinigenden Anlagen und ihrem Betriebe, wodurch theils das Gebirge in den einzelnen Bergen ebensöhlig aufgeschlossen, theils unter sich durch sämmtliche Berge saiger und tonlägig in Verbindung gesetzt, theils endlich die Soole selbst erzeugt wird, dieser Inbegriff ist es, was vorzugsweise unter Salzbergbau verstanden wird, dessen Lehre einen von jedem andern Grubenbau auf Gängen und Flötzen ausgezeichnet verschiedenen, selbstständigen Zweig der Bergbaukunde bildet, und bisher noch äusserst wenig wissenschaftlich bearbeitet worden ist.

§. 12. Erforderliche Eigenschaften der Steinsalzgebirge. Aus dem grossen Umfang, zu dem sich die Soolen-Erzeugungswerke nach und nach erweitern, aus dem Druck, den die in ihnen enthaltene Soolenmasse ausüben muss, endlich aus der bei dem Salzbergbau gewöhnlichen ungeheuern Ausförderung von Flüssigkeiten, die z. B. in Hall nur allein an süssen Quellen jährlich gegen 44 Millionen Kubikfuss beträgt, folgt, dass die Möglichkeit dieses Bergbaus von der natürlichen Beschaffenheit der Lagerstätte wesentlich in zwei Rücksichten abhängt, und diese sind: der äussere Abfall des Gebirges und die Frequenz der Gesteins-Scheidungen im Innern desselben.

Der Salzbergbau kann nämlich nur auf einer solchen Lagerstätte betrieben werden, deren äusserer Abfall so gross ist, dass die ganze Teufe ihrer Mächtigkeit mit Stollen unterfahren werden kann. Ein Aufschluss durch Tageschächte würde die unvermeidlichen süssen Quellen der obern Teufen bis in das Tiefste der Grube verbreiten, und dadurch alle Anlagen und Operationen theils unmöglich, theils höchst unsicher machen. Mag die Kunst in Abteufung und Gewältigung noch so grosse Bürgschaft leisten, in welchen Zustand würde unser Grubengebäude versetzt werden, wenn die Ausförderung seiner Selbstwässer auch nur 24 Stunden lang unterbrochen, oder wenn ihre Menge durch plötzliche, unvorherzusehende Unglücke in dem Maasse vermehrt würde, dass sie bei unzureichenden Förderungsmitteln sich selbst überlassen werden müssten!

Was aber die Frequenz der Gesteins-Scheidungen betrifft, so ist begreiflich, dass jedes Soolen-Erzeugungswerk, welches auf oder in der Nähe von solchen Scheidungen steht, früh oder spät verloren ist, oder vielmehr gar nicht angelegt werden kann, indem es sich denselben nachziehen, und entweder in andere Werke schneiden, oder auf Strecken mit der enthaltenden Soolenmasse schreckbar ausbrechen würde. Der Salzbergbau erfordert also ein Gebirge, wo alles unauflösliche Gestein entweder im kleinern Verhältniss eingewachsen, oder aber in grossen Massen, denen durch Combination ihrer Lagerungsverhältnisse ausgewichen werden kann, isolirt ist; er schliesst für die Möglichkeit seiner Anwendung jedes Vorkommen in Flötzen und Gängen aus, und bedingt eben jenes stockwerksartige grosse Massen-Verhältniss, in dem die Lagerstätten des Steinsalzes gewöhnlich erscheinen.

§. 18. Verlust an Steinsalz. Das, was bei dem Salzbergbau in staatswirthschaftlicher Hinsicht die allergrösste Aufmerksamkeit verdient, ist der Verlust an Steinsalz, welcher unvermeidlich und vermeidlich, je nachdem der Bergbau angelegt wird, mit ihm verbunden ist, und um es offen zu sagen, wenigstens den dritten Theil, vielleicht die Hälfte der ganzen Lagerstätte betragen kann. Dieser Steinsalzverlust lässt sich in den natürlichen und in den künstlichen unterscheiden. Der natürliche bezieht sich theils auf ganze Reviere, die wegen der Nähe von Selbstwassergebäuden, und aus Furcht, neue Quellen zu überfahren, billig ganz unbenutzt gelassen werden; theils auf denjenigen Salzgehalt, welcher in der ganzen Masse des versottenen Gebirges verborgen liegt. In letzterer Hinsicht ist noch keine Rede von den Gefällen, welche in Folge fehlerhaften Betriebes hereinstürzen, sondern von jenem unscheinbaren Salzgehalt, mit dem das versottene Gebirge durchdrungen wird, ohne dass die grösste Vorsicht im Stande wäre, es zu verhindern. Wenn nämlich die Soole eines Werks abgelassen ist, und bald darauf das Werk selbst befahren wird, so findet sich die Werksohle von dem Thon, welcher sich während der Auflösung des Gebirges vom Himmel scheidet und zu Grunde sinkt, um so mehr erhöht, je ärmer das Salzgebirge ist, in dem das Werk steht. Diesen ausgelaugten Thon nennt der Salzbergmann das versottene Gebirge; es ist gewöhnlich von frischerm Ansehen und dunklerer Farbe, als das feste Gestein, von lockerem Zusammenhang, dabei aber doch so compact, dass sich ohne alle Gefahr das ganze Werk befahren lässt, sobald es vollständig abgelaufen und gehörig abgetrocknet ist. Er scheint ferner im ersten Augenblick taub zu sein; bei näherer Beleuchtung aber erkennt man eine völlige Durchdrungenheit von den feinsten Krystallen reinen Salzes, unter welchen sich einzelne grössere und kleinere unaufgelöste Brocken und Trümmer des Steinsalzgebirges und einzelne Nester derben Steinsalzes von der Grösse einer Nuss und darüber häufig eingestreut und gemengt befinden. Diese Nester und Trümmer haben im langsamen Verlauf der Soolenvergütung zu früh ihren Zusammenhang mit dem Himmel verloren; jene feineren Krystalle aber gründen sich auf die Imprägnation des versottenen Gebirges mit Soole, welche nach geendigter Ablassung des Werkes hängen bleibt, und nach und nach anschiesst.

Denkt man sich nun das versottene Gebirge eines durch die ganze Bergdicke bereits aufgesottenen Werkes im saigern Durchschnitt, so zeigt sich dasselbe in Schichten von verschiedener Höhe, deren jede das Resultat einer Soolenvergütung ist, und jede den beschriebenen Salzgehalt in einem andern Verhältniss und Maass enthalten kann. Wenn dieser Salzgehalt in demselben versottenen Gebirge auch nur eines Werkes schon bedeutend ist, mit welchem Auge lässt sich auf die Grösse desselben schliessen, wenn man sich die ganze Lagerstätte als versotten denkt! Und dieser Verlust, so unvermeidlich er ist, so wenig ist er fähig, nachgenossen zu werden. Denn das versottene Gebirge, obgleich es durch eigene Schwere mit der Zeit immer fester wird, je höher es anwächst, steht nicht, und wenn ein Werk unter alten Werken aufgesotten wird, so kommt ein Zeitpunkt, wo die alten Werksohlen, so weit sie entblösst sind, niederbrechen; zum Beweis, dass an eine wiederholte Anwässerung im eigenen Körper desjenigen versottenen Gecirges, welches für ewig in der Grube liegen bleibt, nicht gedacht werden kann.

Hingegen der künstliche Steinsalzverlust ist immer die Folge von Missgriffen entweder in der Anlage oder im Betrieb, die vermieden werden können. Auf welche Art er durch Fehler des Betriebes veranlasst wird, werden wir später an seinem Ort zu betrachten Gelegenheit haben; durch eine fehlerhafte Anlage aber entsteht er immer nur auf dreifache Weise insofern, als entweder unter oder über, oder endlich zwischen den Soolen-Erzeugungswerken nicht alles Gebirge vollständig zu Genuss kommt, weil es einer Behandlung auf künstliche Soole entweder unfähig oder unwürdig ist. Der erste Fall tritt ein, wenn nach Tafel XIV. Litt. A. B. C. D. die Anlage eines Werkes nicht bis in die Ebensohle des darunter liegenden Bergaufschlusses niedergebracht, oder das Werk nicht aus dieser Ebensohle aufzusieden angefangen wird. Alsdann verbleibt, weil nur Himmel und Ulmen sich versieden, zwischen der Werksohle und der Ebensohle des darunter liegenden Bergaufschlusses J. J. ein Stück Gebirge unversotten, welches die verlassene Bodendicke des Werkes genannt wird, und meistens für immer ganz unbeachtet bleibt, weil dessen gelegentlicher Nachgenuss durch ein daneben liegendes Werk mittelst Ausdehnung der angrenzenden Ulme, oder durch ein darunter liegendes Werk mittelst Aufsiedung aus einer Bergdicke in die andere mit dem Einsturze der alten Werksohle, und im letztern Falle noch überdies mit grossen Kosten verbunden ist. An solchen Bodendicken liegt im Salzberg zu Hall ein unberechenbarer Reichthum an Steinsalz vergraben, weil in der Vorzeit selten ein Werk über 22 Stabel tief angelegt worden ist, mithin unter der ganzen aufgelassenen ältern Grubenrevier eine Bodendicke von 20—50 Fuss Mächtigkeit ansteht.

Der zweite Fall des künstlichen Steinsalzverlustes entsteht alsdann, wenn nach Tafel XIV. Litt. C. die Versudhöhe über dem Werk nicht vollständig genossen werden kann, weil ein Theil derselben wegen der darüber hinziehenden Stollen und Strecken H. H. oder wegen darüber stehender anderer Gebäude als nöthige Bergfeste ungeschwächt zurückgelassen werden muss. Die beständige Richtung nämlich, welche die Versiedung vertikal von unten nach oben verfolgt, lässt auf eine bleibende Art keine Unterstützung des Werkhimmels zu; dieser, je nach der Grösse der Werke mit einer Fläche von ein und mehrern hunderttausend Quadratfuss frei nieder schwebende Himmel wird daher blos durch die zusammenhaltende Festigkeit des Gesteins oder durch sich selbst getragen, welches in dem milden Salzgebirge und bei dem Drucke, mit dem eine solche Fläche abwärts wirkt, um so mehr Vorsicht erheischt, je häufiger die Erfahrung vorliegt, dass die Werkshimmel in sich wirklich zerfallen sind. Dieses Unglück mag nun eintreten oder nicht, so ist es zur Sicherheit unerlässlich, dass von der Versudhöhe aller der Werke, durch welche darüberliegende Gebäude in Gefahr gerathen können, nach Beschaffenheit der Umstände vier, sechs und mehrere Stabel unversotten stehen bleiben. Wenn die bedrohten Gebäude Soolen-Ablässe von Werken der nächsthöhern Bergdicke sind, so können die darunter belassenen Bergfesten nach Auflassung dieser Werke nachträglich zugut gebracht werden; alle Bergfesten unter Stollen und Strecken aber sind verloren, weil diese Gebäude bei dem Salzbergbau erst zu einer Zeit auflässig werden, wo die Bergfesten längst vergessen, oder die Werke, über denen sie sich befinden, ganz unbrauchbar und unzugänglich geworden sind. Dass dieser Verlust an Bergfesten im Salzberg zu Hall mehr als hundert Millionen Kubikfuss beträgt, und unter gleichen Verhältnissen in jedem andern Salzbergbau ebenfalls betragen muss, wird in der Folge ausführlicher dargethan werden.

Der dritte Fall des künstlichen Steinsalzverlustes endlich, wenn das Gebirge zwischen den Werken nicht vollständig benutzt werden kann, ist der wichtigste, weil dieser Verlust am grössten ist und sich durch die ganze

Bergdicke erstreckt, während er bei dem ersten und zweiten Falle nur an der obern und untern Grenze der Versudhöhe haftet. Wenn nämlich zwei oder mehrere Werke so nahe beisammen stehen, dass in dem inzwischen anstehenden Gebirgsmittel nur noch ein Werk Platz hat, so heissen diese Mittel deswegen Mitterkeile, weil sich ihre Mächtigkeit von unten nach oben in dem Maasse keilartig verjüngt, in welchem sich der bereits versottene Raum der anliegenden Werke nach und nach erweitert. Denn nachdem die Auflösung im eigenen Körper zwar immer grösstentheils am Himmel, dabei aber bis auf einen gewissen Grad theils freiwillig, theils durch künstliche Nachhülfe auch im Umkreise der Ulmen stattfindet, so erhält dadurch das versottene Gebirge eines jeden Werkes die Gestalt eines umgestürzten, abgestumpften Kegels, woraus die Nothwendigkeit der entgegengesetzten Form für die Mitterkeile von selbst folgt. Wenn nun diese Mitterkeile zwar mächtig, aber unzugänglich, oder wie auf Tafel XIV. zwischen den Werken A. B. C. D. und E. so schwach sind, dass sich darauf die stets gleichen Kosten einer neuen Werkanlage nicht mehr lohnen, so gehen sie unbenutzt von einer Generation auf die andere über, ein Verlust, dessen ausserordentliche Grösse danach zu bemessen ist, indem wir sagen und später gleichfalls beweisen, dass unter gewissen Anlagsverhältnissen jedes Salzbergbaus zwischen allen Werken ohne Ausnahme ein unbenutzbarer Mitterkeil unausweichlich übrig bleiben muss.

§. 14. Grösse der Soolen-Erzeugungs-Anlage. Salinen sind bekanntlich an ihren Fabrikationsetat so strenge gebunden, dass im Salzhandel nothwendig Verlegenheiten entstehen müssen, wenn der Empfang des etatsmässigen Soolenquantums auf ein oder mehrere Jahre unterbrochen würde. Und wie leicht sind solche Unterbrechungen bei dem Salzbergbau möglich, der so mannigfaltigen, ganz eigenthümlichen Gefahren und Hindernissen ausgesetzt ist! Auf der andern Seite ist zu bedenken, dass in Ermangelung von Tageschächten der ganze Aufschluss des Gebirges offen erhalten werden muss, bis das Ausgehende der Lagerstätte erreicht ist, und dass also jeder Salzbergbau von höherem Alter hinsichtlich der Menge und Länge seiner Aufschlussgebäude sich an die weitläuftigsten Gruben reiht.

Eine höchst wichtige Rücksicht bei der Anlage des Salzbergbaus ist daher darauf zu nehmen, dass die Grösse, zu welcher sich die Soolen-Erzeugungsanlage ausdehnt, weder über, noch unter demjenigen Maasse sei, welches nothwendig ist, um das herrschende Soolenbedürfniss der Saline, zu der der Bergbau gehört, auf eine nachhaltige Weise zu erzeugen. Es ist hierbei der bereits versottene und aufgelassene Theil der Grube von der in Betrieb stehenden Soolen-Erzeugungsanlage, um die es sich hier handelt, wohl zu unterscheiden. Letztere ist zu klein, so lange sie nicht sowohl von der Saline, als von sich selbst, unabhängig ist, das heisst, nicht die Mittel in sich vereinigt, um obiges Soolenbedürfniss in jeder verlangten Grösse bestreiten zu können, auch wenn unvorhergesehene, plötzlich eintretende Unglücke einzelne Werke, selbst ganze Betriebsreviere unbrauchbar machen sollten. Dagegen ist sie zu gross, sobald sie mehr Werke, oder einen grössern Aufschluss des Gebirges, als zu dieser Nachhaltigkeit des Betriebes erfordert wird, in sich begreift.

Die nöthige Grösse der Soolen-Erzeugungsanlage bestimmt sich nun

1) nach der Anzahl derjenigen Werke, die zur Erzeugung des jährlichen Soolen-Bedürfnisses der Saline nach einem etatsmässigen Durchschnitt unumgänglich erfordert werden;

2) nach der Soolen-Erzeugungsreserve, um allenfallsige Anforderungen der Saline über den Etat befriedigen, die versottenen oder verunglückten Werke ergänzen, und in Zeiten plötzlicher Noth zur Hülfe sein zu können;
3) nach dem Maasse, in welchem sich die Soolen-Erzeugungswerke anschliessen, oder in der Grube zerstreut sind; endlich
4) nach dem Verhältniss des Gebirgsaufschlusses in das Feld und in die Teufe.

Erzeugung des etatsmässigen Soolenquantums. Nachdem das jährliche Soolenbedürfniss der Saline im etatsmässigen Durchschnitt bekannt ist, so ist zur Bestimmung, wie viele Werke zu dessen Erzeugung erforderlich sind, blos zu wissen nothwendig, welches Quantum gesättigter Soole jedes Werk jährlich zu liefern im Stande ist. Dieses Erträgniss richtet sich theils nach der Grösse, theils nach der Umtriebszeit der Werke; je grösser die Werke und je kürzer ihre Umtriebszeit, desto kleiner ihre nöthige Anzahl. Grösse und Umtriebszeit der Werke sind indessen im ganzen Bereich eines Salzbergbaues so verschieden, dass kein Werk dem andern gleicht. Denn fast jede Werksohle steht in Absicht auf die Bergdicke, in der sie aufgesotten wird, in einem andern Niveau, je nachdem das Werk alt ist und schwunghaft betrieben wurde; seine Grösse aber steht mit diesem Niveau im geraden Verhältniss, und je höher die Werksohle liegt, desto grösser ist der Umkreis längs der Ulmen. Was die Umtriebszeit betrifft, so besteht dieselbe aus der Summe der Zeiten, welche die Füllung des Werks mit süssem Wasser, die Vergütung zu Soole, deren Ablassung, die Säuberung des Werks von ausgelaugten Bergen und endlich seine allenfalls nöthige Reparatur erfordern. Je grösser das Werk ist, desto länger dauert seine

Füllung und Leerung; die Zeit der Vergütung und Säuberung aber hängt von dem so mannigfaltigen Reichthum des Gebirges, in dem das Werk steht, und die Dauer und Frequenz seiner Reparaturen von der Zweckmässigkeit ab, mit der der ganze Bergbau angelegt und betrieben wird.

Es muss daher aus der absoluten Grösse und Umtriebszeit aller Werke die mittlere Durchschnittszahl gesucht, und daraus das relative Erträgniss des Werks für ein Jahr berechnet werden; alsdann bezeichnet der Quotient, der herauskommt, wenn dieses Erträgniss in das jährliche Soolenbedürfniss der Saline getheilt wird, die Anzahl der Werke, welche zur Erzeugung desselben unausgesetzt in Betrieb stehen müssen. Wenn zum Beispiel das jährliche Soolenbedürfniss zwei Millionen Kubikfuss, die mittlere absolute Grösse eines Werks zweihunderttausend Kubikfuss, und die mittlere Umtriebszeit 52 Wochen beträgt, so ist für diesen Fall die absolute Grösse zugleich das relative Erträgniss eines Werks auf ein Jahr, und die zur Erzeugung der zwei Millionen Kubikf. Soole erforderliche Anzahl der Werke ist = 10. Dauert bei dem nämlichen Soolenbedürfniss und bei gleicher mittlerer, absoluter Grösse der Werke ihre Umtriebszeit 40 Wochen, so ist die relative Erträgniss eines Werks $= \frac{52 . 200000}{40}$ $= 260000$ Kubikfuss, und die erforderliche Anzahl der Werke ist $= \frac{2000000}{260000} = 8$. Dauert endlich die Umtriebszeit über ein Jahr, z. B. 70 Wochen, so ist die relative Erträgniss eines Werks = 148571 Kubikf. und die erforderliche Anzahl der Werke = 14. Ueberhaupt ergänzen sich die jährlichen relativen Erträgnisse der Werke wechselseitig ein Jahr in das andere, sobald die Umtriebszeit mehr oder weniger als 52 Wochen beträgt.

S o o l e n - E r z e u g u n g s r e s e r v e. Die Reserve eines Salzbergbaues hat den Zweck, alle unglücklichen Ereignisse in der Grube für die Nachhaltigkeit der Soolen-Erzeugung unschädlich zu machen, woraus die unbedingte Nothwendigkeit ihres Daseins von selbst folgt. Um daher alle einzelnen kleinern Fälle ihres Bedarfs zu subsummiren, beziehen wir sie auf die, am meisten ins Grosse wirkende Gefahr, vor der kein Salzbergmann sicher ist, und die den Stand des Soolen-Erzeugungsvermögens plötzlich und auffallend verändern kann, nämlich a u f d i e G e f a h r d e r S e l b s t w ä s s e r. Es fragt sich daher, zu welchem Grad diese Gefahr angenommen werden soll, um in der Anlage der Reserve weder zu viel noch zu wenig zu thun. Der sicherste Maassstab hierzu liegt wohl in der Annahme einer solchen Grösse derselben, dass obige Werke, deren Anzahl zur Erzeugung des jährlichen Soolenbedürfnisses unausgesetzt in Vergütung stehen muss, sämmtlich unbrauchbar werden, und dass selbst die Soolenmasse, die sie zufällig enthalten, zu Verlust geht. Weiter sollen die Folgen eines Selbstwasser-Einbruchs nicht um sich greifen können, weil vorläufig angenommen wird, dass die Reserve nur da ihren Standpunkt habe, wo sie von der Gefahr entweder gar nicht, oder nur zum Theil erreicht werden kann. Alle übrigen Hindernisse des Salzbergbaus treffen blos einzelne Werke und verursachen meistentheils nur eine periodische Sistirung ihres Betriebes.

Für den gegebenen Fall muss daher die Reserve bestehen:

a) aus eben so viel betriebsfähigen Werken, als der Voraussetzung nach zu Grunde gegangen sind, und

b) aus einem Vorrath gesättigter Soole, dessen Grösse sich zwar im Allgemeinen nach der Umtriebszeit der Werke richtet, jedoch am angemessensten einem zweijährigen Soolenbedürfnisse entsprechend gemacht wird, indem man

3 *

nicht wissen kann, was für neue Hindernisse in Aufsiedung der Reservewerke abermals eintreten. Die Werke, die diesen Soolenvorrath enthalten, heissen zu Hall Soolen-Einschlagwerke und müssen, um keinen besondern Aufschluss des Gebirges zu erfordern, aus der Zahl alter aufgelassener Werke gewählt werden, so wie sie sich vermöge ihrer Grösse, ihres baulichen Zustandes und ihrer sichern und nahen Lage am Tage am besten hierzu eignen. Die Einschlagwerke sind die grossen Reservoirs eines Salzbergbaus, durch welche die Soolen-Abgabe zur Saline ausschliessend geschieht, und in denen sich die abliegende Soole läutert, und von beigemengtem Thon und ausgeschiedenen Gipstheilen reinigt; ihre nöthige Anzahl aber kann nicht voraus bestimmt werden, weil sie verschieden gross und bald auf einfache, bald doppelte Werkhöhe gesäubert sind.

Wenn daher z. B. das jährliche Soolenbedürfniss der Saline = 2000000 Kubikf., die zu ihrer Erzeugung nöthige Anzahl von Werken = 10, und der mittlere Fassungsraum eines Einschlagwerkes = 300000 Kubikf. ist, so hat die ganze Soolen-Erzeugungsanlage des Bergbaus aus 20 Soolen-Erzeugungswerken und 13 Soolen-Einschlagwerken zu bestehen. Von diesen 20 Soolen-Erzeugungswerken aber wird, so lange das jährliche Soolenbedürfniss der Saline unverändert bleibt, immer nur die Hälfte in Vergütung gleichzeitig und abwechselnd begriffen sein können, die andere Hälfte wird entweder in Feier oder in Reparatur, oder mit gesättigter Soole so lange voll stehen, bis zur Aufnahme derselben ein Einschlagwerk leer und disponibel geworden ist.

Ein solcher Stand der Soolen-Erzeugungsanlage nun dürfte die Nachhaltigkeit eines Salzbergbaus vollkommen sichern; er ist es, der immer ungeschwächt erhalten werden soll, und den alle Generationen verbunden sind, sich einander zu übergeben. Ist er kleiner, so hängt es von dem Grade, in dem er es ist, und inwiefern seine unvorbereitete Lage von unglücklichen Ereignissen in der Grube überrascht wird, ab, ob bloss die Ruhe in der Belegung irritirt, oder aber die mögliche Soolen-Erzeugung im Angesicht der so reichen Lagerstätte förmlich unzureichend wird. Eine grössere Anlage hingegen kann nichts anderes bewirken, als eine unverhältnissmässig grosse Anhäufung von gesättigter Soole in der Grube, so dass oft über Mangel an Einschlagwerken geklagt wird, während der Fehler in der Ueberzahl von Soolen-Erzeugungswerken liegt.

Gegenseitige Entfernung der Soolen-Erzeugungswerke. Der dritte Punkt, von dem die Grösse eines Salzbergbaus abhängt, ist das Maass, in welchem sich die Werke anschliessen, oder in dem Grubenfeld zerstreut sind. Es ist allerdings vielleicht die schwierigste Aufgabe bei dieser Art von Grubenbau, mit dem Grubenfeld so hauszuhalten, dass die als nothwendig bezeichnete Anzahl von Werken mit der geringsten Erstreckung ins Feld realisirt werde. Indem man die Vereinigung der Werke fürchtet, geschieht ihre Anlage gewöhnlich zerstreut, wenn nicht auf den reichsten, doch sichersten Punkten, und die nächste Folge hiervon ist, dass zur ganzen Soolen-Erzeugungsanlage weit mehr Aufschluss des Gebirges verwendet wird, als eigentlich erforderlich wäre. Die Absicht des Salzbergmanns aber, die durch planmässige Eintheilung des Grubenfeldes, und vorsichtige Behandlung jedes einzelnen Werkes ohne Zweifel zu erreichen ist, muss dahin gehen, in der Versiedung der Lagertätte nach ihrer Mächtigkeit in die Länge und Breite so consequent voranzuschreiten, dass das Gebirge ohne alle Auswahl blos nach der Folge seines Aufschlusses benutzt, mithin Werk an Werk aufgesotten und im

Rücken kein Revier belassen werde, das nicht förmlich todtgesprochen ist.

Verhältniss des Aufschlusses ins Feld zum Aufschluss in die Teufe. Einen eben so wichtigen Einfluss auf die Grösse eines Salzbergbaus hat das Verhältniss, in welchem die Benutzung des Gebirges ins Feld zu jener in die Teufe steht. Es fragt sich nämlich: wie gross ist die Anzahl der Berge, welche zu einer vollkommen sichern und nachhaltigen Soolen-Erzeugungsanlage nothwendig ist? — Im Allgemeinen gilt die Regel, dass die Benutzung der Lagerstätten von oben nach unten geschehen, und vor allen immer der höchste Berg vorzugsweise zur Soolen-Erzeugung verwendet werden müsse, aus dem Grunde, theils weil das versottene Gebirge auch im compactesten Zustand kein sicheres Fundament für darüber anzulegende Werke abgiebt, theils weil es darauf ankommt, in den obern Teufen die von Tag in das Innere des Gebirges eindringenden Selbstwässer, sowohl für den Zweck der Einwässerung der Werke, als vorzüglich zur Trockenlegung der Grube möglichst schnell zu fassen und unschädlich zu machen. Im Uebigen sind nur so viele Berge nothwendig, als die Sicherheit der Soolen-Erzeugungsreserve erheischt. Diese Sicherheit aber wird nur dann erreicht werden können, wenn die Reserve von denjenigen Werken, welche zur Erzeugung des jährlichen Soolenbedürfnisses nothwendig sind, nicht der Ebensohle, sondern der Teufe nach getrennt, und zur äussersten Vorsicht selbst wieder geschieden, und in zwei Teufen vertheilt wird. Drei Berge sind es also, die der Betrieb eines Salzbergbaus im glücklichsten Fall wenigstens voraussetzt, in der Art, dass der oberste Berg die eine Hälfte der Soolen-Erzeugungswerke, und der zweite und dritte Berg die andere Hälfte derselben sammt den nöthigen Einschlagwerken in sich fassen. Wenn jedoch die beiden letztern Berge hinsichtlich ihrer Selbstwässer für die Sicherheit der Reserve keine Bürgschaft leisten können, so ist noch der vierte und fünfte Berg nothwendig, so dass nach Umständen die ganze Soolen-Erzeugungsanlage in vier und fünf Teufen zu vertheilen kommt.

Von dieser Anzahl, die unentbehrlich ist, sind jedoch diejenigen nützlichen, noch tiefern Stollenaufschlüsse wohl zu unterscheiden, welche nicht selten in Zeitentfernungen von mehr als hundert Jahren weise, dem Bergbau überhaupt und dem unerschöpflichen Segen des Salzbergbaus insbesondere gewogene Landesherren in der Absicht unternehmen, um das Verhalten der Lagerstätte in die Teufe immer mehr kennen zu lernen, die Nachhaltigkeit der Grube für die späteste Nachkommenschaft zu decken, und bei ganz ausserordentlichen Unglücken eine sichere Teufe bereit zu haben, weil die Stollen, je tiefer sie liegen, gewöhnlich auch um so weiter durch taubes Gestein hergebracht werden müssen, bis endlich geniessbares Salzgebirge erreicht wird.

§. 15. Schönheit des Salzbergbaus. Maschinen, Wasser-Wirthschaft, Aufbereitung, tiefe saigere Schächte, unterirdische, zum Theil grossartige Mauerungen, immerwährende Lebensgefahren und Strapazen, Wandelbarkeit des Bergsegens, nie versiegende Hoffnung im Unglück, gemeinsame, hohe Freuden bei überraschenden Anbrüchen, das alles, was besonders dem metallischen Bergbau ein grösseres Ansehen von Kunst und Erhabenheit verleiht, findet sich bei dem Salzbergbau nicht. Seine Schönheit ist mehr von heiterer, fröhlicher Art, wozu die bequeme Befahrung, die Trockenheit und Höhe aller Gebäude, und der frische Wetterzug gewiss das ihrige beitragen. Wer sollte sich nicht erfreuen über die Fülle des Reichthums, den Glanz, die farbenreiche Mannigfaltigkeit, ja sehr häufig über die Pracht des Gebirges, die sich in der unerschöpflichen Lagerstätte, vorzüglich bei der festlichen Beleuchtung eines grossen und reichen Soolen-Erzeugungswerkes offenbaren! Welcher Bergbau vereinigt so vieles in sich, um das verehrende Gefühl, welches sich beim Anblick so segensreicher und höchst angestrengter unterirdischer Bemühung aufdringt, durch Schönheit und Ergötzlichkeit zu erhöhen? Der grösste Reiz des Salzbergbaus besteht jedoch in seiner möglichen markscheiderischen Schönheit und in der Kunst seines Betriebes. Es giebt keinen Bergbau von solcher Grösse, wo es möglich wäre, theils das ganze grosse Streckensystem vollkommen gerade anzulegen, theils der ungeheuern Lagerstätte so unabhängiger Meister zu sein; denn kein anderes nutzbares Fossil, als das Steinsalz, kommt in einem so ausserordentlichen stockwerksartigen Massenverhältniss vor. Man denke sich das Schauspiel eines zur Feier des anwesenden Landesherrn glänzend beleuchteten Salzbergbaus, dessen sämmtliche stundenlange Strecken ganz gerade aufgefahren sind! Was aber die Kunst seines Betriebes anbelangt, so ist dieser Ausdruck ohne Zweifel der rechte, weil der Salzbergbau alles, was er ist, nur allein durch den Bergmann ist, wie er die Natur unterstützt, so wirkt sie, und während auf andern Gruben die Beschaffenheit der Lagerstätte alles entscheidet, wirkt der Salzbergmann in der Behandlung seines Gebirges rein schaffend; daher die Verantwortlickeit, aber auch die Würde, womit er für den Flor seines Bergbaus haftet, daher endlich die Achtung oder die Schuld, mit und wegen welcher die Lebenden beinahe täglich veranlasst werden können, das Andenken ihrer Vorfahren entweder zu segnen oder zu beklagen.

Aufschluss des Gebirges

§. 16. **Begriff.** Um es zu wiederholen, so versteht man bei dem Salzbergbau unter Aufschluss des Gebirges überhaupt diejenige Eröffnung der Lagerstätte, theils durch ebensöhlig aufgefahrene, theils durch tonlägig und saiger abgeteufte Gebäude, vermöge welcher die Berge unter einander abgetheilt und mit einander in Verbindung gesetzt, die Soolen-Erzeugungswerke in jedem Berge angelegt, und jene Functionen und Hindernisse, welche die Möglichkeit einer Befahrung, einer Ab- und Zuleitung oder einer Förderung bedingen, verrichtet und gewältigt werden. Bergaufschluss insbesondere aber nennt der Salzbergmann denjenigen Complex genannter Gebäude, der sich blos auf einen Berg allein bezieht, so dass der gesammte Aufschluss des Gebirges aus eben so vielen Bergaufschlüssen, als es Berge giebt, besteht. Der gesalzene Knappenberg, der hierbei gewonnen wird, kommt in gar keinen Anschlag, und wird in das nächste Werk zur gelegentlichen Auflösung verstürzt. Der Gesichtspunkt, aus dem der Aufschluss des Gebirges betrachtet werden muss, steht höher und bezieht sich ausschliessend auf den Zweck, das meiste Gebirge mit dem geringsten Verlust an Steinsalz und mit Hülfe der wenigsten und kürzesten Gebäude zu versieden. Die Erreichung dieses Zweckes hängt ganz allein von der Art ab, wie der Aufschluss des Gebirges bewirkt wird, und ist eigentlich dasjenige, worauf so ziemlich die ganze Salzbergbaukunst hinausläuft. Die Regeln, die hierbei zu Grunde liegen, sind allgemein und auf jede künstliche Soolen-Erzeugung anwendbar, weil sie, unabhängig von der Beschaffenheit der Lagerstätte, die in Ansehung ihrer Construction und Mächtigkeit überall gleich ist, blos aus der Natur ihres Betriebes fliessen.

Wir unterscheiden daher sämmtliche Aufschlussgebäude eines Salzbergbaus

in Stollen,
in Hauptstrecken,
in Querstrecken und
in Schächte,

und unterstellen sie folgenden speziellen Betrachtungen.

§. 17. Die Stollen. Der Stollen *ab* Tafel XIV. Fig. 1. oder im Salzberg zu Hall die Hauptschachtricht ist bei dem Salzbergbau das einzige Gebäude, welches zu Tage ausgeht, und insofern das wichtigste, als durch ihn der ganze Bergaufschluss, der seinen Namen trägt, gelöst wird, und alle Wasser- und Soolenleitungen, dann alle Förderungswege sich auf ihm vereinigen. Die Hauptmomente seiner Anlage sind:

die Stunde, in der er aufgefahren wird,
der Ansitzpunkt seines Mundloches und
das Ansteigen seiner Sohle.

Stollenstunde. Jeder Stollen hat in der Saigerteufe seines Mundloches die Lagerstätte nach einer ihrer beiden Dimensionen aufzuschliessen, entweder nach der Länge oder nach der Breite, je nachdem die Tagrevier offen ist. Die Stundenlinie sämmtlicher Stollen unter einander soll daher gleich sein, und setzt vor allen die Kenntniss von der Form, in welcher das Steinsalzgebirge eingelagert ist, wesentlich voraus. Diese Form ist indessen über Tage aus dem Grunde leicht abzunehmen, weil die Steinsalz-Niederlagen, die sich zur Benutzung auf künstliche Soole eignen, gewöhnlich hoch am Tage liegen, und von dem Liegenden, auf und zwischen welchen sie eingelagert sind, in meistens hohen Bergen überragt, und auf die anschaulichste Weise begrent werden.

Ansitzpunkte der Stollen-Mundlöcher. Die zweite Function des Stollens besteht darin, die Lagerstätte in Berge unter einander und jede Bergaufschluss-Ebene in zwei Hälften nebeneinander abzutheilen. Die Bestimmung des Ansitzpunktes zu einem Stollen-Mundloch hat daher nach dem horizontalen und nach dem saigern Profil der Lagerstätte zu geschehen. Nach ersterem müssen sämmtliche Stollen, weil sie die Hauptförderungswege bilden, in der Mitte der Lagerstätte aufgefahren sein, und je weniger sie dieses sind, um so länger und kostspieliger wird die Förderung aus derjenigen Abtheilung des Bergaufschlusses, die länger ist, als die andere jenseits des Stollens. Nach dem Saigerprofil aber interessirt der Ansitzpunkt des obersten Stollen-Mundlochs und jener der übrigen unter einander folgenden Stollen aus ganz verschiedenen Gründen. Nachdem nämlich der älteste Stollen immer der höchste sein muss, so ist die Bestimmung seines Ansitzpunktes deswegen schwierig, weil es leicht möglich ist, damit entweder zu hoch und in das Hangende der Lagerstätte, oder zu tief unter dasselbe zu gerathen. Im ersten Fall wird der Stollen in Absicht auf die Versiedung des Berges geringe Dienste leisten, und den Zweck der Streckenlegung der Grube wenig oder gar nicht erreichen helfen; im andern Fall geht die Benutzung der ganzen Salzgebirgsmasse, die über dem Stollen ansteht und mit einem höhern Aufschluss nicht mehr überfahren werden kann, auf ewig verloren. Wenn man daher über die Form der Lagerstätte im Reinen ist, so besteht noch vor Aufschluss des ersten Berges die erforderliche nächste Untersuchung darin, die Natur und Verbreitung des Hangenden in die Teufe durch Bohrversuche kennen zu lernen.

Die übrigen Stollen hingegen bestimmen nach Tafel XIV. Fig. 1. durch die Saigerteufe, in der sie unter einander aufgefahren werden, die Bergdicken oder die Versudhöhen von *c* bis *d*, von *d* bis *e* etc., welche den

Soolen-Erzeugungswerken in ihrer Aufsiedung aus der Ebensohle eines Berges in die Ebensohle des nächst höhern vorgegeben werden. Wir werden daher die richtigen Ansitzpunkte zu ihren Mundlöchern nur durch Beantwortung der Beiden Fragen kennen lernen:

Warum muss überhaupt die Lagerstätte in Berge abgetheilt werden? und

Welche ist die vorheihafteste Bergdicke insbesondere?

Die Nothwendigkeit einer Berg-Abtheilung gründet sich auf die Ungleichförmigkeit, mit welcher sich jedes Steinsalzgebirge, sowohl in der Fläche des Himmels als im Umkreise der Ulmen eines Soolen-Erzeugungswerkes, stellenweise auflöst. Die mannigfaltigsten Abwechslungen des Grades von Reichthum, die verschiedenen Arten, auf welche das Steinsalz bald derb in grössern und kleinern Massen, bald eingesprengt, bald endlich blos gemengt in und mit Thon neben einander vorkommt, die daraus entstehenden abweichendsten Grössen nicht nur der Auflösbarkeit, sondern auch der Gesteinsfestigkeit, sind die natürlichen Ursachen dieser ungleichförmigen Auflösung. Die Folgen aber können in Ansehung des Druckes, den die im Werke eingeschlossene Wassermasse allseitig ausübt, keine andern sein, als dass sich das Wasser dem leichter Auflöslichen nachzieht und alles schwerer Auflösliche zurücklässt, dasselbe umspült und, indem es die gemachten Oeffnungen immer mehr erweitert und verlängert, theils grössere und kleinere Gefälle vom Himmel, theils mehr oder weniger zahlreiche Ausschnitte im Umkreis der Ulmen erzeugt. Diese Folgen nehmen zu, so wie sich mit der Grösse des Werks die Stellen ungleichförmiger Auflösung an Himmel und Ulmen vermehren und älter werden; zuletzt häuft sich die Tendenz zu Gefällen und Ausschnitten in dem Maasse, dass das Werk ob der nöthigen Zahl vorbeugender Reparaturen lästig und theuer wird, und am Ende eine Form und Grösse annimmt, die selbst den Betrieb benachbarter Werke stören.

Bei jedem Salzbergbau herrscht daher ein gewisses äusserstes Maass, über welches hinaus kein Werk erweitert und höher aufgesotten werden soll, das heisst, die ganze Teufe der Lagerstätte muss in mehrere Versudhöhen abgetheilt werden, und zwar keineswegs in beliebige, sondern in solche, dass die Ebensohlen der verschiedenen Bergaufschlüsse gerade die Grenzen bilden, auf denen die Behandlung der bis dahin aufgesottenen Werke anfängt, hinsichtlich einer Bewahrung vor Gefällen und Ausschnitten schwierig zu werden. **Den Durchmesser**, den auf diese Art jedes Werk nicht soll überschreiten können, nennen wir seinen vortheilhaftesten, und um den Begriff für die Folge der Abhandlung an einen Ausdruck zu fixiren, den Normaldurchmesser eines Werks, oder kurz den Normaldurchmesser. *Insofern* daher jedes Steinsalzgebirge bezüglich auf diejenige natürliche Beschaffenheit, von welcher zunächst seine ungleichförmige Auflösung abhängt, nach jeder Richtung seiner Mächtigkeit einen bestimmten allgemeinen Charakter besitzt, insofern hat jedes einen eigenthümlichen, nur ihm allein zukommenden Normalwerkmesser; je geneigter es zu Gefällen vom Himmel und zu Ausschnitten im Umkreis der Ulmen ist, desto früher erreichen die Werke den Normalwerkmesser, desto kleiner müssen ihre möglichen Versudhöhen, desto kürzer die Saigerteufen zwischen den Stollen-Mundlöchern unter einander, oder desto schwächer die Bergdicken sein.

Um nun die Grösse dieser Berdicken oder die Saigerteufen zwischen den Ansitzpunkten der verschiedenen Stollen in Zahlen zu erhalten, dienen laut Tafel XIV. Fig. 2. folgende Anhaltspunkte.

1) Bei aller Ungleichförmigkeit, welche in der Versiedung sowohl vom Himmel *ch* als im Umkreis der Ulmen *gh* auf einzelnen Stellen stattfindet, verharren doch beide Auflösungen im übrigen und grössten Bereiche eines Soolen-Erzeugungswerkes in einem stetigen Verhältniss, und für beide bleiben im Ganzen gewisse Maasse vorherrschend, die sich im Durchschnitt durch die ganze Bergdicke getreu bleiben, das heisst, mit einem gewissen Steigen des Himmels ist immer eine gewisse Erweiterung der Ulmen unzertrennlich verbunden.

2) Wir werden zwar in der Folge sehen, dass die Linien *ac* und *bd*, welche das versottene Gebirge jedes Werkes durch die ganze Bergdicke nach und nach bildet, keine geraden, sondern Kurven sind. Nachdem es aber bei dem Salzbergbau zu wichtig ist, für die Berechnung der zweckmässigsten Bergdicken ein Gesetz zu finden, so sei es erlaubt, sie für gerade anzunehmen. In diesem Fall verhält sich

$$ch : gh = ce : ae$$

$$\text{und } ce = \frac{ch \, . \, ae}{gh}$$

oder, wenn *ab* den Normalwerkmesser der Lagerstätte vorstellt, so ergiebt sich die Bergdicke, welche vorausgesetzt wird, damit demselben der Durchmesser der Werke am Ende der Bergdicke gleich werde, aus dem Product der totalen Ulmenversiedung aller Wässer in die Versiedung vom Himmel jedes einzelnen Wassers, dividirt durch die derselben entsprechende partiale Ulmenversiedung.

3) Es kommt nun darauf an, ob die Werke in Bildung ihrer primitiven Sohle oder der Basis *cd* sich selbst überlassen, oder ob künstliche Mittel angewendet werden, um sie zur Beschleunigung ihrer Erträgnisse gleich im Anfang auf einen gewissen Fassungsraum zu bringen. Im letztern Fall wird der Normalwerkmesser um so früher

erreicht werden und, um ihn nicht zu überschreiten, die entsprechende Bergdicke um so schwächer sein müssen, je grösser der Durchmesser der primitiven Werksohle ist. Insbesondere aber ist

$$cd = ef$$
$$ae = bf$$
$$2ae = ab - cd$$
$$ae = \frac{ab - cd}{2}$$

oder die totale Ulmenversiedung jedes Werkes am Ende der Bergdicke ist gleich der halben Differenz seiner primitiven Werksohle von seinem Normalwerkmesser.

4) Nach Substituirung dieses Ausdruckes ergiebt sich

$$ce = \frac{ch . (ab - cd)}{2gh}$$

oder, die Saigerteufe zwischen den Ansitzpunkten der Stollen-Mundlöcher ist gleich dem Product aus der Versiedung vom Himmel jedes einzelnen Wassers in die Differenz der primitiven Werksohle von dem Normalwerkmesser, dividirt durch die doppelte partiale Ulmen-Versiedung.

Wenn daher der erste und höchste Stollen die Kenntniss von der Form der Lagerstätte, so wie von der Mächtigkeit des Hangenden voraussetzt, so besteht das nächste Bedürfniss für den Aufschluss der übrigen Stollen darin, dass der Normaldurchmesser der Werke, und das Verhältniss ihrer Versiedung vom Himmel zur Versiedung an den Ulmen durch Beobachtung aufgefunden werde, um mit Hülfe dieser bekannten Grössen den Ansitzpunkt jedes tieferen Stollens durch Rechnung zu finden. Es sei z. B. der vortheilhafteste oder der Normal-Durchmesser der Werke $ab = 400$ Fuss, der Durchmesser ihrer Basis $cd = 100$ Fuss, ihre Versiedung eines Wassers vom Himmel $ch = 3$ F., und die Versiedung eines Wassers von den Ulmen $gh = 2$ F., so muss die entsprechende Saigerteufe ce der beiden Stollen, zwischen deren Ebensohlen die Werke aufgesotten werden, 225 F. betragen; dagegen 450 F., wenn die partiale Ulmenversiedung = 1 F., nur 150 F., wenn die Versiedung vom Himmel und an den Ulmen gleich ist, nur 75 F., wenn die Versiedung an den Ulmen noch einmal so gross ist als vom Himmel, und 300 F., wenn die Werke in Bildung ihrer Basis sich selbst überlassen werden. Ueberhaupt steht die Bergdicke mit dem Normalwerkmesser und mit der Versiedung vom Himmel im geraden, mit der primitiven Werksohle aber und mit der Versiedung an den Ulmen im umgekehrten Verhältniss. Insofern nun eine hinreichende Anzahl von Probeversiedungen vorausgesetzt wird, um den Normalwerkmesser der Lagerstätte und das Verhältniss der Versiedung vom Himmel zur Versiedung an den Ulmen zu entdecken, kann die Anwendung einer wissenschaftlichen Bestimmung der vortheilhaftesten Bergdicke erst mit dem zweiten Berg oder mit dem dritten Stollen beginnen. Und wenn sich die natürliche Beschaffenheit der Lagerstätte in die Teufe so sehr verändern sollte, dass ein anderes Resultat der Probeversiedungen hinsichtlich des Verhältnisses der Versiedung vom Himmel zur Versiedung an den Ulmen bevorsteht, so können desungeachtet alle Bergdicken gleich sein, weil nur die Basis cd grösser oder kleiner genommen zu werden braucht, um mit der Grösse des Werks am Ende der Bergdicke dem Normalwerkmesser wieder gleich zu kommen. Denn

$$cd = \frac{(ch \,.\, ab) - (ce \,.\, 2gh)}{ch},$$

und wenn also z. B. die Saigerteufe ce zwischen allen Stollen = 225 F., und der Normalwerkmesser ab in allen Bergen = 400 F. beträgt, die Versiedung vom Himmel ch aber bei zunehmender Abteufung von 3 auf 5 F. und die Versiedung an den Ulmen *gh* von 3 auf 1 F. sich verändern, so muss der Durchmesser der primitiven Werksohle nicht zu 100, sondern zu 310 F. angenommen werden.

Ansteigen der Stollensohle. Was endlich das Ansteigen der Stollensohle betrifft, so hat dasselbe auf den Betrieb des Salzbergbaus einen allgemeinen und einen besondern Einfluss: einen allgemeinen, insofern mit dem Ansteigen des Stollens die Neigung der ganzen Bergaufschluss-Ebene zusammenhängt, und einen besondern in der doppelten Hinsicht, wenn es bei den verschiedenen Stollen nicht übereinstimmend, und wenn es überhaupt zu gross ist. Sobald eine Stollensohle in einem andern Verhältniss ansteigt, als die Sohle des zunächst höhern und zunächst tiefern Stollens, so muss die Versudhöhe der beiden untor einander liegenden Berge in eben dem Grade wechselseitig ab- und zunehmen, in welchem die Stollenörter ins Feld vorrücken. Wenn z. B. jeder von drei übereinander liegenden Stollen 1500 Stabel lang ist, und der höchste mit 3, der mittlere mit 2 und der tiefste ebenfalls mit 3 Procent ansteigt, so wird die Versudhöhe der beiden Berge, die Anfangs nach Maassgabe der Ansitzpunkte der Stollen-Mundlöcher gleich gross, auf 30 Stabel besteht, vor Ort des Stollens, und zwar in dem obern Berg 45, und in dem untern Berg nur mehr 15 Stabel betragen. Und wenn der höchste Stollen mit 2, der darunter liegende mit 3, und der tiefste mit 1 Procent ansteigt, so wird die ursprüngliche Versudhöhe von 30 Stabel vor Ort des Stollens in dem obern Berg auf 15, und in dem untern Berg auf 60 Stabel abgeändert. So gross ist die Wirkung, wenn bei dem Salzbergbau, wie Tafel XIII. zeigt, die Stollensohlen verschieden ansteigen, weil wegen der grossen Mächtigkeit der Lagerstätte jedem Stollen eine bedeutende Länge bevorsteht. Die Folge davon ist, dass wenn auch die Saigerteufe zwischen den Stollenmundlöchern der votheilhaftesten Versudhöhe entsprechend ist, der Normaldurchmesser der Werke in dem einen Berge immer weniger erreicht, und in dem andern immer mehr überschritten wird, ein Umstand, der eine Eintheilung des Grubenfeldes, wie wir bald sehen werden, ganz erfolglos macht, und auf den Steinsalzverlust an Bergfesten und Mitterkeilen den grössten Einfluss hat.

Ist aber das Ansteigen überhaupt zu gross, so ist dieses in den beiden Fällen schädlich, wenn zwei oder mehrere Werke unter dem Stollen zusammen schneiden, und in der gemeinschaftlichen Aufsiedung ihres Himmels eine verhältnissmässige Bergfeste zur Sicherheit dss wasserträchtigen Stollens zurückgelassen werden muss; dann, wenn der Stollen, nachdem er bereits schon weit aufgefahren ist, noch in die Verticalebene von Selbstwässern des nächsthöhern Bergaufschlusses geräth. Im ersten Falle müssen, wenn z. B. Taf. XIV. Fig. 3. der Durchmesser des Werks nur zu 50 Stabel, das Ansteigen des darüber liegenden Stollens zu 3 Procent, und die nöthige Bergfeste am untern Ende des Werks bei *a* zu 16 F. angenommen wird, am obern Ende bei *b* schon 22 F. als Bergfeste zurückbleiben, ein Verlust, der an Versudmaass immer grösser wird, je weiter sich das Werk unter dem Stollen ausdehnt. Im zweiten Fall kann es sich ereignen, dass das Stollenort, um damit nicht zu nahe unter die Wassergebäude des obern Berges zu gerathen, ganz aufgelassen, oder ein Umweg ergriffen werden muss, um den Aufschluss der Lagerstätte in der Stollenstunde weiter verfolgen zu können. Sämmtliche Stollen bei dem Salzbergbau sollen daher unter sich übereinstimmend, gleichförmig und nicht zu sehr ansteigen, und es verdient in dieser Beziehung bemerkt zu werden, dass zu Hall dem neuen Max-Josephstollen nur ein Ansteigen von 1 Procent gegeben wurde, indem sich durch die in Gegenwart der gesammten Bergmeisterschaft vorgenommenen Versuche herausgestellt hat, dass, um allenfalls in dem neuen Stollen seiner Zeit eine Ausschwemmungs-Vorrichtung für ausgelaugte Berge anzubringen, hierzu ein Gefälle von mehr als 3 Procent erforderlich sein würde, wodurch bei einer Stollenlänge von nur 730 Stabel schon 22¼ Stabel an der Bergdicke des Erzherzogberges verloren gegangen wären.

§. 18. Die Hauptstrecken. Unter den Hauptstrecken *f g* Taf. XIV. Fig. 1. werden hier alle diejenigen Aufschlussgebäude verstanden, die im Salzberge zu Hall Schachtrichten heissen und, indem sie in querschlägiger Richtung links und rechts vom Stollen abgehen, den doppelten Zweck haben, erstens, die Lagerstätte nach ihrer Ausdehnung in die Breite aufzuschliessen, wenn es der Stollen nach der Länge thut, oder nach der Länge, wenn der Stollen nach der Breite aufgefahren ist, und zweitens, die Eintheilung des Grubenfeldes zur Anlage der Soolen-Erzeugungswerke vorzubereiten. Der erste Punkt betrifft die Stunde, in der die Hauptstrecken aufgefahren werden, und der zweite ihre Anzahl, oder die gegenseitige Entfernung ihrer längs den beiden Stössen des Stollens aufeinander folgenden Ansitzpunkte.

Stunde der Hauptstrecken. Niemals kann eine Hauptstrecke in einer solchen Stunde aufgefahren werden, dass der Ebenwinkel, den sie durch ihre Vereinigung mit dem Stollen auf der Seite gegen dessen Mundloch bildet, ein spitziger wird, wie bei *a* Taf. XIV. Fig. 4, weil dadurch die Ausförderung und die Wasser- und Soolenleitung zu sehr erschwert würden. Meistens sieht man die Hauptstrecken in einer solchen Stunde, dass obiger Ebenwinkel mehr oder weniger stumpf ist, wie bei *bc*, *cd*, *de*, *ef*, *fg* u. s. w., wovon der Grund kein anderer sein kann, als um den Lauf der Hunde und aller auszuleitenden Flüssigkeiten auf dem Wechsel der Hauptstrecken mit dem Stollen zu erleichtern. Allein offenbar wird dieser Erleichterung ein zu grosses Opfer insofern gebracht, als die Längen der Auffahrung, welche die Hauptstrecken bei gleichem Zielpunkt voraussetzen, immer um so grösser werden, je stumpfer jener Ebenwinkel ist. Ungleich wohlfeiler und in demselben Grade dürften die Förderung sowohl, als die Ausleitung, bei jedem Uebergang von einer Hauptstrecke auf den Stollen unterstützt werden, wenn die Spitze des Ebenwinkels abgestumpft, und Gestänge und Teichenfahrten in dem Segment eines Bogens herumgeführt würden. Die Hauptstrecken können daher ihre vornehmste Bestimmung auf dem kürzesten und wohlfeilsten Wege nur alsdann erreichen, wenn sie in der Winkelkreuzstunde von dem Stollen aufgefahren werden. Je mehr sich ihre Stunde der Stunde des Stollens nähert, um so länger, schwerköstiger und zweckloser wird durch sie das Grubenfeld durchlöchert; die Stunde aber, die für eine Hauptstrecke die vortheilhafteste ist, ist es auch für alle übrigen, das heisst, alle Hauptstrecken sollen parallel nebeneinander ins Feld gehen.

Ansitzpunkte der Hauptstrecken. In dieser gleichmässigen Richtung erstrecken sie sich bis an das Ausgehende der Lagerstätte, und erfüllen ihre zweite Bestimmung, indem sie das Grubenfeld zu beiden Seiten des Stollens in regelmässige gerade und gleich breit fortlaufende Felder eintheilen, die sich in dem Maasse vermehren und verlängern, in welchem das Stollenort und die Hauptstreckenörter vorrücken. Diese Felder enthalten den Raum zur Anlage der Soolen-Erzeugungswerke, und um ihren Begriff für die Folge der Abhandlung wieder an ein Wort zu binden, sei es erlaubt, sie Betriebsreviere zu nennen. Es frägt sich nun:

Wie sollen die Ansitzpunkte der Hauptstrecken am rechten Stoss des Stollens den Ansitzpunkten am linken Stoss entsprechen? Und welche ist die vortheilhafteste Breite der Betriebsreviere, oder in welchen gegenseitigen Entfernungen sollen die Ansitzpunkte der Hauptstrecken überhaupt längs den beiden Stössen des Stollens aufeinander folgen?

Die Ansitzpunkte auf dem linken und rechten Stoss des Stollens können entweder gerade gegenüber stehen, Taf. XIV. Fig. 1., oder sie können miteinanander abwechseln, Taf. XIV. Fig. 4. Die letztere Art wird vielleicht am häufigsten gesehen; allein ohne Zweifel ist die erstere vorzüglich geeignet, den Zug der Wetter durch Verminderung ihrer Abstosspunkte zu erleichtern. Was aber die vortheilhafteste Breite der Betriebsreviere anbelangt, so liegt der Bestimmungsgrund hierzu ausschliessend in der langen Zeit und den ungeheuern Kosten, denen nicht die Anlage, sondern die Unterhaltung der Hauptstrecken unterliegt. Diese Gebäude müssen nämlich zur Erreichung des Liegenden und bis zum letzten Augenblick möglicher Betriebsfähigkeit der inzwischen liegenden Reviere und diejenigen, auf denen Selbstwässer ausgeleitet werden, gleichwie der Stollen, während der ganzen Dauer des gesammten Bergbaus mehrere Jahrhunderte hindurch offen erhalten werden. Diese schwere Last der Unterhaltung zwingt dazu, die Anzahl der Hauptstrecken so klein, oder die gegenseitige Entfernung ihrer Ansitzpunkte zu so vielen Normalwerkmessern, als es nur immer möglich ist, anzunehmen.

Ansteigen der Hauptstreckensohlen. Hinsichtlich des Ansteigens der Hauptstreckensohlen herrschen die nämlichen Verhältnisse, wie bei den Stollen.

Dasselbe wirkt nämlich auf die Versudhöhe der Soolen-Erzeugungswerke, wenn es in den verschiedenen Bergen nicht übereinstimmend, auf den Steinsalzverlust zurückzulassender Bergfesten, und auf die Gefahr ihres Ortsbetriebes unter höher liegenden Wassergebäuden, wenn es überhaupt zu gross ist, auf ganz gleiche Weise. Es wird sich daher diesfalls auf §. 17. hiermit bezogen, und nur noch eine eigenthümliche Folge besonders erwähnt, diejenige nämlich, welche entsteht, wenn von zwei oder mehrern nebeneinander liegenden Hauptstrecken die jüngeren ein geringeres Ansteigen haben als die älteren. In diesem Fall müssen alle jene Gebäude, welche die Hauptstrecken zur nöthigen Communication miteinander verbinden, und die ihrer Natur nach von der jüngeren Hauptstrecke immer nach der zunächst anliegenden älteren in der Richtung gegen das Stollenmundloch fallen sollen, ein widersinniges Fallen gegen den Berg einwärts erhalten, was für die Wasser- und Soolenleitung sehr wichtig ist. Aus Allem sieht man daher, welchen grossen Einfluss bei dem Salzbergbau eine durchaus gleichförmige, nicht zu grosse Neigung der ganzen Aufschluss-Ebene eines jeden Berges ausübt, die niemals erzielt werden kann, sobald hierbei durch den ganzen Bergbau nicht nach ein und demselben Grundsatz verfahren wird.

§. 19. Die Querstrecken. Nachdem die gegenseitige Entfernung der Hauptstrecken nebeneinander jedenfalls zu mehrern hundert Stabeln angenommen werden muss, so fehlt bei dem Salzbergbau zur Vollständigkeit des ebensöhligen Aufschlusses des Gebirges noch eine dritte Art von Gebäuden, welche, indem sie die Hauptstrecken mit einander verbinden, den dreifachen Zweck haben, die Mitte der Betriebsreviere zur Werkanlage zugänglich zu machen, die Beschaffenheit des Gebirges zwischen den Hauptstrecken kennen zu lernen, und endlich die nöthige Communication zur Befahrung, Förderung, Wetterführung, Wasser- und Soolenleitung herzustellen. Diese Gebäude *hi* Taf. XIV. Fig. 1., die im Salzberge zu Hall Ebenschürfe heissen, erlauben wir uns hier mit der allgemeinen Benennung Querstrecken zu bezeichnen und alles, worauf es bei ihrer Anlage ankommt, nach dem, was bereits bekannt ist, nur noch auf die Stunde, in der sie aufgefahren werden, und auf ihre zweckmässigsten Ansitzpunkte zu beziehen.

Wenn die Hauptstrecken parallel nebeneinander und in der Winkelkreuzstunde vom Stollen sich entfernen, so ist ihre Verbindung auf keinem kürzeren und wohlfeileren Wege möglich, als indem die Querstrecken ebenfalls in der Winkelkreuzstunde, und sowohl unter sich, als mit dem Stollen parallel angelegt werden.

Ebenso können die Ansitzpunkte der Querstrecken entweder auf beiden Stössen einer Hauptstrecke gerade gegenüber gewählt werden, oder sie können miteinander abwechseln. Auch bei ihnen wird der letzte Fall am häufigsten gesehen werden; allein abgesehen davon, dass der erste Fall einen raschern Zug der Wetter gleichfalls wird befördern helfen, verdient er insbesondere bei den Querstrecken aus dem Grunde den Vorzug, weil sie dadurch alle, durch das ganze Grubenfeld flüchtig und jede derselben durch ihre Verlängerung zu Tage zu einem Stollen werden kann, der die gesammte Förderung ungemein erleichtern muss.

Was endlich die Anzahl der Querstrecken oder die gegenseitige Entfernung ihrer Ansitzpunkte betrifft, so kommt zu bedenken, dass überhaupt von einem Stollen oder von einer Haupt- und Querstrecke niemals mehr, als zwei Soolen-Erzeugungswerke, das eine auf dem rechten und das andere auf dem linken Stoss des Stollens angelegt werden können. Eine entferntere Werkanlage müsste erst zugänglich gemacht werden durch besondere Gebäude, die selbst wieder die Eigenschaft von Strecken annehmen würden, sobald sie die Länge eines halben Normalwerkmessers überschreiten.

Die Ansitzpunkte der Querstrecken können daher nicht über drei Normalwerkmesser voneinander entfernt sein, sonst kann entweder das zwischen ihnen anstehende Grubenfeld nicht vollständig benutzt werden, oder es geht durch die Kosten der nöthigen Zugangsgebäude wieder verloren, was durch ihre eigene, geringere Anzahl scheinbar erspart worden ist. Dass aber diese Entfernung auch nicht unter drei Normalwerkmessern sein darf, davon wird uns der folgende Paragraph überzeugen.

Es folgt hieraus, dass, so wie das gesammte Grubenfeld links und rechts vom Stollen durch die Hauptstrekken in ganz gleiche Betriebsreviere abgetheilt wird, hinwiederum die Abtheilung jedes Betriebsreviers durch die Querstrecken in ganz gleichen Rechtecken erscheint, die wir zur schnelleren Verständigung für die Folge Werks-Reviere nennen wollen.

§. 20. Verticale Beziehung der Aufschlussgebäude. Bei der künstlichen Soolen-Erzeugung ist folglich, wie man sieht, der Aufschluss des Gebirges nichts weniger, als willkürlich und freigestellt, sondern er richtet sich in horizontaler Beziehung gegenseitiger Lage nach bestimmten Regeln, die nicht umgangen werden können, ohne dass entweder die Länge und Anzahl der Aufschlussgebäude vergrössert, oder die Zugänglichkeit der Reviere zur Werkanlage erschwert und verhindert, oder endlich der Grund zu mannigfaltigen Gefahren des Steinsalzverlustes während der Versiedung selbst gelegt werde. Anders, als sie so eben bezeichnet wurden, sind diese Regeln nicht denkbar; sie gründen sich auf die Mächtigkeit, die Zusammensetzung und die Benutzungsart des Gebirges, und erfordern also eine ganz gleichförmige Anwendung durch die ganze Teufe der Lagerstätte. Der Hauptbeweggrund zu dieser Gleichförmigkeit aber ist der: weil es bei dem Salzbergbau schlechterdings unmöglich ist, Bergfesten und Mitterkeile zu vermeiden, die Grösse des Aufschlusses des Gebirges ins Feld zu bestimmen, und endlich sich leicht zu orientiren, wenn nicht alle Stollen, alle Haupt- und Querstrecken in Verticalebenen untereinander stehen, und dadurch sowohl die Lage als die Form aller Betriebs- und Werksreviere aus einem Berg in den andern in eine genau entsprechende verticale Beziehung versetzen. Eine solche Anlage bedingt jedoch die Beibehaltung ein und desselben Normalwerkmessers durch alle Dimensionen der Lagerstätte, wozu in der That auch das natürliche Verhalten der Steinsalzgebirge berechtigt, weil der Reichthum, die Gesteinsfestigkeit und überhaupt die Ungleichförmigkeit der Auflösung in ihrem eigenen Körper bei grösserer Teufe niemals einer solchen Veränderung unterliegen, dass dadurch ein bedeutender Unterschied der vortheilhaftesten Grösse, sowohl was den Umkreis der Ulmen, als die Fläche des Werkhimmels betrifft, entstehen könnte.

§. 21. Vermeidung der Bergfesten. Um die Grösse und Wichtigkeit ihres Verlustes ins rechte Licht zu setzen, beziehen wir die Bergfesten blos auf diejenigen Gebäude, die eben abgehandelt wurden, und unter denen sie unter gewissen Verhältnissen ihrer Anlage immer und überall unvermeidlich sind, auf die Stollen, Haupt- und Querstrecken. Wenn im Salzberg zu Hall diejenigen Stollenlängen, welche von Tag bis zum geniessbar anstehenden Salzgebirge in taubem und ausgelaugtem Gestein aufgefahren, und diejenigen Strecken, die im Bereiche von Wassergebäuden als ungeniessbar vorgemerkt sind, abgezogen werden, so beträgt die Summe aller übrigen in Zimmerung stehenden Streckenlängen wenigstens 48000 laufende Fuss. Diese Summe bezeichnet zwar gebräches, aber durchaus geniessbares, mehr oder weniger edles Salzgebirge, weil die eingestreuten Massen von gemeinem und wasserfreien Gips niemals einer Zimmerung bedürfen. Wenn man ferner den günstigsten Fall annimmt, dass diese ganze Länge von 48000 Fuss in einer zusammenhängenden Reihe von Soolen-Erzeugungswerken, deren Durchmesser nur 60 Stabel oder 240 Fuss betragen soll, theils schon versotten worden ist, theils noch benutzt werden wird, so müssen, weil die darüber hinziehenden Stollen, Haupt- und Querstrecken noch lange nicht auflässig werden, wenigstens 4 Stabel oder 16 Fuss vom möglichen Versudmaass zurückgelassen werden, und die Bergfesten betragen daher zu Hall blos allein unter den gegenwärtig in Zimmerung stehenden Streckenlängen in runder Summe 184 Millionen Kubikfuss. Und wenn das Durchschnittsgewicht des dortigen Salzgebirges zu 100 Pfund pro Kubikfuss und der Gehalt an Steinsalz zu 35 Procent angenommen wird, so berechnet sich das in diesen Bergfesten zu Verlust gehende Gewicht von Steinsalz auf 64 Millionen Zentner! Welche Ziffer würde sich ergeben, wenn auch diejenigen Streckenlängen, die in reinen Kernsalzwänden ohne Zimmerung stehen, mit in Rechnung gezogen werden wollten, und endlich, wie viel Steinsalz wird mit den ungeniessbaren Bergfesten verloren gehen, wenn dereinst die ganze Lagerstätte aufgeschlossen und versotten ist!

Künstliche Soole im eigenen Körper eines Steinsalzgebirges zu erzeugen, ohne auf solchen Steinsalzverlust Rücksicht zu nehmen, ist nicht schwer; nur allein die Vermeidung dieses Verlustes erhebt den Salzbergbau zur Kunst, und wenn es sonst Raubbau heisst, wenn immer nur das Gelegenste, Sicherste und Beste vorzugsweise genossen wird, um wieviel mehr trifft diese Benennung denjenigen Bergbau, der sich in der Lage befindet, eine Gebirgsmasse von mehrern hundert Millonen Kubikfuss nicht benutzen können, obgleich die Ursache davon zu rechter Zeit gar wohl hätte beseitigt werden können. Um daher vorerst den Verlust an Bergfesten zu vermeiden, unterstellt sich einer geneigten Prüfung des Lesers folgende Idee, unter Voraussetzung von drei Sätzen, auf die sie sich stützt, nämlich

1) dass alle Gebäude, die eine vollständige Aufsiedung des unmittelbar darunter liegenden Gebirges verhindern, auf gewisse Grenzen des Raumes unüberschreitbar angewiesen;
2) dass alles Gebirge, welches in seiner Lage unter diesen Gebäuden in Mitleidenschaft gezogen ist, nicht höher, als bis gedachte Gebäude selbst überflüssig geworden sind, versotten werden können, und
3) dass diese Art von Versiedung nicht blos in einem Berg, sondern durch die ganze Teufe der Lagerstätte gleichmässig zu realisiren möglich ist.

Unter allen Stollen *ab* Taf. XIV. Fig. 1., unter allen Hauptstrecken *fg* und allen Querstrecken *hi* verbleibt zu dem Ende ein fortlaufender Baustock als Gebirgsreserve anstehend, deren verschiedene Bezeichnung im Grund-, Auf- und Kreuzriss das Aufschlussgebäude, zu dem sie gehören, und zugleich die Grenze des Raumes bezeichnet, über welche hinaus kein Gebäude des ganzen Bergbaus, es mag Aufschluss- oder Werksgebäude sein, stehen und sich erstrecken soll. Diese Gebirgsreserven können weder breiter, noch schmäler, als ein Normalwerkmesser sein, weil sonst einerseits die bedeutenden Kosten einer Werkanlage sich nicht vollkommen hierauf lohnen, und andererseits die Ausdehnung des Bergbaus ganz überflüssig vergrössert würde. Durch sie zerfällt die Versiedung des aufgeschlossenen Grubenfeldes in jedem Berg in vier Perioden, je nachdem die Zeit, zu welcher die verschiedenen Aufschlussgebäude auflässig werden, aufeinander folgt. Die Versiedung der von den drei Gebirgsreserven eingeschlossenen und weiss gelassenen Mitte eines jeden Werkreviers bildet die erste, die Versiedung der Gebirgsreserve unter den Querstrecken bildet die zweite, die Versiedung der Gebirgsreserve unter den Hauptstrecken die dritte, und der Gebirgsreserve unter den Stollen die vierte und letzte Betriebsperiode. Wenn alle Stollen, alle Haupt- und Querstrecken in verticalen Ebenen untereinander stehen, so decken sich die Grenzen aller Gebirgsreserven übereinander, und es kann die erste Betriebsperiode in allen Werkrevieren durch die ganze Teufe der Lagerstätte ohne den geringsten Abzug vom Versudmaass vollständig aufgesotten werden. Sobald sie in zwei nebeneinander liegenden Werkrevieren durch zwei Bergdicken *A*, *B*, *C* und *D* vollbracht ist, werden die Querstrecken *kk* auflässig, sie können also verwöhret werden, und es fängt mit Versiedung der darüber stehenden Gebirgsreserve *l*, *m*, *n*, *o* die zweite Betriebsperiode an. Die dritte Periode, welche die Versiedung des reservirten Gebirges unter den Hauptstrecken betrifft, tritt alsdann ein, wenn die beiden ersten Perioden in zwei nebeneinander liegenden Betriebsrevieren vom Stollen bis an das Ausgehende der Lagerstätte durch zwei Bergdieken *EF* und *GH* vollendet ist. In diesem Fall werden die überflüssigen Hauptstrecken *pp* wieder verwöhrt, und unter die saiger entsprechenden Hauptstrecken des nächst höhern Berges Werk hinter Werk angewässert. Und wenn endlich das ganze Grubenfeld zweier Berge links und rechts vom Stollen vollkommen versotten ist, so kommt die vierte Betriebsperiode oder die Versiedung der Gebirgsreserve unter dem Stollen an die Reihe, dadurch, dass der Stollen *e* ebenfalls verwöhrt und unter den saiger entsprechenden nächst höhern Stollen aufgesotten wird. Das erste Werk der zweiten Betriebsperiode lässt sich in der Mitte der Querstrecken in der Art anbringen, dass nach Versiedung desselben der weitere Betrieb der Periode in entgegengesetzter Richtung nach den Hauptstrecken jedesmal mit gleichzeitiger Anlage zweier Werke fortgesetzt werden kann. Die Werkanlagen der dritten und vierten Periode hingegen können nur am Ausgehenden der Lagerstätte ihren Anfang nehmen, und namentlich für ein zweites Werk nicht eher beginnen, als bis das erste rückwärtsliegende aufgesotten ist. Mit Endigung der zweiten Betriebsperiode wird das betreffende Werkrevier, mit Endigung der dritten Periode das betreffende Betriebsrevier, und mit Endigung der vierten Periode der Berg selbst todtgesprochen. Der Angriff der drei letzten Perioden im zweiten Berg setzt dann wieder die bekannte verhältnissmässige Vorrückung der Versiedung im dritten Berg voraus, und macht insbesondere zur Bedingniss, dass gleichzeitig, so wie die Querstrecken *qq*, die Hauptstrecken *rr* und der Stollen *d* zur Verwöhrung kommen, die darüber liegenden Querstrekken *kk*, die Hauptstrecken *pp* und der Stollen *e* wieder geöffnet werden, um die Werke selbst in den Gebirgsreserven des zweiten Berges anlegen zu können. Diese Wiedereröffnung der verwöhrten Aufschlussgebäude macht allerdings Kosten; allein abgesehen davon, dass die Arbeit im versottenen Gebirge mit der Arbeit auf festem Gestein nicht zu vergleichen ist, so ist hierauf die Möglichkeit, den Steinsalzgehalt jedes Berges ohne den mindesten Abzug vom Versudmaass geniessen zu können, ausschliessend gegründet. Selbst unter wasserträchtigen Stollen und Hauptstrecken ist keine Bergfeste nothwendig, weil die darunter liegenden Werke, sobald sie einmal bis zur Gefahr des Einsturzes aufgesotten sind, nicht mehr ganz, sondern vom Mittelpunkt bis zum Umkreis der Ulmen blos in einzelnen Radien gesäubert werden, je lokkerer das versottene Gebirge, desto weniger, je fester, desto mehr, so dass während der kurzen Dauer der letzten wenigen Wässer Himmel und Last beständig aufeinander liegen, und eine hinreichende Gebirgsfeste bilden, ohne deswegen das Durchdringen des auflösenden Wassers zu verhindern. Dagegen tritt bei solchen Gebäuden, die ein Gefluder tragen und offen erhalten werden müssen, die Nothwendigkeit einer Verwöhrung in der Förste ein, wodurch einiger Steinsalzverlust durch nöthige Zurücklassung von Bodendicken, in denen die Wöhrsätze stehen, unvermeidlich wird. Wollte diese Verwöhrungsart auch auf solche Stollen, Haupt- und Querstrecken, auf denen keine Selbstwässer ausgeleitet werden, in Anwendung kommen, so entstände zwar der Vortheil, dass sie nicht geschlossen und wieder eröffnet zu werden brauchten, und zum Angriff der drei letzten Betriebsperioden überhaupt gleichen Fortschritte der Versiedung durch je zwei und zwei Bergdicken nicht mehr erforderlich wären, sohin in der Betriebsregulirung ein Berg von dem andern unabhängig würde; allein der Gewinn an Bergfesten würde durch ein solches Verfahren mit dem Verlust an Bodendicken wenigstens zur Hälfte wieder aufgehoben werden.

Auf eine andere Art ist die Vermeidung der Bergfesten bei dem Salzbergbau nicht möglich; und selbst obige Idee ist, wie man sieht, nur dadurch ausführbar, dass alle Stollen, Haupt- und Querstrecken die ihrer Bestimmung entsprechende Stunde in gerader Linie verfolgen, und in Vertical-Ebenen untereinander liegen, weil die im Kreuz- und Aufriss Fig. 1. punktirte Skizze beweist, dass bei einer Abweichung von dieser verticalen Lage die erste Betriebsperiode jedes Berges immer mehr oder weniger unter die drei letzten Perioden des nächst höhern Berges zu liegen kommen, und also wieder nicht ohne Zurücklassung von Bergfesten aufgesotten werden könnten.

§. 22. Vermeidung der Mitterkeile. Die Mitterkeile in einem Salzbergbau entstehen überhaupt aus folgenden Veranlassungen.

1) Wenn die Breite der Werkreviere *bi* Taf. XIV. Fig. 1., oder die gegenseitige Entfernung der Querstrekken grösser ist, als drei Werkmesser, gleichviel, ob diese normal sind oder nicht, so verbleibt zwischen den Werken Nr. 2. und 3. Fig. 12. ein Mitterkeil, der zur Werkanlage ganz unzugänglich ist, sobald diese Werke ohne Zurücklassung einer Bergfeste vollständig aufgesotten worden sind.

2) Wenn die Werke schon ursprünglich in willkürlicher Grösse und Form angelegt, wenn sie in der Erweiterung ihres Horizonts unbeschränkt sich selbst überlassen, oder im Verlaufe ihres Betriebes durch partiale Seitenveröffnung nothgedrungen oder freiwillig verzogen werden, so kann nicht vorausbestimmt werden, wo, in welcher Grösse und Form solche Werke die Ebensohle des nächst höhern Bergaufschlusses erreichen werden. Wegen dieser Unsicherheit und aus Vorsicht wird daher jeder Werkanlage ein grösserer Bausatz, als eigentlich nothwendig wäre, eingeräumt, die Werke kommen dadurch zu weit auseinander, und die Folge davon ist, dass zwischen ihnen, so viele ihrer sind, mehr oder weniger schwache Mitterkeile übrig bleiben, wie dieses auf Tafel XIV. zwischen Litt. A, B, C, D und E der Fall ist, und Fig. 6. der Mitterkeil *begh* beweist.

3) Wenn ferner zwei nebeneinander stehende Werke Fig. 2 und 5 auch wirklich so angelegt und aufgesotten worden sind, dass sie sich nach Vollendung ihrer ganzen

Versudhöhe bei *b* gegenseitig anschliessen, so bleibt desungeachtet der Mitterkeil *abd* zurück.

4) Wenn aber zwei Werke so nahe nebeneinander angelegt werden, dass sie sich schon vor Vollendung ihres möglichen Versudmaasses miteinander vereinigen müssen, so entsteht der Mitterkeil *abd* zwischen Fig. 8 und 9; wenn zwei nebeneinander stehende Werke zwar in der richtigen gegenseitigen Entfernung angelegt worden sind, aber das Unglück hatten, dass sich das eine in der Richtung gegen das andere ausgeschnitten hat, so erfolgt der Mitterkeil *abd* zwischen Fig. 9 und 10; und wenn zwei nebeneinander stehende Werke auf dem Wege einer Gesteinskluft in eine solche Communication miteinander gerathen, dass sie nicht mehr getrennt werden können, und unter einem gemeinschaftlichen Himmel aufgesotten werden müssen, so bleibt der Mitterkeil *abcd* zwischen Fig. 10 und 11 zurück.

5) Wenn die Stollen *ab* Taf. XIV. Fig. 1, die Hauptstrecken *fg* und die Querstrecken *hi* in jedem Berge anders, das heisst, in verschiedenen gegenseitigen Entfernungen und in verschiedenen Stunden, mithin unter verschiedenen Winkeln ihres Zusammenhanges aufgefahren werden, so entstehen daraus Werkreviere von der ungleichartigsten Grösse und Form, und die Verticalebenen, die man sich durch die Stollen, Haupt- und Querstrecken von zwei übereinander liegenden Bergen denken muss, stehen in grössern und kleinern Entfernungen auseinander, und decken sich nur auf den zufälligen Punkten ihrer Durchschneidung. Unter diesen Verhältnissen ist es unvermeidlich, dass der Standpunkt und die Form vieler Werke nicht, wie es die Bewirthschaftung des Gebirges erfordert, sondern danach gewählt wird, wie es möglich ist, die Werkgebäude auf dem kürzesten Wege anzubringen. Alsdann aber verbleibt den zwischen solchen Werken

übrig bleibenden Gebirgsmitteln selten und nur zufällig die richtige Mächtigkeit, vielmehr sind sie meistens entweder schwächer oder stärker, als die Versiedung nach Maassgabe ihrer Basis, der Bergdicke und des Verhältnisses der Auflösung vom Himmel zur Auflösung im Umkreise der Ulmen als nothwendig voraussetzt. Im ersten Falle sind diese Gebirgsmittel bereits wahre Mitterkeile, im zweiten Falle werden dergleichen entstehen, so wie sie aufgesotten werden.

6) Alle Werke endlich, die in der Ebensohle entweder auf dem linken oder auf dem rechten Stosse eines Stollens, einer Haupt- und Querstrecke, oder überhaupt eines streckenartigen Gebäudes, dasselbe mag Aufschluss- oder Werkgebäude sein, angelegt werden, müssen sich je nach der Beschaffenheit des Gebirges 20 — 40 und noch mehr Fuss aus dem Grunde entfernt halten, weil ausserdem eine Ausschneidung, mithin ein Ausbruch derselben auf genannte Gebäude möglich ist. Es muss daher über der Förste *a* Taf. XIV. Fig. 6. aller ebensöhlig aufgefahrenen Gebäude nach ihrer vollen Länge im ganzen weiten Umfang eines Salzbergbaues ein fortlaufender Mitterkeil übrig bleiben, der wenigstens die verhältnissmässige Grösse von *bcd* oder, wenn sich die Werke erst am Ende ihrer Aufsiedung anschliessen, von *bef*, oder endlich, wenn dieser gegenseitige Aufschluss, wie es der gewöhnliche Fall ist, gar nicht erfolgt, von *begh* erhalten muss.

Die Mitterkeile unterscheiden sich daher in drei Arten, je nachdem sie sich nämlich entweder unter der Ebensohle des nächst höhern Bergaufschlusses, oder auf dieser Ebensohle wirklich auskeilen, oder aber erst über derselben auskeilen würden, wenn man sich die Werke, zwischen denen sie stehen, noch höher aufgesotten denkt. Die ersten beiden Arten gehören zu dem gewissen Steinsalzverlust, weil sie unter versottenem Gebirge liegen, und deswegen einer Versiedung unfähig, und wegen ihrer geringen Mächtigkeit auch nicht würdig sind. Die dritte Art, oder die sogenannten abgestumpften Mitterkeile, sind entweder zugänglich, oder sie sind, indem sie zwischen versottenem Gebirge stehen, unzugänglich. Letztere, die sehr oft vom grössten Umfange sind, bleiben gleichfalls unbenutzt, sobald das versottene Gebirge kein hinreichend sicheres Fundament für darüber anzulegende Werkgebäude bildet; von den zugänglichen aber werden in der Regel nur die ausgezeichnet mächtigen, als gelegentliche Nebennutzung versotten; alle übrigen werden aus zwei Gründen unbeachtet gelassen, theils weil sie zu unförmlich, theils weil sie in ihrer Lage, in ihrer Form und Mächtigkeit gewöhnlich ganz unbekannt sind. Wie sind in der That auch Mitterkeile zu einer Werkanlage anzugreifen, die sich, wie auf Taf. XIV. Fig. 12 und 13, zwischen ältern Werken bald schwach, bald stark mäandrisch hin und her winden? Diese Mitterkeile sind auf den Grubenkarten nur im Grundriss, im Aufriss aber nur insofern sichtbar, als sie in der Durchschnittslinie desselben liegen. Der Grundriss nun zeigt nur die Lage, die Form und Mächtigkeit ihrer obern Auskeilung *gl* Taf. XIV. Fig. 7; die Hauptsache, nämlich die Lage, die Form und Mächtigkeit ihrer Basis *hm* bleibt zwischen Werken, die sich während ihrer Aufsiedung mehrmals ausgeschnitten haben, so lange ein Geheimniss, als nicht die ausserordentliche Mühe daran gewendet wird, über den Gang der Versiedung jedes einzelnen Werkes richtige Profile zu führen.

In den Mitterkeilen liegt mithin ganz vorzüglich der grösste Theil des Steinsalzverlustes, dem überhaupt der Salzbergbau ausgesetzt ist. Er ist nicht zu berechnen, und höchstens nur beiläufig begreiflich zu machen. Denken wir uns z. B., was für die Mächtigkeit der Steinsalzgebirge nicht viel ist, im ganzen Bereiche eines Salzbergbaues tausend Soolen-Erzeugungswerke von der verschiedensten Form und Grösse, zwischen welchen sich, seiner Lage und Mächtigkeit wegen, ungeniessbares Salzgebirge in den mannigfaltigsten Windungen durch- und herumzieht, so bezeichnet der Umkreis von 500 Werken die ganze Länge des Mitterkeils. Nehmen wir ferner den Durchmesser jedes Werkes im Durchschnitt zu 300 Fuss, die mittlere Breite des Mitterkeils nur zu 20 F. und die Bergdicke zu 140 F. an, so beträgt die kubische Masse des ganzen Mitterkeils zwischen den tausend Werken = 1318 Millionen Kubikfuss, in denen, wenn auch nur die Hall-Innthalsche Armuth des Gebirges zu Grunde gelegt wird, 461 Millionen Zentner Steinsalz enthalten sein dürften. Um insbesondere einige Vorstellung von demjenigen Steinsalzverlust zu erhalten, der in den Mitterkeilen über der Förste des ganzen Streckensystems liegt, so wollen wir hierbei die im Salzberg zu Hall in zwar gebrächem, aber durchaus geniessbarem Gebirge in Zimmerung stehende Streckenlänge von 48000 F. wieder zum Anhalten nehmen. Der über der Förste dieser Streckenlänge anstehende Mitterkeil wird wenigstens eine mittlere Breite von 60 F. haben, und folglich, wenn die Bergdicke 140 Fuss beträgt, eine kubische Masse von 403 Millionen Kubikfuss mit 141 Millionen Zentner Steinsalz enthalten.

Noch wichtiger also, als die Vermeidung der Bergfesten, ist die Vermeidung der Mitterkeile, und ganz billig wird der Leser die Wiederholung finden, dass in jedem Salzbergbau, wo die Verhinderung dieses gesammten ungeheuern Steinsalzverlustes von mehrern hundert Millionen Zentnern nicht die Hauptangelegenheit ausmacht, nur die Natur, keineswegs die Kunst erfreuen kann. Die Möglichkeit einer Vermeidung der Mitterkeile aber gründet sich auf den Satz: dass das versottene Gebirge, sobald es sich vermöge eigener Schwere durch die ganze Bergdicke vollständig gesetzt hat, gegen das Wasser einen undurchdringlichen Damm bildet, und eine solche Aufsiedung der Werke gestattet, dass sich das versottene Gebirge derselben gegenseitig anschliesst. In den meisten Steinsalzgruben ist der beigemengte Thon so fett, dass er schon gleich Anfangs, so wie er vom Himmel fällt, schwer vom Wasser zu durchdringen ist. Der Beweis davon liegt darin, dass in den dortigen Werken alle 18 bis 20 Lachter ein Sumpf nothwendig ist, der zur Ablassung der vergüteten Soole durch Röhrenfahrten mit dem Hauptsumpf in Verbindung steht. Dagegen im Salzberg zu Hall, wo der Salzthon innigst mit Sand gemengt ist, ist das versottene Gebirge fast aller Werke so locker, dass das grösste Werk nur eines einzigen Sumpfes bedarf, um vollständig abzulaufen, und dass der Wasserstand von diesem Sumpfe bis zu den äussersten Werkulmen gleiches Niveau hält. Inzwischen ist selbst in Hall nicht daran zu zweifeln, dass dieses nur von den obern Teufen des versottenen Gebirges gilt, und letzteres noch im Laufe der Umtriebszeit eines Werkes in dem Maasse, als es älter wird, und sich die Werksohle erhebt, mit der Zeit immer compacter, und zuletzt ebenfalls undurchdringlich wird. Dies beweist die Füllungszeit grosser bereits hoch aufgesottener Werke, die ausserdem viel länger dauern müsste.

Indem daher der Vermeidung der Mitterkeile kein natürliches Hinderniss im Wege steht, kommt es, sie zu realisiren, lediglich darauf an, dass, so wie Tafel XIV. Fig. 1, das Grubenfeld jedes Berges durch den Stollen *ab* in zwei Hälften, jede Hälfte durch die Hauptstrecken *fg* in Betriebsreviere, und jedes Betriebsrevier durch die Querstrecken *hi* in Werkreviere abgetheilt ist, nun auch jedes Werkrevier in eine bestimmte Anzahl von Werksätzen nebeneinander unterschieden, und sowohl die Anlage als der Betrieb jedes einzelnen Werkes so behandelt werde, dass es die Grenzen seines Bausatzes nicht überschreitet, und sich am Ende das versottene Gebirge aller Werke von selbst wechselseitig anschliesst.

Die Eigenschaften aber, die der Aufschluss des Gebirges in sich vereinigen muss, um diese Idee ausführbar zu machen, sind folgende:

1) Die Stollen, Haupt- und Querstrecken sämmtlicher Berge müssen durch die ganze Teufe der Lagerstätte in Verticalebenen untereinander aufgefahren sein. Denn nur durch aufeinander folgende Bewirthschaftung des Grubenfeldes nach den bekannten vier Perioden ist es möglich, dass allen über der Förste des ganzen Streckensystems verbleibenden Mitterkeilen eine bauwürdige Mächtigkeit, die die erste Bürgschaft ihrer Benutzung leistet, vorbehalten bleibt. Ueberdies wird man sich auf Tafel XIV. Fig. 1. im Kreuz- und Aufriss überzeugen, dass die zur Versiedung der drei letzten Betriebsperioden unter den Stollen, Haupt- und Querstrecken belassenen Gebirgsreserven, so wie sie nicht dnrch alle Berge untereinander stehen, mehr oder weniger unter die erste Betriebsperiode des nächst höhern Berges gerathen, und dadurch zur Werkanlage unzugänglich werden, weil diese erste Periode bereits versotten sein wird. So innig hängt das Gebirge unter der Sohle von Strecken mit jenem über der Förste zusammen, dass die Benutzungsfähigkeit beider ganz oder zum Theil aufgehoben wird, je nachdem die Lage der Strecken zweier benachbarter Berge von der Verticalebene abweicht.

2) Der ausschliessend brauchbare Maassstab zur Bestimmung der Ansitzpunkte der Stollen, Haupt- und Querstrecken unter- und nebeneinander ist der Normalwerk-

messer, oder derjenige Durchmesser der Werke, bei welchem letztere eben anfangen, in ihrer Verwahrung gegen Ausschnitte schwierig zu werden. Denn nur durch diese Verwahrung können die Werke am Schluss ihrer Aufsiedung innerhalb der vorgesteckten Grenzen ihres Bausatzes in gleicher Grösse und Form in die Ebensohle des nächst höhern Bergaufschlusses wirklich eintreten. Die Ansitzpunkte der Stollenmundlöcher untereinander müssen daher genau auf den Normalwerkmesser berechnet sein, und nachdem die Mächtigkeit des für die drei letzten Betriebsperioden reservirten Gebirges nur einen Normalwerkmesser beträgt, und auf dem linken und rechten Stosse jedes Aufschlussgebäudes überall nicht mehr als ein Werk anzulegen möglich ist, so muss die gegenseitige Entfernung der Querstrecken oder die Breite aller Werkreviere *bi* Taf. XIV. Fig. 1. gerade drei Normalwerkmesser betragen. In der gegenseitigen Entfernung der Hauptstrecken *fg* aber, oder der Länge der Werkreviere, die am besten so gross, als es nur immer möglich is, werden kann, darf der Normalwerkmesser in keiner Bruchzahl, z. B. nicht 19½ mal enthalten sein, weil dadurch die erste Betriebsperiode *stuv* in jeder Reihe 9½ Werksätze, mithin einen unförmlichen Mitterkeil von ½ Werkmesser in der Breite und 2 Werkmessern in die Länge erhalten würde, der nur dadurch zu benutzen wäre, dass die daran stossenden Werke unter den Hauptstrecken *fg* unverhältnissmässig ausgedehnt werden.

3) Die beste Form, in der ein Soolen-Erzeugungswerk angelegt und ausgesotten werden kann, ist die Kreisform. Denn wenn der Mittelpunkt des Werkes fixirt, und blos das einfache Mittel der Herumziehung mit einer Schnur längs den Ulmen angewendet wird, so ist es diese Form allein, wodurch jeder Werkausschnitt, jede Verziehung des Werkes eben so schnell als verlässig

entdeckt, und vor weiterem Umsichgreifen abgehalten werden kann. Dieser Kreisform aber entspricht zur Eintheilung jedes Werkreviers, insbesondere jeder ersten Betriebsperiode *stuv* in die einzelnen Werksätze zunächst das vollkommene Quadrat, dessen Seiten die Länge des Normalwerkmessers haben; folglich ist es die Winkelkreuzstunde oder der Parallelismus, unter welchem sich in jedem Bergaufschluss die Stollen *ab*, die Hauptstrecken *fg* und die Querstrecken *hi* in der Art durchschneiden müssen, dass alle Werkreviere im Grundriss die regelmässige Gestalt eines langen Rechtecks erhalten.

§. 23. Die Feldörter. Wie wichtig bei dem Salzbergbau die Feldörter sind, und welchen Einfluss ein planloser Aufschluss und eine willkürliche Benutzung des Gebirges auf die Anzahl und Entfernung derselben hat, ergiebt sich aus folgenden Betrachtungen.

1) Bei einem Aufschluss des Gebirges, wie er auf Taf. XIV. Fig. 1. projectirt ist, kann es eigentlich nur zwei Arten von Oertern, nämlich Stollen- und Hauptstreckenörter geben, weil die Querstrecken *hi* den ausschliessenden Zweck haben, die Hauptstrecken *fg* durchschlägig, und das inzwischen anstehende Gebirge zur Werkanlage zugänglich zu machen. Wenn aber die Querstrekken in beliebigen Entfernungen und Stunden, wie *wx* und *yz* aufgefahren werden, und die Hauptstrecken nicht miteinander verbinden, so entstehen auch Querstreckenörter, und wenn die Hauptstreckenörter noch überdies nicht beharrlich, ohne Rücksicht auf Festigkeit und Taubheit des Gesteins fortgesetzt, sondern sistirt oder wohl gar aufgelassen werden, um auf edlern und bequemern Punkten anzusitzen, so wird überhaupt die Anzahl der Oerter mehr oder weniger unverhältnissmässig vermehrt.

2) Wenn der gesammten Soolen-Erzeugungsanlage eines Salzbergbaues keine Berechnung des wahren Bedürf-

nisses zu Grunde liegt, so ist es bei der Ungewissheit, in der man schwebt, allerdings möglich, dass man früh oder spät von der unzureichenden Anzahl der Werke plötzlich überrascht wird; gewöhnlich aber sind in einem unregelmässigen Salzbergbau mehr Werke und eine grössere Entfernung der Feldörter vorhanden, als zur Sicherheit des Betriebes erforderlich ist, weil man den Ueberfluss an erzeugter Soole gewahr wird, und unverhältnissmässig viele Mannschaft besitzt, die eine auf Staatskosten betriebene Grube nicht leicht entlassen kann, daher einen Theil derselben aus Mangel anderweitiger Beschäftigung zur Belegung der Oerter verwendet.

8) Jeder andere Bergbau wird sich um so reicher und glücklicher fühlen, je nachhaltiger die Dauer seiner Anbrüche nicht nur durch viele, sondern auch durch weit entfernte Oerter gesichert ist. Das ist aber bei dem Salzbergbau nicht der Fall, und zwar wegen der Mächtigkeit und des Reickthums der Lagerstätte, deren bauwürdige, segensreiche Mittel allenthalben verbürgt sind. Der Fortstellung seiner Feldörter unterliegt ein ganz anderes und zwar folgendes Motiv. Nämlich der Nothwendigkeit getreu, die Lagerstätte von oben nach unten zu benutzen, kann die Anzahl derjenigen Werke, deren ununterbrochener Betrieb zur Erzeugung des etatsmässigen jährlichen Soolenquantums vorausgesetzt wird, in keinem andern, als dem obersten der nutzbaren Berge ihren Platz finden, und diejenigen Werke, die zur Vertretung derselben bei Anforderungen über den Etat und bei grossen, unvorhersusehenden Reparaturen oder Unglücken bestimmt sind, das heisst, die Reservewerke müssen aus ihrem Bereiche ebensöhliger Nachbarschaft entfernt, daher in die nächst untern und zur vollsommenen Sicherheit, je nachdem es die Umstände gebieten, in mehrere Teufen verlegt werden. Je weniger der Betrieb in dem obersten Berge un-

terbrochen wird, je seltener die Reservewerke zur Anwässerung kommen, desto regelmässiger bewegt sich die Versiedung der Lagerstätte von oben nach unten. Jeder Berg hat daher hinsichtlich der ihm zukommenden Werke eine eigenthümliche Natur und Bestimmung, die keine Verwechslung erlaubt; die Werke eines jeden derselben müssen beständig in vollzähligem Stande erhalten werden, und in diesem Verhältnisse liegt die Ursache, warum die Feldörter aller Berge nicht willkürlich, sondern nur so weit entfernt sein dürfen, als nöthig ist, um in dem aufgeschlossenen Gebirge die zu Verlust gegangenen Werke unverzüglich ersetzen zu können. Diese Anzahl vorräthiger Werksätze wird in dem obersten Berge der Anzahl von Werken, die er wirklich besitzt, gleich sein müssen, weil nach §. 14. die Grösse der Soolen-Erzeugungsreserve in den untern Bergen auf die Voraussetzung gegründet worden ist, dass die Werke des darüber liegenden Hauptberges durch die höchste Gefahr der Selbstwässer sämmtlich unbrauchbar werden.

4) Wir werden später und für den augenblicklichen Bedarf aus Tafel XIV. ersehen, dass die Gebäude aller Soolen-Erzeugungswerke immer in zwei zunächst untereinander liegenden Bergaufschluss-Ebenen, zwischen welchen die Werke aufgesotten werden, anzulegen kommen. Es folgt daraus, dass die Feldörter des zweiten Berges eben so weit vorangebracht sein müssen, als die des ersten, und wenn die Reservewerke, deren Zahl den Werken des obersten Berges gleich kommt, in zwei Teufen gleichmässig vertheilt sind, so wird die Entfernung der Feldörter im dritten Berge nur die Hälfte der oberen Berge zu betragen haben, und überhaupt um so geringer sein können, je mehr Berge gleichzeitig versotten werden. Wenn z. B. die Erzeugung des etatsmässigen jährlichen Soolenquantums 20 Werke erfordert, so kommen dem

obersten der nutzbaren Berge 20, dem darunter liegenden 10, und dem nächstfolgenden dritten Berge ebenfalls 10 Werke zu; dagegen müssen die Feldörter über diese Soolen-Erzeugungsanlage hinaus, im obersten Berge wieder 20, im zweiten 30, und im dritten Berge 10 vorräthige und bauwürdige Werksätze entblössen. Wird die Soolen-Erzeugungsreserve in vier Teufen vertheilt, so treffen auf jeden der vier letzten Berge fünf Werke, dagegen erfordert der zweite Berg 35, der dritte, vierte und fünfte Berg aber nur fünf vorräthige Werksätze.

5) Wenn nun der oberste Berg statt 20 Werken, die er nöthig hat, deren 30 besitzt, muss dadurch die Erstreckung des zweiten Berges ins Feld nicht ganz zwecklos vergrössert werden? Oder, wenn statt des obersten Berges ein tieferer vorzugsweise benutzt, oder wenn alle Berge mit Werken überfüllt werden, muss da nicht zuletzt, indem die Werke eines Berges immer den Stand der Feldörter im darunter liegenden Berge bedingen, eine ungeheuere unnütze Länge des Streckensystems erfolgen, wobei viele Tausende hätten erspart werden können?

Die Belegung der Feldörter setzt daher vor allen eine richtige Verwendung der Berge, eine von Zeit zu Zeit zu erneuernde Kenntniss von der Grösse und dem Zustande der bestehenden Soolen-Erzeugungsanlage und eine prüfende Vergleichung derselben, theils mit dem etatsmässigen jährlichen Soolenbedürfniss, theils mit dem Maass der natürlichen Hindernisse und Gefahren der Grube voraus. Allein, um über eine weise Bewirthschaftung des Gebirges zu beruhigen, ist dieses noch nicht hinreichend. Denn wer die Anzahl der Werke und vorräthigen Werksätze weiss, die jedem einzelnen Berge zukommt, kennt darum noch nicht die dazu erforderliche wahre Entfernung der Feldörter, so lange Mitterkeile geduldet, das Grubenfeld auf beliebigen, mehr oder weniger weit voneinander entfernten Punkten und in beliebiger Zeit zur Werkanlage verwendet, die Werke selbst in willkürlicher Grösse angelegt, und in ihrer weitern Gestaltung sich allein überlassen werden. Jeder Salzbergbau, der so behandelt wird, schwebt über sein wahres Bedürfniss an Feld-Erstreckung schon deswegen in Ungewissheit, weil er die Gebirgsmittel nicht kennt, die zwischen den jüngsten, zwischen versottenen und uralten Werken zurückstehend enthalten sind, und weil die Werke, sobald ihre sich gestaltende Grösse und Form nicht vorausgesehen werden können, unverhältnissmässig grosse Bausätze verlangen. Das, was noch abgeht, um die nöthige Entfernung der Feldörter theils in Zahlen ausdrücken, theils auf das eigentliche Bedürfniss zurückführen zu können, glauben wir lediglich allein in dem nämlichen Project des Bergaufschlusses und Betriebes finden zu können, welches in den vorigen Paragraphen beschrieben worden ist, daher nicht mehr wiederholt, sondern nur auf den vorliegenden Zweck angewendet zu werden braucht.

Wenn z. B. Taf. XIV. Fig. 1. die gegenseitige Entfernung der Hauptstrecken *fg* 500 Stabel, und der Durchmesser, bis zu welchem alle Werke aufgesotten werden, entweder annäherungsweise, bis der Normalwerkmesser gefunden ist, oder in Folge seiner wirklichen Entdeckung 50 Stabel beträgt, so stehen die Querstrecken *hi* 150 Stabel gegenseitig auseinander, das ganze Werkrevier fasst 75000 Quadratstabel, und die erste Betriebsperiode *stuv* 18 Werksätze. Diese Periode ist es vor allen, worauf es bei Bestimmung der bedürftigen Feld-Erstreckung jedes Berges ankommt, weil in der zweiten Betriebsperiode höchstens zwei Werke, in der dritten und vierten Periode dagegen immer nur ein Werk gleichzeitig betrieben werden können, und folglich nicht in Anschlag kommen. Soll nun zur Vermeidung der Mitterkeile Werk an Werk versotten werden, ohne dass sie sich zusammen schneiden, so kann überhaupt in jeder ersten Betriebsperiode niemals mehr, als der vierte Theil ihres Flächenraums, gleichzeitig angelassen werden, das heisst, es können nie mehr Werksätze, als entweder Nr. 1, 3, 5, 7 und 9, oder Nr. 10, 12, 14, 16 und 18, oder Nr. 2, 4, 6 und 8, oder endlich Nr. 11, 13, 15 und 17 nebeneinander in Betrieb stehen. Wenn daher die Erzeugung des etatsmässigen jährlichen Soolenbedürfnisses 20 Werke erfordert, und die Soolen-Erzeugungsreserve von gleicher Grösse in zwei Teufen vertheilt wird, so wären hierzu im obersten der nutzbaren Berge, so wie in dem darunter liegenden zweiten Berge überall vier, im dritten Berge aber nur zwei Werkreviere von obiger Grösse nothwendig. Wird die Soolen-Erzeugungsreserve in vier Teufen gleich vertheilt, so bleibt die Entfernung der Feldörter in den beiden ersten Bergen unverändert, der dritte, vierte und fünfte Berg aber erfordern nur den Aufschluss eines einzigen Werkreviers. Diese Zahl von Werkrevieren wird den Bedarf sowohl von Werken als von vorräthigen Werksätzen zugleich decken; es versteht sich jedoch von selbst, dass dem ganzen Calcul vollkommen geniessbares Gebirge zu Grunde liegt, und dass eingestreute taube Gebirgsmassen eine verhältnissmässige Abänderung nothwendig machen.

Im Uebrigen ist es natürlich, dass die Erstreckung eines Berges ins Feld durch die Vermeidung von Bergfesten und Mitterkeilen schon unmittelbar sehr beschränkt werden muss, theils weil das mögliche Versudmaass der Werke grösser, theils weil Werk an Werk versotten wird. Allein die Art von Aufschluss des Gebirges und die Betriebsregulirung, wodurch diese Vermeidung der Bergfesten und Mitterkeile begründet wird, wirken auf die Ersparung an Grubenfeld noch mittelbar auf folgende doppelte Weise.

Indem nämlich die Bergdicken oder die Versudhöhen der Werke, dann die Grösse und Form ihrer Basis darauf berechnet sind, dass sich die Werke weder zusammen schneiden, noch über die Grenzen ihres vortheilhaftesten Umfangs erweitern können, werden sie seltener baufällig, ihre Umtriebszeit wird also kürzer, und in eben dem Maasse ihre Anzahl, die zur nachhaltigen Soolen-Erzeugung erforderlich ist, geringer. Indem ferner alle Werkreviere des ganzen Grubenfeldes in allen Bergen an Grösse und Form gleich, und in ihrem Flächenraum, er sei ganz oder nur zum Theil geniessbar, auf die Fassung einer bestimmten Anzahl von Werken berechnet ist, indem sowohl die Grösse als der Standpunkt der einzelnen Werksätze fixirt, und der Turnus ihres Angriffs an ein Gesetz gebunden ist, wird einer haftenden gesammten Bergmeisterschaft schwer möglich sein, in der Benutzung des Grubenfeldes vorzugreifen, das heisst, aus besonderem Verlangen nach reichen Mitteln manchen Werksatz der ersten Periode, oder die ganze zweite Periode unter mancher Querstrecke zu überspringen, oder endlich aus Vorneigung zu den am nächssen gelegenen Revieren die dritte und vierte Periode unter den Hauptstrecken und Stollen ganz unbenutzt der Nachkommenschaft zu überlassen. Vielmehr wird es bis zum gemeinen Bergmann herab leicht zu beurtheilen sein, wie die Reihe trifft, jede Periode und jeden einzelnen Werksatz zur Benutzung herzunehmen, in der Art, dass alles in der Versiedung zurückgelegte Grubenfeld zum sichern Anhalten für die spätesten Nachkommen ein- für allemal aufgelassen sein und bleiben kann.

§. 24. Die Orientirung. Bevor der Salzbergmann zur Anlage eines Soolen-Erzeugungswerkes schreitet, muss er vor allen über folgende Punkte klar sehen:

1) Er muss wissen, ob überhaupt eine Werkanlage möglich ist, das heisst, ob der hirrzu beabsichtigte Werksatz die nöthige Grösse und Form hat, und ob sich in ihm nicht die Scheidung des Salzgebirges von einer eingestreuten, unauflöslichen, tauben Gesteinsmasse, und unter welchen Conjunctnren durchzieht.

2) Nachdem die Gebäude zu einem Soolen-Erzeugungswerk in zwei zunächst nntereinander liegenden Bergaufschluss-Ebenen anzulegen kommen, so muss er das saigere Verhältniss der Lage kennen, in welchem die Stollen, die Haupt- und Querstrecken des untern Berges zu jenen des obern Berges stehen.

3) Er muss berücksichtigen, ob das projectirte Werk vollständig aufgesotten, oder auf welches Versudmaas wegen darüber stehender und hinziehender Soolenablass- und Aufschlussgebäude sicher gerechnet werden kann.

4) Endlich muss er die Art und Umstände, unter welchen ältere Soolen-Erzeugungswerke über und rings um den Werksatz liegen, erwägen, und danach die möglichen Gefahren beurtheilen können, auf die bei Versiedung des neu anzulegenden Werkes früh oder spät, im Himmel oder an den Ulmen, Bedacht zu nehmen ist.

Die vollständige Uebersicht, Gewissheit und Sicherheit über diese vier Punkte begreift man bei dem Salzbergbau unter dem Wort Orientirung.

Die Orientirung geschieht auf zweierlei Art: auf der Karte und in der Natur. Je schneller sie auf beiden Wegen möglich ist, um so vollkommener ist sie.

In der Natur oder in der Grube ist sie unmöglich, sobald weder in dem Aufschluss des Gebirges, noch in der Anlage und Aufsiedung der Werke ein gleicher Plan herrscht, sobald die Stollen, Haupt- und Querstrecken in verschiedenen saigern und söhligen Entfernungen, in verschiedenen Stunden und Verticalebenen unter- und nebeneinander aufgefahren sind, sobald die Standpunkte, die Grösse und Form der Werke beliebig angenommen und sie in dem fernern Wechsel ihrer Gestaltung mehr oder weniger sich selbst überlassen werden. Unter solchen Umständen mangelt jeder Anhaltspunkt, sowohl um sich aus einem Berg in den andern, als auch über das Verhältniss der Lage, in welchem die Werke jedes Berges nebeneinander bestehen, und das in der Natur ewig unsichtbar bleibt, zurecht zu finden. Darum sind bei einem solchen Salzbergbau alle alten Steiger so geschätzt, weil sie aus langer Uebung und Erfahrung die einzigen sind, an die man sich halten kann, wenn es auf augenblickliche Orientirung in der Grube, sowohl hinsichtlich ihres gegenwärtigen, als vergangenen Zustandes ankommt.

Die Grubenkarten können in dreifacher Weise angefertigt werden, und zwar

1) Entweder über sämmtliche Bergaufschlüsse untereinander,
2) oder über jeden einzelnen Berg insbesondere,
3) oder endlich über jedes einzelne Soolen-Erzeugungswerk in seiner nächsten Umgebung.

Die erste Art giebt den Hauptgrubenplan mit der horizontalen Projection aller Aufschluss- und Werkgebäude und aller Soolen-Erzeugungswerke neben- und untereinander, mit der Lage jedes Selbstwasser-Ursprungs, aller Feldörter, Soolen- und Wasserleitungen; ferner mit zwei Saigerrissen, auf welcher das Ansteigen aller Ebensohlen, die Bergdicken und alle Werke, Schürfe und Schächte, die sich auf dem Standpunkte der beiden im Kreuz liegenden Durchschnittslinien darstellen, oder im Profil sichtbar sind. Dieser Hauptgrubenplan, auf dem jeder Berg seine eigene Farbe hat, und der in sehr kleinem Maassstab auf Taf. XIII. dargestellt ist, bleibt bei jedem planlosen Salzbergbau ganz unentbehrlich, weil er das einzige Mittel ist, sich über die Lage der verschiedenen Stollen, Haupt- und Querstrecken aller Berge unter- und nebeneinander, auf welchen Punkten und in welcher Stunde die Gebäude zu einer neuen Werkanlage ausgeführt werden können, und was alles über dem Werke liegt, das im Verfolg seiner Aufsiedung zu berücksichtigen kommt, zu orientiren. Keine andere Karte gewährt einen so allgemeinen Ueberblick über den gesammten Aufschluss der Lagerstätte ins Feld und in die Teufe; auf keiner andern wird man von gleicher Bewunderung ergriffen, ob des erhabenen, aus mehrern Teufen zwischen und durch einander herausschauenden Resultats vielhundertjähriger bergmännischer Industrie. Allein die grosse Masse von Bildern verwirrt den Blick, und indem die Werke aller Bergaufschlüsse sich entweder ganz oder zum Theil übereinander decken, sind sie auf dem Hauptgrubenplan nur in der Grösse und Form, die sie zur Zeit ihrer Vermessung und Zulegung hatten, angezeigt, ohne dass es möglich ist, die späteren Veränderungen ihres Durchmessers und ihrer Gestalt auf der Karte nachzutragen, und dadurch das wahre Verhältniss ihrer Lage zur nächsten Umgebung kennen zu lernen. Auf diese Mangelhaftigkeit des Hauptgrubenplans, und zuletzt auf die Unregelmässigkeit des ganzen Bergbaus in Anlage und Betrieb gründet sich daher die Nothwendigkeit der Spezialkarten über jedes Werk insbesondere im Grund- und Saigerriss, an deren Richtigkeit und fleissigen Ergänzung alles gelegen ist, weil sie den eigentlichen Anhaltspunkt für den Markscheider bilden, so oft es darauf ankommt, einen Mitterkeil zur Werkanlage zu verwenden, oder zu erfahren, wo und wann die Gefahr des Zusammenschneidens mehrerer nebeneinander stehender Werke droht.

Wir kommen daher abermals auf denjenigen Bergaufschluss zurück, auf dem die Vermeidung der Bergfesten und Mitterkeile beruht, um folgende Momente nachzuweisen, die in ihm liegen, um auch eine vollkommene und schnelle Orientirung, sowohl in der Natur, als auf der Karte, möglich zu machen.

1) Wenn nämlich die Stollen, Haupt- und Querstrekken in verticalen Ebenen und in bestimmten gegenseitigen Entfernungen unter- und nebeneinander aufgefahren werden, und sich in der Winkelkreuzstunde durchschneiden, so entsteht daraus eine ganz gleichförmige Eintheilung des Grubenfeldes eines jeden Berges in lauter lange und gleiche Rechtecke (Werkreviere), die durch die ganze Teufe der Lagerstätte vertical untereinander stehen. Die Orientirung über das Verhältniss der Lage, in welchem die Aufschlussgebäude eines Berges zu den Aufschlussgebäuden des nächst höhern oder des nächst tiefern Berges stehen, macht sich dadurch von selbst, und es liegt darin ein unfehlbares Mittel, nicht nur die Beschaffenheit der Lagerstätte überhaupt, sondern die wichtigen Lagerungsverhältnisse der in verschiedenen ebensöhligen und saigern Abständen eingestreuten tauben Gesteinsmassen insbesondere schnell aufzufassen und zu überschauen. Der Punkt des Stollens, der Haupt- und Querstrecke, auf dem ich mich in einem Berge befinde, derselbe Saigerpunkt steht in den übrigen Bergen über und unter mir, und je grösser der Aufschluss der Lagerstätte ins Feld und in die Teufe wird, um so mehr häuft sich die Zahl dieser Punkte, ohne welche eine zuverlässige Kenntniss von der Construction der Lagerstätte niemals möglich werden kann.

2) Wenn die Benutzung des gesammten Grubenfeldes in jedem Berge in die bezeichneten vier Perioden nacheinander ausgeschieden wird, so hören die Bedenken,

auf die man sich sonst wegen der Lage der Werke unter Gebäuden, wie sie immer heissen mögen, zu orientiren hat; denn diese Gebäude kommen dadurch sämmtlich in den Bereich der drei letzten Perioden zu stehen, bei deren Versiedung sie nicht mehr beachtet zu werden brauchen. Indem diese drei letzten Perioden immer nur einen Normalwerkmesser breit sind, können die Grenzen derselben auf allen Punkten, wo sich die Hauptstrecken mit dem Stollen und mit den Querstrecken durchschneiden, schnell und einfach in der Grube gefunden werden. Wenn z. B. der Normalwerkmesser 100 Stabel beträgt, und man misst längs den beiden Stössen einer Hauptstrecke Taf. XIV. Fig. 1. von α sowohl nach δ, als nach ε überall 50 Stabel, so erhält man die Grenzpunkte der zweiten Betriebsperiode unter den Querstrecken; dasselbe gilt von der dritten Periode unter den Hauptstrecken, wenn man längs den Stössen einer Querstrecke von der Mitte der Gestängfahrt nach β und γ, oder auf dem Stollen von μ nach φ und ψ misst, und wenn diese Messung von μ nach $\varkappa$ und λ geschieht, so ergeben sich die Grenzen der vierten Periode unter den Stollen. Durch diese Punkte fallen die Grenzen aller vier Betriebsperioden nach der Länge und Breite, so wie nach der ganzen Teufe der Lagerstätte in verticalen Ebenen, und sie werden folglich auf jedem beliebigen Punkt eines Stollens einer Haupt- und Querstrecke erreicht, wenn von der Mitte ihrer Gestängfahrt in der Winkelkreuzstunde ein halber Normalmerkmesser querschlägig aufgefahren wird.

3) Indem ferner der Flächenraum der ersten Betriebsperiode *stuv* zwei Normalwerkmesser in der Breite, und eine bestimmte Anzahl derselben in der Länge enthält, indem jedes Werk rund und aus dem Mittelpunkte seines Bausatzes in einer solchen gleichen Grösse angelegt, dann nach einem festgesetzten Turnus auf eine solche Art ver-

sotten wird, dass am Ende der Bergdicke sein vortheilhaftester grösster Himmel innerhalb der vorgesteckten Grenzen erscheint, kommen sämmtliche Werksätze der ersten Betriebsperiode durch die ganze Teufe der Lagerstätte ebenfalls vertical unter einander zu stehen, und es ist möglich, sowohl ihre äusseren Grenzen, als die Mitte ihrer Länge auf allen Stollen und Querstrecken durch die Werkgebäude $\vartheta\eta$ und $\pi\omega$, zum bleibenden Anhalten, wie die Folge noch zeigen wird, sinnlich darzustellen. Zugleich werden dadurch alle sonst unvermeidlichen Schwierigkeiten der Orientirung in den Werken selbst, hinsichtlich ihrer Lage zwischen, über und unter andern Werken, und hinsichtlich der Weise, wie sich die Ulmen den äussern Grenzen der Werksätze nach und nach nähern, durch die einfache Anwendung des Compasses und der Schnur, die aus dem unverrückten Mittelpunkt des Werkes längs den Ulmen herumgezogen wird, gehoben.

4) Indem endlich auf diese Art durch die ganze Teufe der Lagerstätte alle gleichnamigen Anlagen des Bergbaues einander sich decken, ist die Anfertigung eines Hauptgrubenplans nicht mehr nöthig, sondern jeder Berg setzt seine Spezialkarte voraus, welche blos allein die Gebäude und Werke dieses Berges enthält. Solche Spezialkarten würden wegen der Regelmässigkeit aller Anlagen nicht nur allein äusserst leicht anzufertigen und zu ergänzen sein, sondern, was die Hauptsache ist, alle Veränderungen des Raumes würden bei jedem Werke in der Art sichtbar aufgetragen werden können, dass die wahre Form und der obere Durchmesser jedes Mitterkeils auf der Karte gefunden, und die Spezialrisse über die einzelnen Werke überflüssig würden.

§. 25. Der Betrieb des Stollenortes im Verhältniss zum Betrieb der Feldörter. Es giebt Beispiele, und der Salzberg zu Hall beweist es, dass der

Stollen eines Berges mit einem Aufwande von 50 bis 80 Tausend Gulden so ziemlich durch die ganze Länge der Lagerstätte aufgefahren worden ist, obgleich vorauszusehen war, dass der Berg selbst zur wirklichen Versiedung erst nach Jahrhunderten an die Reihe kommen wird. In einem andern Berg ist bei gleicher Länge des Stollens auf vielen Punkten mit Hauptstrecken angesessen, damit aber mehr oder weniger bald wieder aufgelassen worden, ohne die Grenze des Salzgebirges erreicht zu haben. In einem dritten Berge endlich gab der unverhältnissmässig lange Stollen die Veranlassung, mitten im Berge Hauptstrecken aufzufahren und Werke anzulegen, ohne den vordern Theil des Berges im mindesten zu benutzen. Im ersten Falle liegt auf dem Stollen Jahrhunderte lang ein grosses Kapital todt, das von den Vorfahren leicht dankwürdiger und nützlicher auf andere Weise hätte verwenden können; in den ben beiden übrigen Fällen aber legt der lange Stollen offenbar den Grund zur vorzugsweisen Benutzung des Gebirges in seiner Nähe, zur Vernachlässigung der Feldörter, zu einem grossen Streckensystem und zur Zerstreutheit der Werkanlagen. Bei dem Salzbergbau ist es daher eine der wichtigsten Regeln, nicht das Stollenort, sondern vor allen die nöthigen Hauptstrekkenörter mit Beharrlichkeit bis an das Ausgehende der Lagerstätte zu betreiben, nicht nur, um die Soolen-Erzeugungsanlage von vorn nach hinten im Schluss zu erhalten, sondern vorzüglich, um die Haupt- und Querstrekken baldmöglichst wieder auflässig zu machen, und sich der Kosten ihrer weitern Unterhaltung zu entledigen.

§. 26. Gemeinschaftliche Versiedung zweier Bergdicken. Wenn ein Soolen-Erzeugungswerk durch eine Bergdicke aufgesotten ist, und weiter in die nächst höhere Bergdicke angewässert wird, so entsteht aus dieser Fortsetzung des Betriebes die gemeinschaftliche Versiedung zweier Bergdicken. Abgesehen von den Kosten, die die gewöhnlich auf mehrern Punkten zugleich nöthigen Verwöhrungen aller in unmittelbarer Nähe des Werkes liegenden, oder mit ihm in Verbindung stehenden Oefen und Strecken verursachen, so erweitert sich hierdurch das Werk zu einem ungeheuern Umfang, es mehren sich die Gelegenheiten zur ungleichförmigen Auflösung sowohl am Himmel, als im Umkreise der Ulmen, und wenn in der zweiten Bergdicke nicht ein unverhältnissmässig grosses Feld vorgegeben, oder die Umgebung nicht bereits auf eine sichere Weise versotten und nicht genau bekannt ist, so ist ein Zusammenschnitt mit benachbarten älteren Werken unvermeidlich. Der grösste Nachtheil einer gemeinschaftlichen Versiedung zweier Bergdicken aber besteht darin, dass diejenige Eintheilung des Grubenfeldes und derjenige Turnus seiner Benutzung, worauf sich die Vermeidung des Steisalzverlustes an Bergfesten und Mitterkeilen stützt, und die nur auf den Normalwerkmesser begründet sind, ganz unausführbar, oder, wenn sie bestehen, durch das grosse, schwer zu regierende, alle Regeln des Raums überschreitende Werk ganz über den Haufen geworfen werden. Daher ist auch von einem Salzbergbau, in dem die gemeinschaftliche Versiedung zweier Bergdicken erlaubt ist, gleich im Voraus mit Sicherheit zu schliessen, dass er den vortheilhaftesten grössten Himmel seiner Werke und die demselben entsprechende Bergdicke entweder nicht kennt oder nicht beachtet.

§. 27. Die Schächte. Insofern bei gegenwärtiger Abhandlung immer nur ein solcher Salzbergbau gedacht wird, dessen Lagerstätte so zu sagen über Tag liegt und bis in sein Tiefstes durch Stollen zugänglich ist, kann hier von Tageschächten keine Rede sein. Unter obigen Schächten werden daher blos diejenigen Gebäude Tafel

XIV. Litt. K. verstanden, welche die verschiedenen Bergaufschlüsse untereinander zu dem dreifachen Zweck in Verbindung setzen, um die Wetter zu lösen, sowohl die erzeugte Soole, als das zur Anwässerung der Werke nöthige süsse Wasser aus den höhern Bergen in die tiefern, in denen keine Quellen entspringen, und die den Soolenleitungen zu Tage den besten Schutz gewähren, zu leiten, und endlich, um aus einem Berg in den andern auf dem kürzesten Wege fahren, wohl auch gelegentlich fördern und stüzen zu können.

Das Wichtigste bei diesen Gebäuden ist ihr Standpunkt, ihre Richtung und ihre Anzahl.

Den Standpunkt, auf dem ein Communications-Schacht nothwendig ist, giebt die Natur selbst alsdann an, wenn kein anderes Mittel übrig ist, entweder frische Wetter oder süsse Wasser herbeizuschaffen. Für den speziellen Fall lässt sich also nichts darüber sagen. Im Allgemeinen aber werden die Schächte nur in einem solchen Reviere abgeteuft, das hinsichtlich der Selbstwässer eine ganz sichere Lage hat, weil ein ausserordentliches Unglück zunächst entspringender Quellen denkbar ist, in Folge dessen sich dieselben durch den Schacht den untern Teufen leicht mittheilen können. Sie sollen ferner nicht die Querstrecken, sondern immer nur entweder die Hauptstrecken, oder die Stollen miteinander verbinden, weil ihre Wirksamkeit so lange als möglich dauern soll, und dieses nur durch die Wahl ihres Standpunktes in der dritten und vierten Betriebs-Periode errreicht werden kann.

Was die Richtung der Schächte anbelangt, so muss die Mehrzahl derselben, wenn die Stollen, Haupt- und Querstrecken aller Berge in keiner Verticalebene untereinander liegen, tonlägig ausfallen, wodurch immer nur zwei Berge miteinander in Verbindung kommen; höchst selten und nur zufällig wird ein saigerer Schacht möglich werden, der durch eine Bergdicke, und noch seltener, der durch zwei Bergdicken niedergebracht werden kann. Die tonlägigen Schächte werden zu Hall Schürfe genannt, und haben eine Treppenfahrt; die saigern aber heissen Stollpüthen und Wetterschächte, und sind entweder unbefahrbar, oder mit Leiterfahrten vorgerichtet.

Die tonlägige Richtung der Schächte nun, so fast ausschliessend sie auch gesehen wird, streitet gegen alle Regeln der Wirthschaft. Tonlägige Schächte sind zwar bequemer zu befahren, allein so wie sie sich blos darauf gründen, dass die Verticalebenen, in denen die Aufschlussgebäude der Berge stehen, mehr oder weniger voneinander abweichen, so ist auch der Grad ihrer Verflächung höchst mannigfaltig und verschieden; sind also nicht blos länger als die saigern Schächte, sondern ihr grösster Nachtheil ist der, dass der ganze Gebirgsstock *abcd*, in dem sie abgeteuft sind, einer Versiedung unfähig ist, weil man sich ihnen auch nicht von ferne nähern kann, ohne das Ausschneiden des Werkes in sie befürchten zu müssen. Je bequemer daher die tonlägigen Schächte zu befahren sind, um so kostbarer wird ihre Anlage, und um so grösser der Steinsalzverlust, den sie veranlassen. Saigere Schächte hingegen haben keinen dieser Nachtheile, wohl aber den wichtigen Vortheil, dass sie durch mehrere Bergdicken niedergebracht werden können, und dadurch zu eigentlichen Wetterschächten werden, aus denen im Nothfall jeder tiefere Bergaufschluss mit Ort und Gegenort betrieben werden kann.

Von dieser saigern Richtung hängt die bedürftige Anzahl der Schächte am meisten ab. Denn je tiefer ein Wetterschacht ist, um so rascher zieht er die Wetter; je grösser aber das Grubenfeld ist, auf welches sich die Wirkung des Schachtes sich erstreckt, um so weniger Schächte werden im Allgemeinen erforderlich sein. Im Uebrigen muss die Wahl ihrer Standpunkte aus dem Bedürfnisse der Befahrung, der Wetterlösung und Einwässerung so combinirt werden, dass dieser dreifache Zweck, wo möglich, durch dasselbe Gebäude erreicht werde, und in jedem Falle der Zweck der Befahrung untergeordnet bleibt.

§. 28. Aufschluss des Salzberges zu Hall. Der Salzberg zu Hall war im Jahre 1814 durch acht Hauptstollen untereinander aufgeschlossen, die folgende Berge bilden, nämlich den

Wasserberg,
Oberberg,
Mitterberg,
Steinberg,
Königsberg,
Kaisersberg,
Erzherzogberg,
Max-Josephberg.

Die beiden obersten und ältesten Hauptstollen, die des Wasser- und Oberberges wurden gleichzeitig im Jahre 1275 durch Nikolaus von Rohrbach aufgeschlagen; 39 Jahre später, im Jahre 1314, wurde durch König Heinrich der Hauptstollen des Mitterberges; 66 Jahre darauf, im Jahre 1380, der Hauptstollen des Steinberges; 112 Jahre später, im Jahre 1492, durch König Maximilian I. der Hauptstollen des Königsberges; 71 Jahre später, im Jahre 1563, durch Kaiser Ferdinand I. der Hauptstollen des Kaisersberges; 85 Jahre später, im Jahre 1648, durch Erzherzog Karl Ferdinand der Hauptstollen des Erzherzogberges, und 160 Jahre später, im Jahre 1808, durch König Maximilian Joseph von Baiern der Hauptsollen des Max-Josepberges eröffnet. Der Salzbergbau zu Hall in Tyrol steht daher im 6ten Jahrhundert seines Betriebes.

Der Wasserberg. Der ganze Aufschluss des Wasserberges beschränkt sich lediglich auf die geringe Länge des Stollens von 876 Stabel, wovon nach West-Nord-West 234 Stabel in Schotter und ausgelaugten Salzthon, 102 Stabel bald in Gips, bald armen Salzgebirge, und nach West-Süd-West 540 Stabel bis vor Ort in Kalkstein aufgefahren sind. Letzterer gehört zu dem Gefälle des Hangenden (§. 5.) dessen Durchmesser in der Ebensohle des Wasserberges zwar am grössten sein wird, das sich aber nach unserm Dafürhalten mitten in der Lagerstätte versenkt hat, und daher wahrscheinlich ringsum vom Salzgebirge umgeben ist. Dies beweist der Probeschurf, mit welchem von dem äussersten nordwestlichen Feldort des Oberberges bis zu 17 Stabel Saigerhöhe gegen den Wasserberg gefahren, und dessen Ort in mittelmässig gesalzenem Gebirge aufgelassen wurde. Mit dem Wasserberger Stollenort selbst würde daher das Salzgebirge wahrscheinlich sehr bald wieder zu erreichen sein, und es dürfte kaum einem Zweifel unterliegen, dass mit Hauptstrecken, die rechts und links vom Stollen aufgefahren werden wollten, ein bedeutender Aufschluss von Salzgebirge auch nach Mittag und Mitternacht zu hoffen ist. Dieser weitere Aufschluss des Gebirges im Wasserberg wird dereinst zuverlässig schon aus dem Grunde erfolgen müssen, weil sonst die ganze Bergdicke zwischen dem Wasserberg und Oberberg nicht genossen werden könnte.

Der Oberberg. In einer Saigerteufe von 27 Stabeln unter dem Stollenmundloch des Wasserberges, und 48 Stabel in söhliger Entfernung weiter gegen Morgen steht das Stollenmundloch des Oberberges, welcher zwar das Steinsalz nicht in derben Massen, aber doch durchaus reich in Thon eingesprengt besitzt, und bis zu einer Weite von 886 Stabel gegen Nordwest, und von 560 Stabel zwischen Mittag und Mitternacht aufgeschlossen ist. Insbesondere war der vordere Theil des Berges in der Vorzeit gegen 400 Stabel nach Mittag ausgelenkt, welcher aber gegenwärtig nicht mehr zu befahren ist. Doch zeugt die beträchtliche Anzahl von Schöpfwerken, die in demselben bestanden haben, von der Geniessbarkeit des daselbst aufgeschlossenen Gebirges; ob aber mit den Feldörtern dieser Gegend wirklich schon die Grenze der Lagerstätte erreicht worden ist, kann hier nicht versichert werden. Ihr gegenüber oder auf der mitternächtlichen Seite des Stollens stehen die Versuchörter Nr. 10 und 12 Taf. XIII. bereits im Frischgebirge, die alte Bettwerks-Schachtricht Nr. 14 ist arm, dagegen steht das neue Schlägelwerk Nr. 31 in reichem Gebirge, und das äusserste nordwestliche Feldort Nr. 39 in Gips, hinter welchem noch auf Salzgebirge zu hoffen ist. Zwischen dem genannten Schlägelwerk, dem Koberweinwerk Nr. 19 und dem Veitwerk Nr. 34 steht dann aber das mächtige, über 500 Stabel lange Selbstwasserrevier des Oberberges an, in welchem alle Gebäude theils in Gips, theils, und namentlich die Korolanz-Schachtricht Nr. 26, in sehr klüftigem Kalksteingefälle aufgefahren sind. Dieses hereingestürzte Gefälle des Hangenden ist daher in der Ebensohle des Oberberges in der Richtung gegen Abend zum ersten Mal durchfahren, und es bestehen hinter ihm bereits schon mehrere Werke, die zwar in mittelmässigem und mürbem, zum Theil ausgelaugten Gebirge aufgesotten worden sind, woran aber nur die unmittelbare Nähe der Selbstwässer Schuld sein dürfte. Wenn es daher nicht zu unvorsichtig wäre, von der Korolanz-Schachtricht weiter nach Mittag auszulenken, stände vielleicht das nämliche Salzgebirge zu hoffen, und es kann folglich angenommen werden, dass wenigstens der hintere Theil des Oberberges die Grenze des Salzgebirges in Abend, nnd zwischen Mitternacht und Mittag noch keineswegs erreicht hat.

Der Mitterberg. Der Mitterberger Hauptstollen liegt mit seinem Mundloch unter jenem des Oberberges in 27 Stabel saigerm und 50 Stabel östlich söhligem Abstand. Der Aufschluss des Mitterberges beträgt in der Richtung von Ost-Süd-Ost nach West-Nord-West 878, und von Nord nach Süd 760 Stabel, welche letztern aber nicht mehr vollständig befahrbar sind. Der Mitterberg ist der ärmste unter allen Bergen, allein das zu äusserst gegen Mitternacht angelegte neue Schwerinwerk Nr. 87 Tafel XIII. steht noch immer in geniessbarem Gebirge, und das äusserste westliche Feldort der Trautsaninn-Schachtricht Nr. 69 in Gips. Auf der südlichen Seite steht wieder das mächtige, unglückschwangere Kalksteingefälle des Hangenden an, welches von jeher das Haupthinderniss war, das mittägige Grubenfeld der ältern Berge besser aufzuschliessen. Gegen Südwest, West und Nordwest dürfte daher eine weitere Ausbreitung des Mitterberges nicht nur allein möglich, sondern selbst hoffnungsvoll sein, weil den Erwartungen in diesen Richtungen der nächst tiefere Berg bereits entsprochen hat.

Der Steinberg. Mit dem Aufschluss dieses Berges ist 35 Stabel in saigerm und 106 Stabel in östlich söhligem Abstand von dem Stollenmundloch des Mitterberges angesessen, und derselbe bisher auf eine Länge von 1475 Stabel nach West-Nord-West erlänget worden. Seine Erstreckung von Nordost nach Südwest beträgt über 700 Stabel; sie ist insbesondere nach Nordost unter allen Bergen die beträchtlichste, und es verdient hier noch einmal bemerkt zu werden, dass mit dem äussersten mitternächtigen Feldort der neuen Holzhamer Schachtricht, dessen Tagepunkt bereits in das Issthal fällt, ein trocknes Schottergebirge aus scharfkantigen Bruchstücken von Kalkstein, mithin das Liegende der Lagerstätte angefahren worden ist. Im Uebrigen steht das Feldort der

Probeschachtricht Nr. 139. Tafel XIII. in Gips, ebenso das Hauptstollenort Nr. 145, dessen Tagepunkt dem Alpengebirge schon so nahe ist, dass, wenn der Gips noch lange anhalten sollte, alle Hoffnung, noch einmal Steinsalz zu treffen, aufgegeben werden darf. Das Feldort der Ladron-Schachtricht Nr. 144 steht in armem, dagegen der benachbarte vom Steinberg in den Mitterberg gehende Schurf Nr. 142 in reicherem Gebirge, und endlich stehen das südwestliche Zacher Feldort Nr. 93, das Feldort der Siegerinn-Schachtricht Nr. 105, die Erber Schachtricht Nr. 150 und der Durchschlag Nr. 149 der beiden genannten Schachtrichten sämmtlich in Gips. Die ganze südwestliche Revier des Steinberges begrenzt daher eine ungeheure Gipsbank, nämlich diejenige, die sich bis in die Ebensohle des Wasserberges hinauf erstreckt, und auf der sich, bevor sie den Zustand vollkommener Erhärtung erreicht haben konnte, das grosse Kalksteingefälle des Hangenden bis fast in die Ebensohle des Steinberges versenkt hat. In dieser Gipsbank nach Südwest aufzufahren und zu versuchen, ob vielleicht hinter ihr nicht noch einmal Salzgebirge zu erreichen ist, bildet im Steinberg die einzige noch übrige Aussicht zum weitern Aufschluss des Gebirges, die wenigstens aus dem Grunde anreizend ist, weil überhaupt der ganze Berg der reichste an Steinsalz und der einzige ist, in dem sich mehrere und sehr mächtige Reviere von derbem Steinsalz befinden.

Der Königsberg. Der Aufschluss des Königsberges geschah in einem saigern Abstande von 35 Stabel und in einer söhligen Entfernung von 106 Stabel östlich unter dem Mundloch des Steinberges. Die Erstreckung desselben in der Richtung von Südost nach Nordwest beträgt 1394, und von Nordost nach Südwest 715 Stabel; er ist nicht so reich an Steinsalz, wie der Steinberg, aber doch reicher, als die übrigen Berge, und man findet derbes

Steinsalz und reiches Haselgebirge auf mehrern Strecken. Auf der Wallpach-Schachtricht Nr. 168 wurde auf eine bedeutende Länge der nämliche Gips, in dem der Stollen vom Mundloch herein steht, bis zum Salzgebirge durchfahren und zuletzt mit zwei Flügelörtern Nr. 172 und 173 das Grenzgebirge erreicht. Das Feldort der Kufner Schachtricht Nr. 190, der Panzenberg-Schachtricht Nr. 213 und des Wöhrofens unter der Wenzelin Probpüthe Nr. 230 stehen ebenfalls im Frischgebirge und selbst auf der nordöstlichen Seite des Berges, nämlich auf der Parteller Schachtricht Nr. 196, wurde an mehrern Punkten Frischgebirge durchfahren. Diese Hoffnungslosigkeit hinsichtlich eines weitern Aufschlusses des Königsberges nach allen Richtungen seines Feldes mag die Ursache gewesen sein, dass die Feldörter der Albrecht-Schachtricht Nr. 221, der Parteller Schachtricht Nr. 196, selbst das Hauptstollenort Nr. 243 mit Soolen-Ablasswöhren verbaut worden sind. Zugleich entspringt aus dieser Thatsache hinsichtlich der Frage, ob jenseits der Selbstwasserrevier im mittägigen Grubenfeld des Ober-, Mitter- und Steinberges noch auf Salzgebirge zu rechnen sei, wenig Vertrauen, wenngleich hierbei zu berücksichtigen kommt, dass vermöge des äussern Abfalles, unter dem sich das Liegende des Alpenkalksteins im Hallthal zur Mulde vereinigt, die Erstreckung des Salzgebirges zwischen Mittag und Mitternacht in den höhern Bergen immer grösser, als in den tiefern, und mithin in der Ebensohle des Wasserberges am grössten, in der Ebensohle des Max-Josephberges aber unter allen bisherigen Bergaufschlüssen am kleinsten sein muss.

Der Kaisersberg. Mit dem Kaisersberger Stollen-Mundloch wurde 23 Stabel tiefer und 61 Stabel in horizontaler Entfernung weiter nach Morgen angesessen, als dieses in Ansehung des Königsberges geschehen ist. Die

Länge der gegenwärtig aufgeschlossenen Kaisersberger Hauptschachtricht beträgt in gerader und söhliger Richtung, nach West-Nordwest gemessen, 1500 Stabel, und ist wahrscheinlich ebenfalls aus dem Grunde, weil der Tagepunkt des Stollenorts von dem Alpenkalkstein nicht mehr weit entfernt, und daher alle Hoffnung zu weiterer Erlängung des Salzgebirges aufgegeben ist, mit der Soolen-Ablasswöhre eines vorliegenden Werkes verbaut worden. Dagegen beträgt der Aufschluss des Kaisersberges zwischen Nordost-Nord und Südwest-Süd nur 370 Stabel, und es sind links und rechts vom Stollen nur wenige Gebäude aufgefahren, die theils in Gips, theils armem, theils reicherem Salzgebirge frühzeitig wieder aufgelassen, oder mit Soolen-Ablasswöhren verbaut wurden. Ueberhaupt ist der Steinsalzreichthum im Kaisersberg nicht so gross, als im Königsberg, wenngleich auf vielen Punkten auch reiches Haselgebirge getroffen wurde. Insbesondere stehen die nördlichen Feldörter der Trojolin-Schachtricht Nr. 257 und der Prugger Schachtricht Nr. 270 in sehr armem Gebirge, wogegen der Eggels-Ebenschurf Nr. 279 gegen Südwest in reichem Gebirge aufgefahren worden ist.

Zu Anfang des Jahres 1809 wurde der höchste Befehl erlassen, 10 bis 12 neue Soolen-Erzeugungswerke schwunghaft anzulegen, welche als Reserve für unvorherzusehende Fälle betrachtet, daher nicht aufgesotten, sondern nur anfänglich zu der erforderlichen Weite gebracht, und sodann in der Regel zum Einschlag derjenigen Soole, die in den älteren Bergen erzeugt wird, verwendet werden sollten. Dieser Befehl gab die Veranlassung, dass der Aufschluss des Kaisers- und Erzherzogberges plötzlich eine andere Gestalt erhielt. Denn die zur neuen Werkanlage geeigneten Reviere wären zwar im Ober- und Mitterberg leicht zu finden gewesen, indem die bisherige

Benutzung beider Berge grösstentheils nur auf den vordern Theil beschränkt blieb, und die nördliche und nordwestliche Revier des hintern Theils noch unaufgeschlossen ist; allein nachdem die daselbst verlassenen Feldörter grösstentheils in Gips stehen, so ist das Schicksal ihrer weitern Fortstellung für zu unsicher und unbekannt, und daher ihre Wahl mit der Nothwendigkeit, welche einen beschleunigten Betrieb der neuen Werkanlage geboten hat, für unvereinbar gehalten worden. Diese Anlage sollte überhaupt von dem alten, seiner Selbstwässer wegen allzu gefahrvollen Grubenbau so viel möglich getrennt sein, und zur Vereinfachung des theuern Streckensystems ein zusammenhangendes Ganze bilden, um alsdann auf dem Grunde ihrer vollkommenen Sicherheit und Versorgung die planmässige Benutzung der Lagerstätte von oben nach unten durch ununterbrochene Fortsetzung des Betriebes in den alten Werken, so wie durch Ausdehnung desselben auf die verlassenen oder noch unaufgeschlossenen bauwürdigen Reviere des Ober-, Mitter- und Steinberges um so vollständiger möglich zu machen. Aus diedem Gesichtspunkt betrachtet, geschah es dann, dass zur neuen Werkanlage die beiden zwischen Mittag und Mitternacht noch am wenigsten aufgeschlossenen des Kaisers- und Erzherzogberges um so mehr gewählt wurden, als die Absicht nebenher dahin ging, die Bodendicke des Königsberges ungeschwächt zu lassen, und die Aufsiedung der neuen Werke, wenn sie die Kaisersberger Bodendicke vollendet haben wird, in die Bodendicke des Königsberges fortzusetzen. In der wahrscheinlichen Voraussetzung, dass sich das Salzgebirge in der Kaisersberger Ebensohle mindestens eben so weit nach Mittag erstrecke, als dieses im Königsberge auf der Schneeberger, Panzenberger und Albrecht-Schachtricht bereits erlänget ist, wurde der südwestliche Theil des Kaisersberges zwischen der Haupt-

Schachtricht, dem Eggels-Ebenschurf Nr. 279 und der Deffini-Schachtricht Nr. 253 zur sichern Anlage von 10 bis 12 Werken für zureichend erkannt und beschlossen, die alten Feldörter der erwähnten Deffini-Schachtricht, dann der Fugger Schachtricht Nr. 261 und der Wicka-Schachtricht Nr. 289 in gleicher Stunde ferner zu betreiben, und zur vollkommenen Untersuchung des südwestlichen Theils der Lagerstätte in den untern Teufen die Deffini-Schachtricht selbst über den Bedarf der neuen Werkanlage so weit zu verlängern, bis mit derselben die Grenze des Salzgebirges angefahren wird. Um jedoch die dereinst unvermeidlichen doppelten Verwöhrungen bei der Aufsiedung der neuen Reservewerke in den Königsberg zu ersparen, wurde für die ganze Anlage als Grundsatz ausgesprochen, dass der Eggels-Ebenschurf, die Wicka-, Fugger und Deffini-Schachtricht nicht miteinander durchschlägig gemacht, sondern nur in gewissen Entfernungen und bis auf eine gewisse Länge mit westlichen Flügelörtern versehen werden sollen, um das inzwischen liegende Salzgebirge besser aufzuschliessen. Nachdem daher die Wicka- und Fugger Schachtricht mit solchen alten verlassenen und verdrückten Flügelörtern nach Südwest bereits versehen waren, wurde bestimmt, dieselben zu gewältigen, und von der Deffini-Schachtricht aus in einer gegenseitigen Entfernung von 140 Stabel parallel nebeneinander zwei ähnliche Flügelörter nach Südwest anzulegen.

Um ferner den Belegungen dieser verschiedenen Feldörter die nöthigen Wetter zu verschaffen, und zugleich die künftige Einwässerung für die neue Werkrevier im Kaisersberg möglich zu machen, wurde befohlen, von der Ladron-Schachtricht Nr. 163 im Steinberg auf die Albrecht-Schachtricht im Königsberg, und zwar in der Gegend der Riedmüllerwöhre Nr. 231 einen neuen Communications-Schurf mit Ort und Gegenort herzustellen, und sobald dieser Haupt-Einwässerungs-Schurf durchschlägig sein wird, die beiden zurückkehrenden Häuerschläge dazu zu verwenden, von der Albrecht- und Panzenberg-Schachtricht im Königsberg besondere Einwässerungs- und Wetterschürfe auch auf die Wicka-, Fugger- und Deffini-Schachtricht im Kaisersberg niederzubringen.

Am Schluss des ersten Quartals 1814 war das Feldort der Deffini-Schachtricht 317 Stabel von dem Haupt-Schachtrichtswechsel aufgefahren, und wurde aufgelassen, weil bereits das Frischgebirge erreicht worden ist. Das Feldort der Fugger Schachtricht stand damals 251 Stabel, und der Wicka-Schachtricht 164 Stabel in reichem Felde; das erste Flügelort der Deffini-Schachtricht unter dem Namen Herzog Pius Schachtricht war 42 Stabel, das zweite unter dem Namen Herzog Wilhelm Schachtricht 40 Stabel, und das Flügelort der Wicka-Schachtricht 78 Stabel aufgefahren. Ausserdem stand zu derselben Zeit der neue Communications-Schurf von der Ladron-Schachtricht im Steinberg auf die Albrecht-Schachtricht im Königsberg unter dem Namen Pfalzbaiern-Schurf, so wie der neue Wetter- und Einwässerungs-Schurf von der Panzenberg-Schachtricht im Königsberg auf die Deffini-Schachtricht im Kaisersberge unter dem Namen Deroi-Schurf vollendet, der neue Schurf von der Albrecht-Schachtricht auf die Wicka-Schachtricht unter dem Namen Wittelsbach-Schurf war 42 Stabel, und jener auf die Fugger Schachtricht unter dem Namen Zweibrückenschurf 32 Stabel weit in durchaus gesalzenem Gebirge abgeteuft.

Der Erzherzogberg. Der Hauptstollen des Erzherzogberges ist 31 Stabel in saigerer und 115 Stabel in söhliger Entfernung unter dem Kaisersberger Stollenmundloch aufgeschlagen, und erlängt auf eine Strecke von 1555 Stabel so ziemlich die ganze Ausdehnung der Lagerstätte in der Richtung nach West-Nordwest, indem der Tagepunkt des Trappin-Schachtricht-Feldorts Nr. 316 nicht mehr weit vom Alpenkalkstein entfernt ist. Dagegen blieb der ganze nordöstliche Theil der Lagerstätte in der Ebensohle des Erzherzogberges auf dem rechten Stoss des Stollens ohne allen Aufschluss, und auf dem linken südwestlichen Stoss wurden in einer Entfernung von 600 Stabel nur zwei Gebäude, nämlich die Kolloredo-Schachtricht Nr. 303 und die Marzinn-Schachtricht Nr. 314 abwechselnd in Gips und reichem Gebirge ungefähr 250 Stabel weit aufgefahren. Fast gleichzeitig mit diesen Versuchgebäuden sind die Vorfahren auch in die Teufe unter der Stollensohle mit zwei Gesenken niedergegangen, nämlich mit der Hartellin-Püthe Nr. 304 und mit der Pecking-Püthe Nr. 292. Vor Ort der Hartellin-Püthe, die 30 Stabel saiger im Salzgebirge abgeteuft ist, wurde ebensöhlig einige 20 Stabel nach Mittag und einige 80 Stabel nach Mitternacht aufgefahren, das südliche Feldort im Salzgebirge und das nördliche in Gips verlassen, und in geringer Entfernung vom letztern mit einem zweiten Gesenk von 30 Stabel ebenfalls noch Salzgebirge angetroffen. Der Schacht unter dem Namen Pecking-Püthe ist zum Theil in dem nämlichen Gips abgeteuft worden, in welchem vom Mundloch herein der Hauptstollen des Steinberges gegen 100 Stabel, des Königsberges 192 Stabel, des Kaisersberges 511 und des Erzherzogberges 648 Stabel lang aufgefahren ist, und er interessirt daher vorzüglich aus dem besondern Grunde, weil mit ihm die Grenze dieser mächtig vorgelagerten Gipsbank in die Teufe erreicht und bewiesen worden ist, dass dieselbe gegen alle Vermuthung nicht tiefer niedersetzt. Denn das Tiefste der Pecking-Püthe steht im Salzgebirge, und es sind von ihm aus, also unter dem auf der Erzherzogberger Schachtricht noch weit fortsetzenden Gips auch nach Südwest,

Nordost und Nordwest einige 70, 80 bis 100 Stabel ebensöhlig durchaus im Salzgebirge aufgefahren worden.

Im Jahre 1809 wurde der südwestliche Theil des Erzherzogberges zwischen der Hauptschachtricht, dann der Marzin- und Kolloredo-Schachtricht zur Anlage der zu den Reservewerken des Kaisersberges gehörigen Ablassöfen bestimmt und Befehl gegeben, die genannten beiden Hauptstreckenörter ferner in Belegung zu erhalten, und so weit zu übertreiben, als die ihnen correspondirenden Hauptstrecken des Kaisersberges vorrücken werden. Nachdem nun diese Anlage der Ablassöfen einerseits zugleich als Vorbereitung für die dereinst in der doppelten Bodendicke des Erzherzogberges anzulegenden Werke gelten sollte, und dabei eine noch höhere Aufsiedung der letzteren bis in die Ebensohle des Kaisersberges, sohin die Nothwendigkeit einer Schachtrichts-Verwöhrung nicht wohl zu befürchten ist, andererseits aber doch auch daran gelegen war, das südwestliche Revier des Kaisersberges seiner Länge nach, mindestens in der Teufe der Ebensohle des Erzherzogberges kennen zu lernen, so wurde es für zweckmässig befunden, das 600 Stabel lange Grubenfeld zwischen der Kolloredo- und Marzinn-Schachtricht in der Mitte noch mit einer dritten Hauptstrecke unter dem Namen Königin Karolina Schachtricht Nr. 317 aufzuschliessen, und diese drei Hauptstrecken des Erzherzogberges unter sich mit zwei Querstrecken zu verbinden, die parallel neben einander aufgefahren werden sollten, und wovon die erste Nr. 318 unter dem Namen Kronprinz Ludwig Schachtricht mit Ort und Gegenort von der Kolloredo- und Marzinn-Schachtricht aus betrieben wurde. Diese sogenannte Parallele hat zwischen Nordwest und Südost eine Richtung, die sich mit der Stundenlinie der Herzog Pius und Herzog Wilhelm Schachtricht und mit dem Flügelorte der Wicka-Schachtricht im Kaisersberg unter einem ziemlich spitzigen Winkel kreuzt, wobei beabsichtet wurde, die Beschaffenheit des Gebirges im Kaisersberg-auf jedem zur Werksanlage projectirten Saigerpunkt genannter Flügelörter unmittelbar von der Parallele im Erzherzogberg aus beurtheilen zu können, und sonach die Anlage besonderer Versuchbaue zu ersparen. Die erste Parallele entspricht ferner in ihrer südwestlichen Verlängerung gerade dem Stollenmundloch des Erzherzogberges, wodurch sie seiner Zeit zur Hauptschachtricht werden wird, und ist endlich in ihrer Lage so viel möglich in die Saigerebene des Königsberger Hauptstollens gebracht worden, was die wichtige Folge hatte, dass von diesem Stollen durch die Fugger Schachtricht des Kaisersberges bis auf denjenigen Kreuzpunkt in der Ebensohle des Erzherzogberges, auf welchen sich die Parallele mit der Königin Karolina Schachtricht schneidet, der Saigerschacht Nr. 319 unter dem Namen Kronprinzessin Theresia Schacht abgeteuft werden konnte, durch welchen zwei Gegenörter für die Parallele, so wie ein Gegenort für die Königin Karolina Schachtricht in Belegung gebracht, ein Saigerabstand von zwei Bergdicken zur Wetterführung in Lutten gewonnen, und Gelegenheit erhalten wurde, die häufigen von den, mehrere Jahre lang im Kaisers- und Erzherzogberg belegt bleibenden Häuerschlägen abfallenden Berge unter und zu Nutzen zu bringen.

Am Schluss des ersten Quartals 1814 stand dieser schöne Schacht als das erste Gebäude der Art im Hallischen Grubenbau vollendet; die Parallele aber war von der Kolloredo-Schachtricht aus 108 Stabel, und von der Marzinn-Schachtricht aus 97 Stabel; die Königin Karolina Schachtricht von dem Hauptschachtrichtswechsel an 115, und auf dem Gegenort von dem Theresiaschacht weg 6 Stabel weit in durchaus gesegnetem Gebirge vorgerückt. Der Betrieb des Feldorts der Kolloredo-Schachtricht wurde jedoch bei einer Erlängung von 225 Stabel sistirt, weil analog mit der darüber stehenden Deffini-Schachtricht im Kaisersberge die baldige Anfahrung des Frischgebirges zu besorgen steht.

Der Max-Josephberg. Durch die beiden Hartelins-Püthen und die beiden Pecking-Püthen ist die Fortsetzung der Lagerstätte in die Teufe bis auf einige 60 Stabel unter der Ebensohle des Erzherzogberges schon im vorigen Jahrhundert nachgewiesen worden. Um jedoch diese Teufe zur wirklichen Versiedung zugänglich zu machen, und dadurch die Nachhaltigkeit des Salzbergbaues zu Hall für mehrere Jahrhunderte festzusetzen, haben Seine Majestät, der höchstselige König Maximilian Joseph von Baiern, mittelst eigenhändig vollzogenen Rescripts vom 17. November 1807 genehmigt, dass der Erzherzogberg mit einem neuen Hauptstollen, welcher die Saigerteufe von zwei bisher gewöhnlichen Bergdicken einbringt, unterfahren, und zu dem Ende die zweite Peckings-Püthe unter der nachher bewilligten Benennung Flurlschacht zum Betrieb eines Gegenorts auf die erforderliche Teufe niedergebracht werden dürfe. Der unvergessliche Monarch legte im Jahre 1808 eigenhändig den ersten Stein zu diesem neuen Unterbau, und gab ihm den Namen Maximilian-Josephstollen. Er wurde in Stunde 18, Minute 8¾ aufgefahren, und zufolge geschehener wiederholter Vermessung beträgt die Saigerteufe von der Stollenmundlochs-Sohle des Erzherzogberges bis zum Punkt des neuen Bergaufschlusses an der Klosterbrücke im Hallthal 77 Stabel, die Saigerteufe von der höchsten Pecking-Püthenstatt im Erzherzogberg bis zur söhligen Ebene obigen Punktes 83¼ Stabel, die Länge der Horizontallinie vom neuen Bergaufschluss bis unter das Stollenmundloch des Erzherzogberges 480 Stabel, und dieselbe bis zum Saigerpunkt des Flurlschachtes 730 Stabel, wovon am Schlusse des ersten Quartals 1814 das Hauptfeldort bereits 138 Stabel weit in grobem Schotter, und 113 Stabel in einem festen, wenig klüftigen, unter einem Winkel von 84° einschiessenden Kalkstein, und das Gegenort vom Flurlschachtweg 163 Stabel weit in gutem Salzgebirge vorgerückt war.

Eine grössere Thätigkeit, als in den Jahren von 1808 bis 1814, hat im Salzberg zu Hall vielleicht niemals geherrscht. Denn zu dieser Zeit standen gleichzeitig im Königs-, Kaisers-, Erzherzogs- und Max-Josephberge nicht weniger als 17 Oerter, zum Theil auf Woche und Feierzeit ununterbrochen in Belegung; alle übrigen, dazumal in den älteren Bergen belegten Oerter, mit einziger Ausnahme des Thorer Feldorts im Mitterberg, wurden sistirt, und selbst aus dem invaliden Personal wurden noch einige kräftigere Schläge gebildet, um die eigentlichen Knappen von den currenten Veröffnungen der älteren Werke zu erübrigen, und auf den Betrieb der Feldörter zu verwenden. Ob und mit welchen Resultaten dieser schwunghafte Betrieb im weitern Aufschluss des Gebirges fortgesetzt worden ist, ist uns nicht bekannt; allein dem Vernehmen nach sollen alle Benennungen neuerer Gebäude, die an das Haus Baiern erinnern, selbst der Max-Josephstollen, umgetauft, die Fortstellung dieses Bergaufschlusses unterbrochen, und beschlossen worden sein, die gemeinschaftliche Bodendicke zwischen dem Erzherzogs- und Max-Josephstollen durch Aufschlagung eines neuen Stollens in zwei Berge zu theilen. Wir berühren dieses nur im Vorbeigehen und fahren nun fort, über den Aufschluss des Gebirges im Salzberge zu Hall folgende Betrachtungen anzustellen.

1) Sämmtliche Hauptstollen streichen im Allgemeinen nach der Länge der Lagerstätte oder nach Südwest, allein

nicht in der Mitte ihrer Breite, sondern die nordöstliche Hälfte des Grubenfeldes auf der rechten Seite der Stollen wird in jedem Berge breiter sein. Eben so liegen sie zwar unter einander, aber nicht in Verticalebenen; denn es streicht der Hauptstollen

des Oberberges . .	Stunde	21	Minute	4
des Mitterberges .	-	21	-	—
des Steinberges . .	-	20	-	4
des Königsberges .	-	17	-	6
des Kaisersberges .	-	19	-	8
des Erzherzogberges	-	18	-	7
des Max-Josephberges	-	18	-	8¾

Schon die Ansitzpunkte ihrer Mundlöcher stehen mehr oder weniger söhlig von einander ab, und von denselben schlängeln, nähern und entfernen sich die Stollen unter einander so mannigfaltig, dass die angegebenen Stundenlinien lediglich ihr Hauptstreichen bezeichnen.

2) Die Saigerteufe, in welcher die Mundlöcher sämmtlicher Hauptstollen unter einander stehen, beträgt, wie gesagt, vom Wasserberg zum Oberberg, und vom Oberberg zum Mitterberg 27 Stabel, vom Mitterberg zum Steinberg, und von diesem zum Königsberg 35 Stabel, vom Königsberg zum Kaisersberg 23 Stabel, vom Kaisersberg zum Erzherzogberg 31 Stabel, und vom Erzherzogberg zum Max-Josephberg 77 Stabel. Dies sind fünferlei Bergdicken, wovon die letzte insofern die merkwürdigste ist, als sie von der Ueberzeugung ausgegangen zu sein scheint, dass alle älteren um mehr als die Hälfte zu klein sind. Allein, ob eine von allen, und welche, wirklich auf die Natur der Lagerstätte sich gründet und die richtige ist, kann bis jetzt aus Mangel der Daten, welche nach §. 17. zur Berechnung der entsprechenden Bergdicke bekannt sein müssen, nicht bestimmt werden. Zwar fehlt es nicht an Gelegenheit, den im Salzberg zu Hall vor-

theilhaftesten grössten Himmel oder den Normaldurchmesser eines Werkes kennen zu lernen; denn dieser Bergbau besitzt Himmel von der verschiedenartigsten, nicht selten von ungeheurer Grösse, theils in jüngeren und älteren, theils in solchen Werken, die durch zwei Bergdikken aufgesotten werden, oder die aus zwei und mehrern zusammengeschnittenen Werken unter einem gemeinschaftlichen Himmel bestehen. Es sind aber wohl noch niemals Beobachtungen angestellt worden, um das zweite Erforderniss, nämlich das mittlere Verhältniss der Versiedung vom Himmel zur Versiedung an den Ulmen nach Maassgabe der Beschaffenheit des Gebirges und der Grösse und Füllungszeit der Werke aufzufinden, Beobachtungen, die gemeinsam und oft, wenn nicht in mehrern Bergen, doch wenigstens in mehrern Werken desselben Berges vorausgesetzt werden, und reiche und arme, grosse und kleine, hohe und niedere Werke umfassen müssen.

8) Was das fernere Moment in der Anlage der Hauptstollen, nämlich das Ansteigen ihrer Sohle betrifft, so beträgt dasselbe

im Oberberg auf eine Stollenlänge von 886 Stabel 31¾ Stabel oder 3,6 Procent,

im Mitterberg auf eine Stollenlänge von 878 Stabel 26¼ Stabel oder 2,9 Procent,

im Steinberg auf eine Stollenlänge von 1475 Stabel 34 Stabel oder 2,3 Procent,

im Königsberg auf eine Stollenlänge von 1394 Stabel 45½ Stabel oder 3,2 Procent,

im Kaisersberg auf eine Stollenlänge von 1500 Stabel 37 Stabel oder 2,5 Procent,

im Erzherzogberg auf eine Stollenlänge von 1555 Stabel 34 Stabel oder 2,2 Procent,

im Max-Josephberg auf höchsten Befehl vom 19ten September 1808 nur 1 Procent.

Je weiter daher die Soolen-Erzeugungswerke nach Nordwest liegen oder angelegt werden, um so kleiner wird ihre Versudhöhe im Steinberg und um so grösser in allen übrigen Bergen. Namentlich wachsen die Bergdicken bis vor Ort des Stollens

im Oberberg um 4½ Stabel,
im Mitterberg um 6 Stabel,
im Königsberg um 11 Stabel,
im Kaisersberg um 4¼ Stabel,

und im Erzherzogberg, wenn das Ansteigen des Max-Josephstollens mit 1 Procent beibehalten worden ist, um 18½ Stabel. Die Bergdicke des Steinberges hingegen, welche am Stollenmundloch 35 Stabel beträgt, misst vor Ort des Stollens nur mehr 21 Stabel. — Schon hieraus lässt sich schliessen, dass die Vorfahren in der Wahl der Ansitzpunkte zu den Mundlöchern der älteren Stollen von keinem Grundsatze ausgegangen sind, mithin die Bergdikken bloss willkürlich angenommen haben, weil sonst die unveränderte Einhaltung derselben durch ein gleichförmiges Ansteigen der Stollensohlen mit mehr Sorgfalt beobachtet worden wäre.

4) Hinsichtlich der Hauptstrecken oder Schachtrichten wird bei dem ersten Ueberblick der Karten die markscheiderische Schönheit auffallen, mit welcher der neue Aufschluss des Gebirges im Kaisers-, Erzherzogs- und Max-Josephberge meisterhaft ausgeführt ist, und unwillkürlich wird man hierbei an die Pracht des Schauspiels denken, die das in gleicher Geradheit aufgefahrene ganze Streckensystem einer so weitläufigen Grube bei einer jener Beleuchtungen, womit der Salzbergbau altherkömmlich ausgezeichnete Besuche zu ehren pflegt, gewähren müsste.

5) Man wird bemerken, dass im Oberberg, Mitterberg und Steinberg, diesen ehrwürdigen Bergaufschlüssen des

des dreizehnten und vierzehnten Jahrhunderts alle Hauptstrecken mehr oder weniger zur Stunde des Stollens sich neigen, dass der Unterschied zwischen Länge und Breite der Lagerstätte zum erstenmal bei dem Aufschluss des Königsberges zu Ende des funfzehnten Jahrhunderts gemacht worden ist, und dass selbst in der Ebensohle dieser, wie aller folgenden Teufen, die Hauptstrecken mit dem Stollen auf der Seite gegen dessen Mundloch höchst selten unter einem rechten, manchmal unter einem spitzigen, gewöhnlich aber unter einem stumpfen Winkel zusammenhangen.

6) Eben so wird man beobachten, dass bei sämmtlichen Hauptstrecken sowohl die Stunden, als ihre gegenseitigen Entfernungen, äusserst verschieden sind, und zwar in dem Maasse, dass sich die Beweggründe, von denen die Vorfahren bei der Wahl ihrer Ansitzpunkte und Richtungen geleitet worden sein mögen, nicht wohl denken lassen. Die Hauptstrecken aller Berge stehen daher, wie die Stollen, nur zufällig und höchst selten, nämlich bloss auf ihren Durchschneidungspunkten, in verticalen Ebenen unter einander, und die zwischen ihnen liegenden und durch sie begrenzten Werkreviere sind von der mannigfaltigsten Grösse und Form. Das über der Förste aller Stollen und Hauptstrecken anstehende Gebirge könnte also zwar genossen werden, aber nicht ohne Zurücklassung starker Bodendicken, weil die Ablasswöhren nur allein in der Förste angelegt werden könnten, und seine Versiedung müsste nicht zuletzt, sondern vor allen andern Werksätzen zuerst geschehen, weil alle Stollen und Hauptstrecken mehr oder weniger in der Mitte der Werkreviere des nächst höhern Bergaufschlusses liegen, die, wenn sie zuerst versotten worden ist, das Gebirge über der Förste der darunter liegenden Gebäude zur Werkanlage unzugänglich macht. Nachdem nun im Salzberg zu Hall eine

solche Art von Betriebsregulirung nicht üblich, und von einer Verwöhrung in der Förste eines Stollens oder einer Schachtricht ebenfalls kein Beispiel bekannt ist, so ist anzunehmen, dass daselbst alle über Försten anstehenden Mitterkeile noch unbenutzt sind, und wahrscheinlich zum ewigen Steinsalzverlust gerechnet werden müssen. Auf gleiche Weise werden alle Werke, deren Himmel mehr oder weniger unter Hauptstrecken liegen oder gerathen, Abzug vom Versudmaass oder Verlust an Bergfesten erleiden, weil sie wegen Mangel einer Ausscheidung des Grubenfeldes in zeitgemäss auf einander folgende Angriffs-Perioden früher, noch ehe die darüber liegenden Gebäude auflässig sind, versotten werden, und zu jener sehr entfernten Zeit, wo es allenfalls möglich wäre, die zurückgelassenen Bergfesten nachträglich zu geniessen, längst vergessen, oder mit Sumpf und Wöhre zu Bruch gegangen sind.

7) In Absicht auf die Anlagskosten ist es ganz einerlei, ob die Hauptstrecken *fg* Taf. XIV. Fig. 1 weit oder nahe von einander entfernt sind, das heisst, ob die lange Seite des Rechtecks *stuv* mit dem Stollen *ab*, oder mit dem Hauptstollen *fg* parallel läuft, weil immer die Anzahl der Querstrecken oder Ebenschürfe *hi* um so grösser sein wird, je kleiner die Anzahl der Hauptstrecken ist, und umgekehrt. Allein da die Hauptstrecken nach dem Stollen am spätesten auflässig werden, und folglich auf ihnen die Last der Unterhaltung am längsten und schwersten haftet, so ist im achtzehnten Paragraph der Satz aufgestellt worden, dass sie so weit, als es nur immer möglich ist, von einander entfernt zu halten seien. Wenn nun dieses im Salzberg zu Hall nicht der Fall ist, so sollte das zwischen je zwei Schachtrichten liegende Grubenfeld doch wenigstens drei Werkmesser, das heisst, so breit sein, als nöthig ist, um unter der Sohle und auf

beiden Stössen überall ein Werk anbringen zu können. Nachdem die Basis der meisten dortigen Werke in einer Ellipse von 70 bis 80 Stabel in der Länge und 25 bis 80 Stabel in der Breite angelegt werden, so lässt sich annehmen, dass der Durchmesser eines vollständig aufgesottenen Werkes, wenn die Ellipse auf den Kreis reducirt wird, niemals weniger als 100 Stabel betragen kann. Beiläufig 300 Stabel, oder so weit, als im Erzherzogberg die Königin Karolina Schachtricht Nr. 317. Taf. XIII. von der Marzinn-Schachtricht Nr. 314, sollten daher alle Schachtrichten wenigstens entfernt sein. Man vergleiche nun diese Entfernung mit der gegenseitigen Entfernung der Schachtrichten aller übrigen Berge, und man wird finden, dass letztere durchgängig kleiner, oft kaum einen Werkmesser gross ist, und dass mithin im Salzberg zu Hall durch eine planmässige Eintheilung des Gebirges gewiss die Hälfte der Schachtrichten, das heisst, die Kostensumme von mehrern Hunderttausenden hätte erspart werden können. Daher sieht man die Schachtrichten selten durch Ebenschürfe mit einander in Verbindung gebracht, so wie dieses auch bei ihrer so grossen gegenseitigen Nähe höchstens nur zur Befahrungs- und Wettercommunication in möglichst weiten Distanzen nothwendig ist, indem die Werke unmittelbar von den Schachtrichten aus angelegt werden, und die Beschaffenheit des Gebirges längs den Oefen, welche den Zugang zu den Werkgebäuden bilden, hinreichend zu beurtheilen ist.

8) Wenn man die abweichenden Stunden dieser Menge von Schachtrichten überhaupt, und wieder die Krümmungen jeder einzelnen insbesondere bedenkt, und dazu erwägt, dass die Basis aller Werke immer wenigstens fünf Stabel entfernt gehalten werden muss, um das Ausschneiden des Werkes auf die Schachtricht zu vermeiden, so erhält man zwischen den Mitterkeilen, die über sämmt-

lichen Försten im Voraus ungeniessbar verbleiben, eine Uebersicht von der jeden Augenblick sich verändernden Mächtigkeit und Form des inneliegenden benutzbaren Grubenfeldes. Dass dasselbe bei aller Unregelmässigkeit unter gegenseitigem Aufschluss des versottenen Gebirges dennoch vollständig genossen werden könnte, unterliegt keinem Zweifel, allein eine Eintheilung des Grubenfeldes in Werksätze würde hierbei in keinem Falle umgangen werden können, und es müsste zugleich vorausgesetzt werden, dass die Basis zu jedem einzelnen Werk der jedesmaligen Grösse und Form seines Werksatzes entsprechend veröffnet, da eingezogen, um einen benachbarten ergiebigen Mitterkeil nicht zu schwächen, dort erweitert werde, um einen unförmlichen kleinen Rest des Gebirges unter einen gemeinschaftlichen Himmel zu ziehen, und dass über jedes Werk eine Spezialkarte vorliege, welche das Verhältniss seiner Lage zur nächsten Umgebung durch die ganze Bergdicke treu darstellt. Wohl der Grube, deren Bergmeisterschaft das, was zur schnelleren Orientirung der Aufschluss des Gebirges selbst nicht gewährt, durch um so grössern Eifer und Fleiss zu ersetzen bemüht ist; denn diese Wirksamkeit ist von stiller Art, die sich selbst belohnen muss, und der markscheiderischen, hierzu nöthigen Vorarbeiten wird kein Ende sein. Ob sie im Salzberg zu Hall jemals üblich war, wissen wir nicht; allein der Leser wird auf den Karten eine unverhältnissmässig grosse Entfernung und Zerstreutheit der Werke bemerken, die sich mit einer Eintheilung und einem planmässigen Angriff des Grubenfeldes zur Versiedung nicht verträgt, sondern zu verstehen giebt, dass ohne Rücksicht auf die Bildung und Benutzung der Mitterkeile immer nur solche Werksätze vorzugsweise aufgesucht und verwendet werden, die vermöge ihrer Lage, Form und Mächtigkeit die grösste Sicherheit versprechen. In diesem Fall würden nicht nur allein die Mitterkeile über den Försten sehr mächtig sein, sondern es müsste auch noch eine zweite Art von Mitterkeilen geben, welche die erste Art quer mit einander verbindet.

9) Sobald überhaupt ein Salzbergbau so aufgeschlossen ist oder wird, dass Bergfesten und Mitterkeile unvermeidlich sind, so hat es mit dem Steinsalzverlust derselben noch keineswegs sein Bewenden, sondern, wie gesagt, gewöhnlich kommen die Werke so weit aus einander, dass nicht bloss Mitterkeile, sondern ganze Gebirgsmittel von mehrern Werksätzen inzwischen stehen, und der Nachkommenschaft zum Genusse vorbehalten bleiben. Weil nun die wahre Form und Grösse dieser Zwischenmittel so wenig als bei den Mitterkeilen, weder in der Natur, noch auf der Hauptkarte zu finden sind, so entsteht die Folge, dass die Grube hinsichtlich des zur vollständigen Instandhaltung der Soolen-Erzeugungsanlage nöthigen disponibeln Grubenfeldes sich keines klaren Ueberblicks erfreut, und in der so wichtigen Sache, als der Betrieb der Feldörter ist, entweder zu viel oder zu wenig thut. In einem oder dem andern Falle befindet sich auch der Salzberg zu Hall. Denn in den älteren Bergen, dem Oberberg, Mitterberg, Steinberg und Königsberg ist die Benutzung des Grubenfeldes zur Werkanlage schon beinahe bis an die Oerter vorgerückt; wenn daher eine verfügbare, hinreichende Anzahl von bauwürdigen Mitteln nicht im Rücken steht, so ist die Nachhaltigkeit des Aufschlusses in diesen vier Bergen offenbar gefährdet, und wenn in jedem derselben wirklich Reserven vorhanden sind, wie nicht bezweifelt werden darf, so mag man auf die Summen schliessen, die sich die Vorfahren in Fortstellung der Oerter hätten ersparen können, wenn die Soolen-Erzeugungsanlage beständig im Schlusse erhalten worden wäre.

10) Wir bedauern übrigens, die Länge, welche das

gesammte Streckensystem im Salzberg zu Hall im Jahre 1814 besessen hat, nicht angeben zu können. Allein schon vor diesem Jahre betrug dieselbe

im Wasserberg . .	1000	Stabel,
im Oberberg . . .	2300	-
im Mitterberg . .	3800	-
im Steinberg . . .	6000	-
im Königsberg . .	4800	-
im Kaisersberg . .	2400	-
im Erzherzogberg	2300	-

oder zusammen 22600 Stabel, das heisst, über sieben Stunden. — Giebt es einen sprechenderen Beweis, als diese ungeheure Last der Unterhaltung, wie nothwendig bei dem Salzbergbau schon allein aus dem Grunde ihrer Erleichterung es sei, sowohl im Aufschluss der ganzen Lagerstätte von oben nach unten, als in der Benutzung jedes einzelnen Berges von vorne nach hinten planmässig zu verfahren, die Werke im gegenseitigen Schluss zu erhalten, und die Anzahl derselben, so wie die Fortstellung der Feldörter auf das wahre Bedürfniss zurückzuführen? Denn vor allen deswegen ist das Streckenwesen im Salzberg zu Hall so gross, weil die älteren Gebäude nicht aufgelassen werden können, theils weil die Oerter sistirt wurden, bevor die Grenze des Salzgebirges erreicht worden ist, theils weil in der darüber oder darunter liegenden Bergdicke noch bauwürdige Werksätze anstehen, und immer weiter ins Feld und in die Teufe gegangen wurde, bevor das zurückstehende und höhere vollständig versotten war. Wenn der Wasserberg und der Max-Josephberg nicht gezählt werden, so besitzt Hall dermalen 6 Berge, die sämmtlich zur Soolen-Erzeugung verwendet werden, wovon aber die beiden obersten, der Oberberg und Mitterberg, durch die wiederholt erfolgten, ungemein beträchtlichen Wassereinbrüche nach und nach verödet, und auch im Aufschluss des westlichen und nördlichen Feldes aus Furcht vor neuen Gefahren und Unglück am weitesten zurück sind. Ohne Zweifel in der Meinung, dass dieser weitere Aufschluss erst dann am vortheilhaftesten fortzusetzen sein möchte, wenn in den unteren Teufen nichts mehr zu wagen und zu verlieren wäre, überliessen die Vorfahren beide Berge der Nachkommenschaft, und benutzten vorzugsweise den Steinberg und Königsberg. Die baiersche Staatsregierung aber ging von der entgegengesetzten Ansicht, nämlich davon aus, dass sich um diese beiden gefährlichen Berge Niemand, als der nicht einzig darauf beschränkt ist, mit mehr Vorsicht, Musse, Liebe und ruhiger Ueberlegung annehmen könne; sie fasste zuerst den reinen Entschluss, die Feldörter derselben nach und nach wieder zu belegen, und befahl zu dem Ende die Reserveanlagen im Kaisersberg, um auf alle unvorherzusehenden Missgeschicke vorbereitet und gesichert zu sein. — Der Oberberg, dessen Selbstwässer sich gegenwärtig in festem Gestein ruhig verhalten, und der das etatsmässige jährliche Soolenbedürfniss der Saline Hall gewiss noch auf viele Jahre ganz allein erzeugen kann, er ist es, der vor allen andern Bergen ausschliessend darauf betrieben, und in den noch übrigen Bodendicken, Bergfesten, Mitterkeilen und Zwischenmitteln möglichst aufgesotten werden soll, um wenigstens mit dem obersten der nutzbaren Berge einmal fertig zu werden. Zur sichern Unterbringung der Soolen-Erzeugungsreserve aber dürften zwei Teufen, nämlich der Mitterberg und der Steinberg, hinreichend sein, weil sich die Selbstwässer im Mitterberg ebenfalls im Zustande der Beharrung befinden, der Steinberg aber, in dessen Ebensohle nur zwei Selbstwässer entspringen, mit seinen Feldörtern zum Theil schon weit über die wassergefährlichen Saigerpunkte der höhern Berge ohne Nachtheil vorgerückt ist, und eben wegen seiner Sicherheit schon frühzeitig am meisten in Anspruch genommen wurde. Die Nachhaltigkeit des dermaligen Betriebes im Salzberg zu Hall erfordert demnach nicht mehr als drei Berge, und eine Benutzung der übrigen vier Teufen, nämlich des Königs-, Kaisers-, Erzherzogs- und Max-Josephberges streitet gegen alle Regel; vielmehr sollen sie lediglich allein zum Sooleneinschlag verwendet, und als Reserveaufschlüsse betrachtet werden, die die Fortsetzung der Lagerstätte in die Teufe beurkunden, und ein erhabenes Denkmal der Fürsorge bilden, mit der ihre Gründer auf die Sicherheit einer Nachkommenschaft von mehrern Jahrhunderten bedacht waren.

11) Was endlich die Schächte anbelangt, so betrug die Anzahl derselben im Jahre 1814 zur Verbindung der acht unter einander aufgeschlossenen Berge 31, wovon im Wasserberg 1, im Oberberg 3, im Mitterberg 4, im Steinberg 9, im Königsberg 6 und im Erzherzogsberg 2 abgeteuft sind. Hiervon haben 29 Schächte nur die Teufe einer Bergdicke und nur einer dieser letztern, nämlich die von der Karlschurfer Schachtricht des Steinberges in den Königsberg gehende Stollpüthe steht saiger; die übrigen 28 Schächte aber sind tonlägig, mit der verschiedensten Neigung zum Horizont, je nachdem die Stollen, Haupt- und Querstrecken, auf und zwischen denen sie abgeteuft sind, in ihren Verticalebenen von einander abweichen. Zwei saigere Schächte jedoch, nämlich der Theresiaschacht vom Königsberg durch den Kaisersberg bis in die Ebensohle des Erzherzogberges, und der Flurlschacht vom Erzherzogberg bis in die Ebensohle des Max-Josephberges sind eigentliche Fahr- und Wetterschächte von grösserer Dimension, die die Teufe von zwei Bergdicken unter einander einbringen.

Anlage der Soolen-Erzeugungswerke.

§. 29. **Bestandtheile eines Werkes.** Zu Hall giebt es zwei Arten von Werkanlagen, nämlich Soolen-Ablass- und Soolen-Schöpfwerke. Die Gebäude, aus denen ein Soolen-Ablasswerk besteht, sind

1) das Befahrungs- und Einwässerungsgebäude,
2) das Säuberungsgebäude,
3) das Soolen-Ablassgebäude und
4) die Veröffnung.

Indem wir diese Gebäude beschreiben, wie sie im Salzberg zu Hall angelegt werden, wünschten wir vor allen, die Gesetze darstellen zu können, an die ihre Anlage gebunden ist, und über die kein regelmässiger Salzbergbau hinaus kann, wenn es darauf ankommt, die wahre Höhe seiner Kunst, nämlich die möglich grösste Vermeidung des Steinsalzverlustes zu erreichen.

§. 30. **Das Befahrungs- und Einwässerungsgebäude.** Dieses Gebäude heisst zu Hall Sinkwerk, und ist dasjenige GHI Taf. XV. Fig. 1, durch welches man in das Soolen-Erzeugungswerk einfährt, und das süsse Wasser zur Auflösung des Steinsalzgebirges einleitet. Das Sinkwerk wird daher allemal aus der Ebensohle desjenigen Berges AB, unter welcher das Werk aufgesotten wird, entweder in saigerer oder in tonlägiger Richtung bis auf die Basis des Werkes abzuteufen sein, und wenn diese Basis nicht in der Ebensohle des nächst tieferen Bergaufschlusses liegt, so verbleibt zwischen beiden ein grösserer oder kleinerer Theil der Bergdicke unversotten zurück, welcher, wie wir bereits wissen, die zurückgelassene Bodendicke des Werkes genannt wird. Die nachträgliche Versiedung dieser Bodendicken ist niemals Gegenstand einer selbstständigen Werkanlage, weil sich die Kosten hierauf nicht lohnen würden, sondern, wenn sie je möglich sein und im Laufe der Zeit nicht vergessen werden sollte, so geschieht sie gelegentlich durch ein benachbartes Werk, welches unter die zurückgelassene Bodendicke erweitert wird. In jedem Fall muss dann aber dieses Werk selbst frei von Bodendicke, oder durch die ganze Bergdicke abgeteuft sein, und wenn also die zurückgelassene Bodendicke eines Werkes rings mit Bodendicken angrenzender Werke umgeben ist, so kann sie zum ewigen Steinsalzverlust gezählt werden. Wie gross dieser Verlust im Salzberg zu Hall ist, mag daraus abgenommen werden, dass in dem weiten Bereiche der verlassenen älteren Reviere des Ober-, Mitter- und Steinberges gegen 200 Schöpfwerke neben einander bestehen, die in der Regel niemals tiefer, als 22 Stabel angelegt worden sind, und mithin unbenutzbare Bodendicken von wenigstens 20 Fuss Mächtigkeit im Ober- und Mitterberg und 48 Fuss im Steinberg unter sich haben. — Dabei bleibt es unentschieden, ob dieser Verlust nicht doch noch geringer ist als derjenige, welcher unvermeidlich entsteht, sobald zurückgelassene Bodendicken wirklich durch benachbarte Werke gelegentlich benützt werden. Denn diese Werke können alsdann am besten nur bis zur Höhe der über den Bodendicken stehenden alten Werksohlen aufgesotten werden, und erleiden also dadurch einen unverhältnissmässig grossen Abzug vom eigenen Versudmaass. Werden sie aber darüber hinaus durch die ganze Bergdicke aufgesotten, so brechen die alten Werksohlen nieder, die ganze Masse des versottenen Gebirges rollt allmählig nach, und die Hauptwerke erweitern und schneiden sich in die benachbarten versottenen Werke, und haben beständig mit überrechten Füllungen und Gefällen zu kämpfen. Die erste Regel bei den Sinkwerken ist daher ihre Abteufung durch die ganze Bergdicke aus einer Ebensohle der Bergaufschlüsse in die andere.

Indem die Stollen-, Haupt- und Querstreckensohlen frei erhalten werden müssen, giebt es überhaupt kein Werkgebäude, welches nicht entweder vom linken oder vom rechten Stoss aus angelegt werden müsste. Nachdem jedoch bei dem Sinkwerk der nöthige Raum vorhanden sein muss, um den Cementkasten zu stellen, in welchem das in das Werk zu leitende Wasser gemessen wird, so geschieht der Zusammenhang der Stollen, der Haupt- und Querstrecken mit dem Sinkwerk durch eine querschlägige Auslenkung, welche zu Hall das Sinkwerks-Ebentl genannt wird. Das Einwässerungsgebäude besteht daher aus dem Ebentl GH und dem Gesenke HI. Die Sinkwerks-Ebentl sind zu Hall in sehr verschiedenen Stunden aufgefahren, sie haben eine Länge von zwei bis sechs Stabel, und neigen sich sämmtlich mit einigem Gefälle zum Stollen oder zur Haupt- und Querstrecke, mit der sie zusammenhängen, nicht bloss, damit dasjenige Wasser, welches von allenfalls beschädigten Einwässerungs-Röhren oder Wasserausleitungs-Rinnen verloren geht, auf das Hauptgebäude zurückfliessen, und zur schleunigen Abhilfe leicht sichtbar werden könne, sondern auch, um die Soolen-Erzeugungswerke sicher zu stellen, im Fall die Gefahr der Selbstwässer so plötzlich oder so mächtig eintreten sollte, dass die Ausleitungs-Vorrichtungen entweder noch mangeln oder unzureichend sind.

Die Sinkwerke selbst sind zu Hall immer tonlägig, mit $1\frac{5}{8}$ Stabel Höhe, $\frac{1}{2}$ Stabel Försten- und $\frac{7}{8}$ Stabel Sohlenbreite; ihr Verflächungswinkel beträgt gewöhnlich 40 bis 42 Grad, und die Befahrung geschieht über eine Leiter, die in das Gestein eingelassen und so beschaffen ist, dass statt der Sprossen Brettertritte befestigt sind, die auf den ausgehauenen Stufen der Sinkwerksohle aufliegen. Die Röhrenfahrt, welche das süsse Wasser in das Werk leitet, läuft neben der Fahrt am linken oder rechten

Stoss des Sinkwerks hinab, und wird zur Befestigung in bemessenen Entfernungen an der Förste des Sinkwerks abgespreizt.

§. 81. Das Säuberungsgebäude. Der Salzberg zu Hall, diese ärmste Steinsalzgrube in Deutschland, besitzt gleichwohl mehrere sogenannte Kernsalzreviere, in deren Zusammensetzung das Steinsalz der vorherrschende Bestandtheil in dem Maasse ist, dass, wenn diese Reviere in ihrem eigenen Körper zu Soole vergütet werden sollten, das versottene Gebirge auf der Werksohle nicht in dem Verhältniss nachrücken könnte, in welchem sich der Himmel erhebt, und dass also Himmel und Sohle im Verlauf der Aufsiedung sich immer weiter von einander entfernen müssten. Weil jedoch solche Kernsalzreviere entweder nicht durch die ganze Bergdicke durchsetzen, oder wenn dieses der Fall ist, gewöhnlich nicht versotten, sondern auf dem Wege eines regelmässigen Abbaues gewonnen und verkauft, oder in Reserven aufgelöst werden, so wird es schwerlich eine künstliche Soolen-Erzeugung geben, bei der es nothwendig wäre, versottenes Gebirge nicht aus dem Werk, sondern in das Werk zu schaffen.

Es unterliegt ferner keinem Zweifel, dass auch in dem ärmsten Steinsalzgebirge Punkte und selbst Lagen vorkommen, die sich über den ganzen Werkshimmel verbreiten, in deren Zusammensetzung ein solches Verhältniss zwischen auflöslichen und unauflöslichen Gebirgsarten besteht, dass bei ihrer Versiedung der Himmel eben so viel abnimmt, als die Soole wächst, und folglich weder Mangel, noch Ueberfluss an versottenem Gebirge herrscht. Allein bei dem eigentlichen Charakter der Steinsalzgebirge, bei der mit jedem Schritt wechselnden Beschaffenheit ihres Ansehens wird sich dieser Fall höchstens auf die Dauer von einem bis zwei Wässern, niemals durch die Höhe einer ganzen Bergdicke erstrecken.

Jede künstliche Soolen-Erzeugung wird daher darauf berechnet sein müssen, dass die fremdartigen Gebirgsarten, welche unauflöslich vom Werkshimmel zu Grunde fallen, und im ausgelaugten Zustande noch überdies einen grösseren Raum einnehmen, die vorwaltenden sind, dass mithin, so wie der Auflösungs-Prozess in einem Soolen-Erzeugungswerk durch die Höhe der Bergdicke fortschreitet, der Werkshimmel nicht mit der Schnelligkeit steigen kann, in welcher die Werksohle nachrückt, und früher oder später die ganze Weitung eines Werkes verloren gehen muss, wenn sie nicht durch periodische Ausförderung der überflüssigen tauben Berge offen erhalten wird.

Das Gebäude F nun, Taf. XV. Fig. 1, durch welches diese Ausförderung geschieht, heisst zu Hall die Püthe, und ist auf doppelte Weise angelegt, nämlich

1) entweder in Verbindung mit dem Soolen-Ablassgebäude in saigerer Richtung unter dem Werk als sogenannte Säuberstolle, oder
2) als saigeres Gesenk über dem Werk, als sogenannte Püthe.

Der erste Fall soll bei Gelegenheit der Beschreibung des Wöhrbaues näher zur Sprache kommen; der zweite Fall aber, wo die Ausförderung mit Haspel und Kübel durch die Püthe geschieht, ist zu Hall der herrschendste, und es zerfällt die Anlage dieses Gebäudes wieder

a) in den Bau des Püthenofens,
b) in den Bau der Püthenhornstatt, und
c) in die Abteufung der Püthe.

Der Püthenofen EF ist das Zugangsgebäude zur Püthe, wie das Sinkwerks-Ebentl zum Sinkwerk, beide stehen mit den Dimensionen einer Schachtricht in einer fremden Bergdicke, die unmittelbar über derjenigen liegt, in der das Werk, zu dem sie gehören, angelegt ist, und wenn daher dieselbe da, wo unmittelbar darunter ein neues

Werk angelegt werden soll, eben in Versiedung begriffen oder bereits versotten ist, so können Sinkwerks-Ebentl und Püthenofen nicht angebracht werden, und es heisst alsdann: der Werksatz ist unzugänglich.

Der Püthenofen wird in gewisser Entfernung vom Sinkwerks-Ebentl ebenfalls in querschlägiger Richtung von dem Stollen oder einer Haupt- und Querstrecke in gleicher Höhe und Weite, und in sehr verschiedener Länge angelegt, je nachdem das Werk, zu dem er gehört, mehr oder weniger weit von dem Stollen etc. entfernt ist. Es giebt zu Hall Püthenöfen bis zu 40 Stabel Länge; in dem Falle aber, wo ein Werk mitten unter einer Schachtricht angelegt wird, ist es möglich, dass die Anlage des Püthenofens ganz cessirt, indem alsdann die Püthe unmittelbar in den Stoss der Schachtricht zu stehen kommt. Immer jedoch ist der Püthenofen länger, als das Sinkwerks-Ebentl, weil der Anfangspunkt eines tonlägigen Sinkwerks in die Peripherie des grössten, der Saigerpunkt einer Püthe aber in die Peripherie des kleinsten Durchmessers des Werkes fällt.

Der Püthenofen endigt sich in die sogenannte Püthenhornstatt, einen rechtwinkligen Raum von 3 Stabel Länge, 2 Stabel Breite und 2 bis $2\frac{1}{2}$ Stabel Höhe, in welchem der Standsatz für den Haspel und die beiden Förderer, oder der sogenannte Püthenheerd, 1 Stabel über der Püthenofensohle zu unterscheiden ist. In der Mitte des Püthenheerdes steht das Mundloch der Püthe, und über demselben ein gewöhnlicher Berghaspel mit zwei konischen Kübeln von $1\frac{1}{4}$ Kubikfuss an einem Seile, welches sehr dauerhaft und geschmeidig aus Riemen von Pferdeleder geflochten ist. Auf der Sohle des Püthenofens mündet sich an dem Püthenheerd das Sturzloch für den Knappenberg in die Püthe, durch welches die von benachbarten Häuerschlägen abfallenden gesalzenen Berge zu gelegentlicher Auflösung in das Werk gestürzt werden können. Dieser Püthenheerd wäre an sich überflüssig, und der Haspel könnte unmittelbar auf der Püthenhornstattsohle über dem Mundloch der Püthe stehen, wenn nicht die ausgeförderten Berge aus Mangel an Raum an der Wand des Püthenheerdes in einem Haufen angestürzt werden müssten.

Die Püthe selbst ist ein saigeres Gesenke unter dem Püthenheerd durch die ganze Versudhöhe eines Werkes, in dessen Himmel sie sich ausmündet, immer kürzer wird, je mehr sich der Himmel versiedet, und daher durch ihre Teufe das natürliche Versudmaass eines jeden Werkes bestimmt. Sie hat $1\frac{1}{16}$ Stabel im Quadrat, und ist höchst selten verzimmert.

§. 32. Das Soolen-Ablassgebäude. Wenn Püthe und Sinkwerk aus der Ebensohle desjenigen Bergaufschlusses abgeteuft werden, der über dem Werk, zu dem sie gehören, gelegen ist, so geschieht die Anlage des Soolen-Ablassgebäudes O Taf. XV. Fig. 1 immer in der Ebensohle desjenigen Berges CD, der unmittelbar und zunächst darunter liegt. Dieselbe zerfällt

1) in die Auffahrung des Wöhrlangofens, und
2) in den Wöhrbau.

Der Wöhrlangofen A Tafel III. Fig. 1 und 2 bildet das Zugangsgebäude zur Wöhre, macht, indem er sich hinter derselben verlängert, Püthe und Sinkwerk bei F und J durchschlägig, und enthält als Schluss für den nun aufzusiedenden Werksatz den Wöhrdamm. Er ist zu Hall, wie das Sinkwerks-Ebentl und der Püthenofen, in querschlägiger Richtung entweder von dem Stollen, oder einer Haupt- und Querstrecke, mit gleicher Dimension, Gestängfahrt und Zimmerung, aber in sehr verschiedener Länge, bald in dieser, bald jener Stunde, und gewöhnlich mit einem Ansteigen von 2 bis 3 Procent aus angefangen. Er muss wenigstens so lang sein, als nothwendig ist, um, im Falle eine Wöhre alt und unbrauchbar werden sollte, den erforderlichen Platz für einen neuen, und allenfalls selbst für einen dritten Wöhrsatz im Rücken zu behalten. Hinsichtlich des Gefälles eines Wöhrlangofens aber kommt zu bedenken, dass es, weil es von der Versudhöhe des Werkes genommen werden muss, nicht klein genug gewählt werden kann, und dass ein Procent vollkommen hinreicht, indem der Druck, den die immer höher werdende Wassersäule im Werk im steigenden Verhältniss auf die Wöhre ausübt, den Soolenablauf, von dessen Geschwindigkeit allerdings zum Theil die Umtriebszeit der Werke abhängt, genugsam beschleunigt.

Was den Wöhrbau betrifft, so ist sein Hauptzweck kein anderer, als entweder unter dem Werk oder zur Seite seiner Basis einen Damm zu bilden, durch welchen die erzeugte Soole mit Hülfe eines Krahnens nach Belieben abgelassen werden kann. Dieser Damm heisst zu Hall die Wöhre, und hat demjenigen Druck zu widerstehen, mit dem auf ihre im Lichten stehende Fläche die Höhe der Soolenmasse im Werk lastet. Nachdem nun mit der fortschreitenden Aufsiedung zugleich auch diese Höhe zunimmt, so muss der Druck auf die Wöhre in eben dem Verhältniss grösser werden, in welchem die Wöhre selbst älter wird. Wenn z. B. die im Lichten stehende Fläche der Wöhre $1\frac{1}{3}$ Stabel Höhe, und an der Sohle $\frac{7}{8}$, an der Förste $\frac{1}{2}$ Stabel Breite, oder 18 Quadratfuss, wenn der saigere Abstand derselben von dem Soolenspiegel im Werk 30 Stabel, und das Gewicht eines Kubikfusses gesättigter Soole 53 Pfund beträgt, so berechnet sich der Druck, den die Wöhre auszuhalten hat, auf wenigstens 1100 Zentner.

Der erste Grundsatz bei dem Wöhrbau ist daher Erzielung der grösstmöglichen Festigkeit; der zweite, da er in einem auflösbaren Gebirge geführt wird, welches von süssem Wasser umschnitten werden kann, Erzielung der grösstmöglichen Sicherheit, und der dritte, ungehinderter Ablauf der Soole. Deswegen unterscheidet sich der Wöhrbau wieder in die Anlage

des Wöhrdammes B,
des Lettengerüstes C, } Taf. XVI. Fig. 1 u. 2.
des Sumpfes D,

In dem Salzberg zu Hall werden die Wöhrdämme theils ausschliessend mit Letten, theils mit Letten und Holz zugleich verschlagen; jene heissen Lettenwöhren, diese Stockwöhren.

Da der dortige Salzthon innigst mit Sand gemengt ist, so ist der Laist aus den Soolen-Erzeugungswerken zu mager, als dass er zu einem Zweck verwendet werden könnte, wo der Letten in der reinsten und fettesten Eigenschaft erforderlich ist. Zum Glück kommt er in dieser Qualität in der nächsten Tagrevier des Issthals vor, wo er sich unter der Dammerde und dem schottrigen Taggebirge in dünnen Flötzen findet. Der zum Wehrbau gehörige Letten wird daher ausschliessend im Issthal mit Keilhaue und Schaufel gewonnen, und in eine nahe gelegene, besonders hierzu erbaute Hütte transportirt, wo er zur Verwitterung ein Jahr lang liegen bleibt. Hierauf kommt er unter die Stollenhütte des Mitterberges in eine Reserve, in welcher er stückweise gehauen und so oft mit gesättigter Soole angelassen wird, bis er kein Salz mehr an sich zieht, oder die Soole in ihrem Salzgehalte nicht mehr schwächt. So gesättigt und soolenhaltig gemacht, wird er herausgenommen und in Kugeln geformt, die an sonnigen Tagen auf dem Dach der Stollenhütte getrocknet werden. Alsdann werden die getrockneten Kugeln in Platten gestochen, und durch den Mitterberger Hauptstollen in die geeigneten Grubenräume gefördert, wo die Masse ganz zerkleinert, noch einmal mit gesättigter Soole begossen, und 24 Stunden ruhig gelassen wird. Zuletzt wird ein Haufe geschlagen, in dem der Letten bis zur wirklichen Verwendung liegen bleibt. Zur eintretenden Zeit derselben wird er stückweise von dem Haufen abgestochen, an die Stelle des Wöhrbaues gefördert, daselbst mit hölzernen Schlägeln kubisch geformt, und endlich in $\frac{3}{4}$ Zoll dicke Blätter geschlagen, mit denen der Wöhrdamm unmittelbar und ohne weitern Verzug ausgeschlagen wird. — Aus der Umständlichkeit dieser vielen Manipulationen erkennt man die Wichtigkeit des Wöhrlettens, und wenn er endlich dieselben bis zur wirklichen Brauchbarkeit durchgemacht hat, so betragen die Kosten pro Kubikfuss 1 Fl. 30 Kr. Jener Letten, welcher aus alten, aufgelassenen Wöhren neuerdings verwendet wird, durchläuft die nämlichen Manipulationen, wie sie beschrieben worden sind, von da angefangen, wo er von Tag in die Grube gefördert wird.

Die Lage der Wöhrdämme kann vertical oder horizontal sein; jene heissen Damm-, diese Püthenwöhren, und es giebt daher Lettendamm- und Stockdammwöhren, und ebenso Püthendamm- und Püthenstockwöhren.

Lettendammwöhren (Taf. XVI. Fig. 1. 2.). Bei der Aulage einer Lettendammwöhre wird vor allen an den Stössen, auf der Sohle und in der Förste des Wöhrlangofens ein zusammenhängender Schramm *abcd* ein Stabel tief und ein Stabel breit herausgeschlagen, der den Namen Wöhrschramm führt. Wenn dieser Schramm vollendet ist, so wird zu Anfang desselben vertical aus 12 bis 14zölligen, vierkantig beschlagenen Hölzern, in Form eines ganzen Thürstockes, ein starkes Bundwerk *efgh* gesetzt, welches zum grössern Widerstande an Sohle, Stoss und Förste 8 Zoll tief in das Gebirge eingelassen und in der Mitte durch einen Spannriegel befestigt, auf der Seite gegen den Wöhrschramm aber mit einem 7 Zoll breiten Falz versehen ist, und den Namen Wöhrbund führt. Zu Ende des Wöhrschramms, in der Richtung gegen das Werk, wird aus 10 bis 12zölligen, vierkantig beschlagenen Hölzern ein zweiter ganzer Thürstock *iklm* abgebunden, der auf der Seite gegen den Wöhrschramm einen ähnlichen Falzschnitt besitzt und den ersten Thürstock des sogenannten Lettengerüstes bildet. Nun wird der Wöhrschramm theils von der Sohle aufwärts, theils von der Förste hernieder, und den beiden Stössen herein mit den bereit liegenden Lettenblättern, mit Hülfe hölzerner Schlägel, compact verschlagen, wobei man den Letten zur Erreichung der grösstmöglichen Dichtheit mit dem spitzigen, sogenannten Letteneisen von Zeit zu Zeit allenthalben durchlöchert, und die Löcher abermals mit Letten verstaucht. Sobald diese Verschlagung des Wöhrdamms allseitig bis in die Linie des Wöhrbundes vorgerückt ist, so werden letzterer und der erste Thürstock des Lettengerüstes dadurch zu schliessen angefangen, dass in ihre Falzschnitte die siebenzölligen, genau abgerichteten Bundhölzer *n* und *o*, deren Länge sich nach der Neigung der Thürstöcke von der Schwelle bis zur Kappe verhältnissmässig verjüngt, auf einander eingesetzt werden. In der Mitte dieser beiderseitigen Verwandung aber wird 2 Fuss über der Sohle des Wöhrlangofens die geeignete runde Oeffnung zur Einlegung des Soolen-Ablass- oder des sogenannten Wöhrrohrs *p* eingeschnitten, und dasselbe so eingelegt, dass der mit einem messingnen Krahnen versehene vordere Theil 4 Zoll weit aus dem Wöhrbund, und der mit einem kupfernen, fein durchlöcherten Saiger oder dem sogenannten Wöhrhütl beschlagene, hintere Theil 6 bis 8 Zoll aus dem Wöhrdamm auf der Seite gegen das Werk hervorragt. Dieses Wöhrrohr besteht nicht aus einem Stück, sondern ist aus drei kürzeren Stücken mit Spitze und Maul in einander gerammelt, mit eisernen Ringen gebunden und da, wo es am Wöhrbund und der hinteren Dammwand ausläuft, mit Beizkeilen soolendicht verschlagen. Nun wird mit Schlagung des Lettens wieder angefangen, und unter Benutzung jedmöglicher Vortheile im Gebrauch des Schlägels und Letteneisens so lange fortgesetzt, bis der ganze Damm fertig ist.

Stockdammwöhren (Taf. XVI. Fig. 3 u. 4). Die Stockdammwöhren unterscheiden sich von den Lettendammwöhren dadurch, dass der Wöhrdamm *abcd*, welcher mit Letten ausgeschlagen wird, nur $\frac{1}{2}$ Stabel breit und tief, und vor demselben an der Stelle des Wöhrbundes noch ein zweiter Damm von Holz *efgh* angebracht ist, der eine Breite von $\frac{7}{8}$ Stabel hat. Für diese beiden Dämme erhält daher der Wöhrlangofen in Sohle, Stoss und Förste zwei Schrämme, deren einer für den Lettendamm 2 Fuss, der andere für den Holzdamm 8 Zoll tief, die sich zum Lettendamm bis auf 16 Zoll erweitern, ausgehauen ist. In diesem letztern Schramm werden 40 bis 45, $\frac{7}{8}$ Stabel lange, vierkantig zugerichtete und theils nach der Form des Schramms, theils nach der Lage ihrer Flächen genau an und auf einander passende, fichtene Holzstöcke dergestalt in 7 bis 10 über einander liegenden Reihen ein- und angetrieben, dass sie horizontal auf einander liegen und immer die Fuge von zwei angrenzenden Stöcken in einer Reihe von der Fläche eines darüber liegenden Stockes in der folgenden Reihe genau gedeckt wird. Der Schramm wird sehr fein mit Stockhämmern abgeschlagen, damit die Hölzer vollkommen an das Gebirge schliessen, die noch überdies da, wo sie anschliessen, mit Kalk eingestrichen werden. Wenn der Stock ganz eingesetzt ist, werden in die Stirnfugen sämmtlicher Hölzer auf beiden Seiten des Dammes gegen 2000 neun Zoll lange buchene Zweckkeile eingetrieben, welche die Fichtenstöcke unter sich und gegen das Gebirge in eine so grosse gegenseitige Spannung versetzen, dass der Damm eine felsenfeste Haltbarkeit erhält. Das Wöhrrohr besteht übrigens nicht aus drei, sondern aus zwei Stücken und ist, so lange es im Holzdamm liegt, vierkantig beschlagen.

Wenn eine Lettendammwöhre im Salzgebirge steht, so zieht letzteres die im Letten enthaltene Feuchtigkeit an, bläht sich auf und schliesst sich an den Wöhrdamm um so fester an, je älter dieser wird. Im Gips jedoch werden die Lettendammwöhren selten haltbar, weil der Gips nicht anschwillt, und der Wöhrdamm immer mehr schwindet, je mehr er austrocknet. Die Stockdammwöhren eignen sich daher vorzüglich in Kalkstein und Gips; sie sind keiner Verdrückung unterworfen, sie können, wenn sie rinnen, alsobald wieder verkeilt werden, und sind bedeutend wohlfeiler, indem eine Lettendammwöhre sammt Lettengerüste auf 1700 Fl., eine Stockdammwöhre hingegen mit Lettengerüste auf 900 Fl. und ohne Lettengerüste auf 600 Fl. zu stehen kommt. Dagegen ist es ein Hauptvorzug der Lettendammwöhren, dass die ersten drei bis vier Säuberungen eines neu angelegten Werkes mit Ersparung der Kosten auf Püthenförderung und des Aufwandes von $\frac{2}{3}$ an Zeit durch dieselben vorgenommen werden können, was bei den Stockdammwöhren ganz unmöglich ist, weil sie in diesem Falle durchhackt werden müssten, wodurch die Holzstöcke ihre zum festen gegenseitigen Schluss unumgänglich nöthige Ebenheit der Flächen verlieren, die durch das Eintreiben frischer, wenn auch längerer Keile nicht ersetzt werden kann. Jedoch kann das Auf- und Zumachen der Lettendammwöhren immerhin gegen 300 Fl. kosten, und da der tiefere Stollen länger ist als der obere, so können die Förderer durch die Wöhre auch zwei bis drei Hunde pro Schicht weniger stossen.

Püthendammwöhren (Taf. XVI. Fig. 5 und 6). Püthenwöhren überhaupt, deren Dämme nicht in verticaler, sondern in horizontaler Lage angebracht sind, werden bei jedem Salzbergbau sogar in dem Falle unvermeidlich sein, wenn der Aufschluss des Gebirges von der Art ist, dass die Stollen, Haupt- und Querstrecken zur Verhinde-sowohl der Mitterkeile über ihren Försten, als der Bergfesten unter ihrer Sohle, selbst versotten werden können, weil alsdann wenigstens diejenigen Gebäude, auf denen Selbstwässer ausgeleitet werden, offen erhalten, und in der Förste verwöhret werden müssen. Zu Hall sind sie zunächst durch Umwandlung der Schöpfwerke in vortheilhaftere Ablasswerke entstanden, indem von der Werksohle der ersteren bis in die Ebensohle des darunter liegenden Bergaufschlusses ein Gesenke abgeteuft, und in demselben eine horizontale Verwöhrung angebracht wurde.

Püthenwöhren haben im Allgemeinen den wichtigen Vortheil, dass sie von dem süssen Wasser im Werk nicht umschnitten werden können, und folglich die Anlage eines Lettengerüstes ganz überflüssig ist, weil die Auflösung des Gebirges, welche bei Anlegung eines neuen Werkes auf der Sohle über dem Wöhrsatz Anfangs statt hat, durch den alsobald vom Himmel niederfallenden Laist unterbrochen und ferner unmöglich wird. Dagegen haben sie sämmtlich den eben so wichtigen Nachtheil, dass durch ihre Anwendung wenigstens 4 bis 5 Stabel von der Versudhöhe des Werkes als zurückzulassende Bodendicke unbenutzt verloren gehen.

In der Construction der Püthenwöhren fällt vor allen der Wöhrlangofen A auf, welcher, so weit der Wöhrsatz reicht, saiger und übrigens, so weit er den Zugang zur Wöhre bildet, söhlig ist. Durch ihn werden nicht zugleich, wie dieses bei den verticalen Wöhren der Fall ist, Püthe und Sinkwerk durchschlägig gemacht, sondern dieses muss durch einen besondern Ofen geschehen.

Die Püthendamm- oder Stollwöhren unterscheiden sich in solche, wo in Ermangelung einer Püthe die Säuberung des Werkes ausschliessend durch die Wöhre geschieht, und in solche, über welchen noch besonders eine Püthe durch die ganze Versudhöhe eines Werkes besteht. Bei beiden ist der saigere Theil des Wöhrlangofens verhältnissmässig weiter, um, sobald wirklich durch die Wöhre gesäubert wird, sowohl für den angestürzten Werklaist, als für das Fördervolk den nöthigen Raum zu haben. Diese Möglichkeit, immer durch die Wöhre säubern zu können, ist ohne Zweifel der grösste Vorzug der Püthendammwöhre, weil nicht nur allein die Anlage der Püthe, sondern auch das Püthen-Förderpersonal erspart wird.

Wenn über der Wöhre noch eine Püthe steht, Taf. XIV. Litt. A, so werden zwei Wöhrschrämme in einer Entfernung von 1 Stabel über einander in den schachtförmigen Stössen des Wöhrlangofens, und zwar der untere Schramm $\frac{7}{8}$ und der obere $\frac{3}{4}$ Stabel tief dergestalt ausgehauen, dass sie einen spitzigen Winkel von ungefähr 50° bilden. Die Form und Grösse dieser Wöhrschrämme, wenn keine Püthe über der Wöhre steht, und wenn unter dem Hauptwöhrschramm noch ein weiterer, kleinerer Schramm zur Befestigung des Wöhrbundes nothwendig ist, zeigt Taf. XVI. Fig. 5. im grösseren Maassstab. Auf den 12 bis 14zölligen, vierkantig beschlagenen Schwellen *ab* sind die eben so starken Querhölzer *cc* eingeschnitten, und auf diesen letzteren sind die Bundhölzer *de* befestigt, deren an einander stossende Flächen fleissig zugerichtet sind, und deren Fugen äusserlich verbeizt, verschoppt und verkittet werden, wie bei den verticalen Wöhren. Der Wöhrbund enthält die genau passenden

Oeffnungen für das Wöhrrohr *f*, für die Säuberrolle *g* und für das Wetterrohr *h*, welche dadurch, dass die Fugen bei ihrem Durchgang durch den Wöhrbund von innen und aussen mit Buchenkeilen verbeizt werden, die erste Befestigung erhalten. Die erste Länge des Wöhrrohrs besteht, wie bei den verticalen Wöhren, aus drei kürzeren, mit Spitze und Maul in einander gerammelten, mit eisernen Reifen gebundenen Stücken, worauf noch so viele 3 Stabel betragende Längen aufgesetzt werden, als die immer höher steigende Werksohle erfordert. Alle diese aufgesetzten Längen des Wöhrrohrs sind rings herum mit schief aufwärts gebohrten, einzölligen Löchern versehen, die inwendig ausgebrannt sind und die Soole durchlaufen lassen. Die Säuberrolle *g* ist 18 Zoll im Viereck, aus Bohlen zusammengefalzt, die untere Mündung bleibt offen, die obere dagegen ist mit dem sogenannten Sturz bedeckt, und steht in einer Linie mit dem zweiten oder oberen Wöhrschramm. Sie wird nicht verlängert, so wie sich die Werksohle erhebt, sondern wenn das Werk durch die Rolle gesäubert werden soll, so wird der Wöhrdamm bis zu ihrer oberen Mündung aufgemacht, der Sturz abgehoben, von den vier Stössen des Sumpfes ein aus Brettern zusammengefügter, von oben bis unten trichterförmig zusammenlaufender, 3 Stabel hoher Schlauch auf die Säuberrolle eingesetzt, und der Werklaist durch denselben abgestürzt. Hinter diesen Schlauch wird rings herum auf dem Wöhrdamm ein kleiner Graben bis zum Wöhrrohr gezogen, damit sich in demselben die aus dem Werklaist durch den Sumpf noch zusammensitzende Soole sammeln und abfliessen könne. Nach vollendeter Säuberung wird der Schlauch wieder herausgenommen, der Sturz auf die Säuberrolle aufgesetzt, und der Wöhrdamm wieder geschlossen.

Das Wetterrohr *h* endlich, zu dessen Gebrauch und

Anlage sich vorzüglich die Püthendammwöhren qualificiren, hat den Zweck, dem in Säuberung stehenden Werk die nöthigen Wetter, die theils wegen seiner Lage, theils wegen Abwesenheit der Püthe, nicht hinreichend durch das blosse Sinkwerk herbeigebracht werden können, mit Hülfe der eröffneten Communication zweier unter einander stehender Bergaufschlüsse zu verschaffen. Zu dem Ende ist die untere Mündung desselben mit einem Zapfen geschlossen, der nur während der Dauer der Säuberung geöffnet wird, die obere Mündung dagegen bleibt immer offen, sie muss aber stets so hoch über dem Werkshimmel erhaben sein, dass sie, wenn auch das zur Sättigung eines Wassers erforderliche Versudmaass abgenommen ist, doch noch über den Soolenspiegel im Werk hinaus ragt, um, im Fall die Versiedung vom Himmel bei abwechselndem Reichthum des Gebirges die berechnete Höhe überschreiten sollte, vor Verdrückung des unteren Zapfens und Auslaufen der Soole gesichert zu sein.

Püthenstockwöhren. Die Construction der Püthenstockwöhren ist theils aus der vorangegangenen Beschreibung der verticalen Stockwöhren, theils aus der Durchschnittszeichnung auf Tafel XVI. ohne weitere Erklärung verständlich, und es dringt sich von selbst die Bemerkung auf, dass dieser Wöhrbau zu einer Säuberung durch die Rolle nicht geeignet ist, und in der That auch nicht verwendet wird, indem sich die Holzstöcke des Dammes in einer so grossen gegenseitigen Spannung befinden, dass ihrem Drucke die 18 Zoll weite Säuberrolle, sie mag rund oder viereckig sein, nicht mit Sicherheit überlassen werden kann.

Das Lettengerüste. Wenn man es bei der blossen Haltbarkeit der verticalen Lettendamm- und Stockwöhren gegen den mit der fortschreitenden Aufsiedung des Werkes immer zunehmenden, zuletzt ungeheuern Druck der enthaltenen Soolenmasse bewenden lassen wollte, so stände zu befürchten, dass das im Wöhrlangofen vor dem Damm anstehende Salzgebirge aufgelöst, die Wöhre auf beiden Seiten vom Wasser umschnitten, und das ganze Werk, wenn es nicht schnell in die Höhe gesotten wird, in den Wöhrlangofen hinter dem Wöhrrohr ausbrechen würde. Der zweite wesentliche Zweck bei dem Wöhrbau besteht also darin, die Auflösung des Gebirges in der Nähe des Dammes unmöglich zu machen, und dieses geschieht durch das sogenannte Lettengerüste C Tafel XVI. Fig. 1—4.

Das Lettengerüste ist eine Zimmerung aus vierkantig beschlagenen starken und ganzen Thürstöcken, wobei Thürstock an Thürstock steht und genau an einander passt, und welches seinen Namen daher hat, weil zwischen den Thürstöcken und dem Gebirge ein zwölf Zoll breiter, offener Raum belassen und mit Wöhrletten so fest verschlagen wird, dass eine Auflösung des Gebirges hinter den Thürstöcken nicht mehr statt haben kann. Zu dem Ende wird gleichzeitig mit Ausarbeitung des Wöhrschramms der Wöhrlangofen in der Richtung gegen das Werk auf eine Länge von 4 Stabel auf der Sohle, an den Stössen und in der Förste um 12 Zoll erweitert, und hierauf, so wie die Verdämmung des Wöhrschramms bis in die Lichtung des Wöhrlangofens vorgerückt, und bevor noch der erste Thürstock *iklm* gesetzt ist, das sogenannte Lettenpflaster *gg* auf der Sohle zu schlagen, und die Schwelle jedes Thürstocks *vv* darauf zu legen angefangen. Alsdann ist es Zeit, den Wöhrdamm fertig zu machen, die Stempel *u* und die Kappen *v* des Lettengerüstes nach einander zu setzen, und den Raum zwischen dem Wöhrlangofen und jedem einzelnen Stempel, so wie jeder einzelnen Kappe mit dem Lettenpflaster gleichfalls zu verschlagen. Alle Fugen des Lettengerüstes werden mit alten ausgedrehten Seilen und mit Moos verschoppt, und das Geschöppe mit in gesättigter Soole gelöschtem Kalk gut verstrichen.

Um die Verdrückung des Lettengerüstes zu verhindern, werden, wie die auf Taf. XVI. Fig. 8 und 9. beigefügten zwei Detailzeichnungen über den Kreuzriss des Lettengerüstes anschaulich machen, in der Höhenmitte der Thürstöcke auf beiden Seiten nach der ganzen Länge des Lettengerüstes zwei starke, vierkantige 7 bis 8zöllige Wandruthen befestigt, und horizontal durch einen Spannriegel abgespreizt, oder es erhält jeder Thürstock einen besondern Spannriegel, der auf jeder Schwelle durch zwei in einen spitzigen Winkel zusammenlaufende Strebhölzer unterstützt wird.

Den Schluss des Lettengerüstes und sohin des ganzen Dammwöhrbaues in der Richtung gegen das Werk macht die aus Bohlen gezimmerte Scheidewand *s*, mit welcher der letzte Thürstock verschlagen und die, wie die Detailzeichnung Taf. XVI. Fig. 10., nach ihrer vordern Ansicht zeigt, mit schief aufwärts gebohrten und ausgebrannten, einzölligen Löchern in der Art und Anzahl versehen ist, dass der Zusitz der Soole in den Raum des Lettengerüstes nach dem Wöhrrohr erleichtert, der begleitende Schlamm aber möglichst abgehalten werde.

Ausser dem Hauptdamm besitzen im Salzberg zu Hall die meisten alten Wöhren noch einen kleineren Lettendamm oder den sogenannten Lettenmantel *tt* Tafel XVI. Fig. 1—4., welcher gegen das Ende des Lettengerüstes und hinter demselben auf der Sohle, an den Stössen und in der Förste des Wöhrlangofens 2 Fuss tief und breit ausgehauen, und mit Letten ausgeschlagen ist. Dieser Lettenmantel soll die Umschneidung der Wöhre noch mehr verhindern; nachdem jedoch mit Gewissheit vorauszusehen ist, dass diesen Zweck schon das Lettengerüste allein erreichen wird, so ist derselbe bereits bei Anlage des neuen Utzschneiderwerkes im Kaisersberge als überflüssig weggelassen worden.

Der Sumpf (Taf. XVI. Fig. 1 und 2). Der dritte Zweck des Wöhrbaues endlich ist die Verhinderung, dass das versottene Gebirge oder der Werklaist E, welcher nach Auflösung des Steinsalzes vom Himmel niederfällt, sich nicht unmittelbar vor die Schlusswand des Lettengerüstes setze, die Oeffnungen derselben verlege, und wenn seine Masse bei fortgesetzter Aufsiedung und höher steigender Werksohle immer mächtiger wird, nicht zuletzt alle Communication der erzeugten Soole mit dem Wöhrrohr abschneide. Dieser Zweck, durch Absperrung des Werklaistes in dem zurückliegenden Versud eines Werkes der Soole einen stets reinen und leichten Abfluss zur Wöhre zu sichern, wird durch den sogenannten Sumpf D erreicht.

Der Sumpf ist eine schachtförmige Zimmerung im ganzen Schrot, hinter welcher sich der Werklaist nach und nach anlegt, die im Lichten, wie die Püthe, $1\frac{1}{16}$ Stabel im Quadrat hält, und sich von der gewöhnlichen Schachtzimmerung dadurch unterscheidet, dass sie im Voraus, und zwar von unten nach oben aufgeführt wird, und daher nicht auf Tragstempeln ruht, und dass die Joche locker auf einander liegen, damit die Soole von allen Seiten eindringen kann. Bei allen Püthenwöhren steht der Sumpf unmittelbar auf dem Wöhrdamm, und seine einfache Construction erklärt sich aus blosser Ansicht der Taf. XVI. Fig. 5 und 6. von selbst. Bei den verticalen Wöhren hingegen ist der Sumpf vor dem Lettengerüste mehr oder weniger, oft bedeutend weit entfernt, und wird auf folgende Weise angelegt.

Sobald die erste Säuberung eines neu angelegten Werkes vollendet ist, wird von der Schlusswand des Lettengerüstes *s* bis zum Standpunkt des Sumpfes eine Stutzen-Zimmerung errichtet, die im Lichten dieselben Dimensionen, wie die Zimmerung des Lettengerüstes hat. Zu dem Ende wird die Werksohle bis zum Niveau des Lettenpflasters vertieft und horizontal geebnet, worauf die Schwellen *v* gelegt, die Stempel *u* gestellt und die Kappen *w* aufgesetzt werden. Schwellen, Stempel und Kappen sind auf ihren an einander stossenden Flächen so zugerichtet, dass sie sowohl unter sich, als an die Schlusswand des Lettengerüstes und an den Sumpf genau schliessen. Am Ende dieser Stutzenzimmerung wird die Werksohle 1½ Stabel ins Quadrat im festen Gestein so tief und fleissig ausgearbeitet, dass der Boden des Sumpfes auf den fugendicht an einander passenden Schwellen *β* ganz wagerecht und flüchtig mit den Schwellen der Stutzenzimmerung zu liegen kommt. Hierauf werden die vierkantig beschlagenen Bolzen *xyzα* gestellt, die so hoch als die Stutzenzimmerung und mit Falzen versehen sind, in welche die Joche *γ* mit ihren Zapfen auf einander eingesetzt, und von innen und aussen mit Brettern dergestalt verschalt werden, dass die Joche sammt der Verschalung die Breite der Bolzen ausfüllen. Dieser Sockel des Sumpfes bildet das Fundament für die ganze folgende Höhe der Zimmerung; er reicht aber in der beschriebenen Stärke seiner Construction nur bis zum Niveau der Kappen der Stutzenzimmerung und des Lettengerüstes, und bildet daher mit beiden, indem er selbst auf der Seite gegen die Wöhre offen bleibt, eine zusammenhängende Anlage, die beinahe soolendicht ist. Die übrige Höhe des Sumpfes besteht aus einer Reihe von locker auf einander liegenden Vierungen, zwischen welchen die Soole ihren Weg in den Sumpf findet, die über einander verkappt sind, bei jeder Säuberung bis unter den Werkshimmel aufgeführt, zuletzt gegen den hereinfallenden Unrath mit Brettern bedeckt, und mit einem darüber hin liegenden Balkenstück *ε* so stark beschwert, und mit Werklaist rings herum in der Art angestürzt werden, dass weder der Deckel noch einzelne Vierungen von der Soole gehoben und entführt werden können.

Wenn das Salzgebirge reich ist und rasch vom Himmel versotten wird, wenn die Säuberungen eines Werkes spät auf einander folgen, oder wenn der Sumpf nicht nach jeder Säuberung aufgezimmert, oder endlich unter hereingestürzten Gefällen auf mehrere Wässer lang begraben wird, so ist es möglich und häufig der Fall, dass er unter der Werksohle verloren geht, und sehr schwer wieder zu finden ist, weil die Soolen-Erzeugungswerke nach jedem Wässer ein ganz verändertes, die Orientirung sehr erschwerendes Ansehen erhalten. Um dieses Unglück zu vermeiden, ist es unter baierscher Hoheit zum Grundsatz geworden, den Sumpf jedesmal unter der Püthe aufzuführen, und die Entfernung desselben von der Schlusswand des Lettengerüstes ohne Rücksicht auf ihre Länge durch die Stutzenzimmerung auszufüllen.

Jedes Soolen-Ablasswerk zu Hall, das bei Verlust seines Sumpfes noch eine grosse Versudhöhe über sich hat, wird früh oder spät unbrauchbar oder zum Schöpfwerk, weil die Soole durch den Werklaist endlich nicht mehr zu dringen vermag. Auf der andern Seite ist ein einziger Sumpf für das grösste Werk hinreichend, und wenn er nur wenige Stabel unter dem Laist vergraben liegt, so wird dadurch der Soolenablauf durch die Wöhre zwar verzögert, aber keineswegs verhindert. Diese zwei Thatsachen beweisen, dass der Werklaist im Salzberg zu Hall bis auf eine gewisse, noch unausgemittelte Teufe von der darüber stehenden Soole durchdrungen wird, und gleichsam in ihr schwimmt, dass bis zu dieser Teufe die Soole im Sumpf mit der Soole an der äussersten Werks-Ulme im Niveau steht, dass aber der Sumpf selbst nichts weniger als entbehrlich ist, weil die Grenze, bis zu welcher die Soole durchdringt, mit der Werksohle steigt und sich ohne Zweifel zuletzt in eine Linie mit ihr vereinigt, sobald sich der Laist unter der Last seiner eigenen grossen Schwere nach und nach gesetzt hat.

§. 33. Die Veröffnung (Taf. XV. Fig. 1). Die letzte Hand zur Vollendung eines Soolen-Erzeugungswerkes wird durch die sogenannte Veröffnung des Wöhrlangofens angelegt. Bei der Armuth des Hall-Innthalschen Steinsalzgebirges nämlich würde sich ein Werk nur äusserst langsam erweitern, wenn sich die dargebotene Auflösungsfläche des Gebirges bloss allein auf die Förste und die beiden langen Stösse des Wöhrlangofens beschränkte. Damit daher das Werk schon gleich durch die ersten zwei bis drei Soolenvergütungen einen gewissen Fassungsraum erhalte, werden von den Stössen des Wöhrlangofens in einer Entfernung von 9 bis 10 Stabel von der Schlusswand des Lettengerüstes in querschlägiger und paralleler Richtung Sitzörter in das Gebirge getrieben, welche wieder unter einem rechten Winkel und in gleichen Entfernungen parallel mit dem Wöhrlangofen durchschlägig gemacht werden und den Namen Oefen führen.

Diese Oefen unterscheiden sich nach Maassgabe ihrer Höhe in stehende Oefen MN, MM, NN, und in sizzende oder gemeine Oefen *mm*, *mn*, *nn*; jene sind zur leichtern Bearbeitung und Befahrung $1\frac{1}{2}$, diese zur Verminderung der Kosten $1\frac{1}{8}$ Stabel hoch, beide aber sind auf der Sohle $\frac{2}{3}$ und in der Förste $\frac{3}{8}$ Stabel breit, und werden in armem Gebirge 1 Stabel, in reicherem auch wohl 2 und $2\frac{1}{2}$ Stabel weit von einander angelegt. Gipsbänke werden ganz ausgelassen.

Diese Eröffnung des Gebirges durch eine verhältnissmässige Anzahl in planmässig zu- und abnehmender Länge und gleicher gegenseitiger Entfernung zusammenhängender Oefen, in der Absicht, um die Auflösung des Gebirges durch Entblössung jedes Ofenmittels zu beschleunigen, die erste Form des Werkes zu begründen und die Wöhr-Umschneidung so lange zu verhindern, bis nach höherer Aufsiedung die Ausdehnung der Werksulme über die Wöhre hinaus nicht mehr schaden kann, heisst die erste Veröffnung des Werkes. Sie unterscheidet sich von den später folgenden sogenannten Seitenveröffnungen, die theils die Veränderung der Form oder die Hinziehung des Werkes nach einer wünschenswerthen Gegend, theils den Durchstich eines zwischen zwei Werkausschnitten hereinstehenden tauben Gebirgskeils bezwecken, und daher nicht im ganzen Horizont des Werkes, sondern nur auf eine gewisse Länge und an gewissen Punkten seiner Ulmen angewendet werden.

Auf Taf. XV. Fig. 1., welche das Grundansehn einer ersten Werkveröffnung in Form einer Ellipse darstellt, bedeutet AB den obern, CD den untern Bergaufschluss, EF den Püthenofen, F die Püthe mit der Püthenhornstatt, GH das Sinkwerks-Ebentl, HI das Sinkwerk, KL den Wöhrlangofen, NM, NN und MM die stehenden, *nm*, *nn* und *mm* die sitzenden oder gemeinen Oefen, O die Wöhre und P den Sumpf.

Die grosse Wichtigkeit der ersten Werkveröffnung beruht auf dem Grunde, weil sie nach Taf. XIV. Fig. 2. die Basis *cd* bildet, von deren Standpunkt, Gestalt und Grösse es zunächst abhängt, wo, in welcher Form und mit welchem Umfang das neue Werk dereinst in die Ebensohle des darüber liegenden Bergaufschlusses einrücken wird. Wenn das Grubenfeld jedes Berges nach Taf. XIV. Fig. 1. in lauter gleichförmige und gleich grosse Werksätze eingetheilt ist, in deren Grenzen jede einzelne Versiedung zu erhalten getrachtet wird, so bildet der Mittelpunkt jedes Werksatzes zugleich den Mittelpunkt seiner Veröffnung, welchen in der Natur schnell ohne Markscheiderzug finden zu können, als eine der schönsten und nöthigsten Eigenschaften eines regelmässigen Salzbergbaues bereits angegeben wurde. Wenn hingegen auf die Vermeidung aller zu schwachen und deswegen unbenutzbaren

Mitterkeile kein Bedacht genommen wird, wenn die Werke auf beliebigen Punkten angelegt werden, und nicht nur ihre Lage neben benachbarten Werken, sondern auch das Verhältniss ihrer Versiedung vom Himmel zur Versiedung an den Ulmen unbekannt ist oder unbeachtet bleibt, und nicht berechnet wird, wie sich das neue Werk nach Maassgabe dieses Verhältnisses, seiner Basis und seiner Bergdicke ausdehnen muss, so ereignet es sich nicht selten, Taf. XIV. Fig. 8 und 9, dass der Mittelpunkt der ersten Veröffnung eines neuen Werkes zu nahe neben einem benachbarten Werk, welches noch nicht ganz aufgesotten ist, angelegt und dadurch zur künftigen Vereinigung beider Werke Veranlassung gegeben wird. Auf diesen Fehler gründen sich die oben erwähnten Seitenveröffnungen, deren Ausdehnung und Kosten manchmal bedeutend sind, und durch Combination der fünf Grössen, der Basis *cd*, des letzten Himmels *ab*, der Bergdicke *ce*, der Versiedung vom Himmel *ch* und der Versiedung an den Ulmen *gh* leicht zu ersparen gewesen wären. Um nämlich die Vereinigung zu verhüten, müssen beide Werke an der gefährlichen Ulme eingezogen und auf der entgegengesetzten erweitert, mithin beide in ganz andere Richtungen gezogen werden. Alsdann hängt es erst von der Beschaffenheit des Gebirges und von der rechtzeitigen Entdekkung des begangenen Fehlers ab, ob dessen ungeachtet nicht alle aufgewendete Mühe vergebens ist, und wie oft sie allenfalls im Verlaufe der Aufsiedung noch wiederholt werden muss.

Hinsichtlich der Form jeder ersten Werksveröffnung kommt es darauf an, ob der Werksatz im frischen Felde steht, oder ob er ein Mitterkeil ist. Im ersten Fall findet nur eine Wahl statt, nämlich zwischen der Ellipse und den Kreis. Die Ellipse lässt hoffen, dass die Gefälle, welche in weichem Gebirge in Folge eines zu breiten

Himmels entstehen, seltener werden; der Kreis hingegen hat den wichtigeren Vortheil, dass jede drohende Ausschneidung des Werkes mit Hülfe einer im Mittelpunkt befestigten und längs den Ulmen herumgezogenen Schnur auf das Schnellste entdeckt, mithin das Werk selbst innerhalb der Grenzen seines Bausatzes am leichtesten erhalten werden kann. So nothwendig zur Vermeidung der Mitterkeile eine regelmässige Eintheilung des Gebirges bei dem Salzbergbau ist, so unentbehrlich ist dieses einfache Hülfsmittel, um den Erfolg der Eintheilung zu sichern, die Zulegung der Werke nach jeder Säuberung zu ersparen, sich über ihre gegenseitige Lage neben einander orientiren und ihrer Zusammenschneidung vorbeugen zu können. Im Uebrigen wird die Form der ersten Veröffnung auf allen Mitterkeilen unregelmässig ausfallen, weil nach Taf. XIV. Fig. 8 und 9. jeder Mitterkeil, um den Steinsalzverlust *abd* zu beseitigen, bis an das angrenzende versottene Gebirge eröffnet werden muss; was nach der grösseren oder kleineren Anzahl der herumliegenden Werke nicht anders, als sehr abweichend von einander ausfallen kann. Es ergeben sich hieraus folgende Resultate:

1) Nur allein diejenigen Werksätze, die keine Mitterkeile sind, können in gleicher Form und Grösse veröffnet werden, sie werden sich aber im Salzberg zu Hall zu ungleichen letzten Himmeln versieden, weil die Bergdicken verschieden sind.
2) Wenn die dort übliche Veröffnung von 25 Stabel in der Breite und 70 Stabel in der Länge allgemein angewendet wird, so lässt sich schliessen, dass daselbst nur die mächtigeren Mitterkeile, die eine solche Grösse und Form der Basis gestatten, und selbst diese nicht ohne den Steinsalzverlust *abd* benutzt werden.

3) Kein Mitterkeil kann der Regel nach früher zur Werksanlage verwendet werden, als bis die ihn umgebenden benachbarten Werke vollständig aufgesotten und so alt sind, dass das versottene Gebirge derselben einen undurchdringlichen Damm bildet, der eine Veröffnung des Mitterkeils bis unmittelbar zur gegenseitigen Berührung gestattet.

4) Je mehr nach Taf. XIV. Fig. 1. die Versiedung an den Ulmen *gh* begünstigt wird, um so tonlägiger werden die Linien *ac* und *bd*, um so kleiner wird die Basis *cd* als der Normalwerkmesser *ab* auf allen Werksätzen, die im frischen Felde stehen, um so grösser hingegen auf allen Mitterkeilen.

Dieser Satz bietet zur nützlichsten Grösse der ersten Werksveröffnung einen bequemen Uebergang. Denn ob die Basis der Werke grösser oder kleiner ist, als der normale, mit dem meisten Genuss und den wenigsten Gefahren verbundene vortheilhafteste Himmel, dies ist der Fehlerhaftigkeit nach ganz gleich; je mehr daher ihre Grösse dem Normalwerkmesser sich nähert, um so richtiger ist sie, um so ähnlicher werden sich die Basen aller Werke einander werden, um so früher gelangen die Werke zu ihrer fruchtbarsten Reife, und wenn ihre Aufsiedung nicht kegel-, sondern säulenförmig möglich wäre, so würde noch überdies die Bergdicke *ce* eine unendliche Grösse werden. Leider ist dieses Ziel bei dem Salzbergbau unerreichbar, weil von der Versiedung vom Himmel eine gewisse Versiedung an den Ulmen schlechterdings unzertrennlich ist; allein die Versiedung an den Ulmen kann beschränkt werden, und diese Beschränkung, so weit sie zur Vergrösserung der ersten Veröffnung nur äusserst möglich ist, ist daher eine der wichtigsten Regeln. Die Folge wird zeigen, dass das Maass der Beschränkung von der Höhe der Werke, von dem Reichthum des Gebirges und von der Fettigkeit des Thons abhängt; es ist jedoch bekannt, dass dasselbe gleichzeitig mit dem Normalwerkmesser festgesetzt werden muss, bevor die entsprechende vortheilhafteste Bergdicke berechnet wird.

§. 34. Die Schöpfwerke. Die Schöpfwerke unterscheiden sich von den Ablasswerken bloss dadurch, dass sie keinen Wöhrbau haben, und die in ihnen erzeugte Soole mit ledernen Bulgen ausgeschöpft wird. Daher steht der Sumpf eines Schöpfwerkes unmittelbar unter der Püthe, und ist des leichtern und vollständigen Soolenzusitzes wegen mit einer Sumpfgrube versehen, welche auf der Sohle desjenigen Ofens, der das Sinkwerk mit der Püthe vereinigt, ein Stabel tief abgeteuft ist. Mit solchen Schöpfwerken ist, wie gesagt, die verlassene vordere Revier des Oberberges, Mitter- und Steinberges ganz angefüllt; nachdem aber bei der Ausschöpfung zwei Mann, wenn das Werk noch überdies nicht tief liegt, nur so viele Soole zu fördern im Stande sind, dass der ununterbrochene Abfluss derselben binnen 24 Stunden nicht mehr als 2000 Kubikfuss beträgt, so wird dadurch die Umtriebszeit der Werke zu sehr verlängert, und die Kosten der Soolenförderung sind im Vergleich zu der Reihe von Jahren, die jede Aufsiedung durch die ganze Bergdicke dauert, ungleich grösser, als die Anlage einer Wöhre erfordert. Im Jahre 1814 war daher im Salzberg zu Hall nur mehr ein einziges Schöpfwerk im Erzherzogberg übrig, mit dessen Zusammensiedung ohne Zweifel die ganze Anlagsmanier aussterben wird.

Auf Tafel XIV. ist zwischen den Ebensohlen zweier Bergaufschlüsse HH und JJ sub Litt. A der Durchschnitt eines Werkes mit einer Püthendammwöhre, die nach alter Art noch mit einem Lettengerüste versehen ist; sub Litt. B der Durchschnitt eines zum Ablasswerk umgewandelten Schöpfwerkes, wobei die Wöhre durch Hülfe eines Schurfes zugänglich ist; sub Litt. C der Durchschnitt eines Schöpfwerkes, welches bereits sein ganzes mögliches Versudmaass zurückgelegt, aber wegen des darüber liegenden Aufschlussgebäudes Abzug zur nöthigen Belassung einer Bergfeste erlitten hat; sub Litt. D der Durchschnitt eines zum Ablasswerk umgewandelten Schöpfwerkes, wobei die Wöhre in der Ebensohle des nächst tieferen Bergaufschlusses steht; sub Litt. E der Durchschnitt eines nach neuer Art angelegten Soolen-Ablasswerkes, wobei der Sumpf vermittelst einer längeren Stutzenzimmerung seinen Standpunkt unter der Püthe hat; sub Litt. F der Grundriss eines solchen Werkes, nachdem es zum ersten Male durch die Wöhre gesäubert, sodann vermessen und zugelegt worden ist; endlich sub Litt. G der Grundriss einer alten, ganz geschlossenen Dammwöhre, welche zur Säuberung nicht mehr geöffnet wird, anschaulich neben einander dargestellt.

§. 35. Standpunkt, Länge, Stunde und Verflächung aller Werkgebäude. Aus der bisherigen Beschreibung aller zu einem Soolen-Ablasswerk gehörigen Gebäude dringen sich folgende drei Bemerkungen auf.

1) Im Salzberg zu Hall sind die Ansitzpunkte, die Stunden und Längen aller Sinkwerks-Ebentl, Püthenöfen und Wöhrlangöfen, die Verflächung aller Sinkwerke, mithin das gegenseitige Verhältniss der Lage zwischen Wöhre, Sinkwerk und Püthe bei jedem Werk verschieden.

2) Jedes in der Nachbarschaft eines Sinkwerks-Ebentls, eines Püthenofens und Wöhrlangofens liegende Werk kann, um seine Ausschneidung in dieselben zu verhindern, nur in gewisser Entfernung davon angelegt werden, und es bleibt daher über der Förste derselben, auf die nämliche Art, wie über der Förste aller Stollen, Haupt- und Querstrecken, wieder ein

Mitterkeil stehen, der in der Regel niemals benutzt wird. Diese neue Gattung von Mitterkeilen hängt mit den Mitterkeilen über den Stollen, Haupt- und Querstrecken zusammen, bildet mehr oder weniger lange Seitenäste derselben, und umfasst einen nach der vorkommenden Menge der Werkgebäude leicht zu schätzenden, abermals ungeheuern Steinsalzverlust.

3) Jedes Werk, welches unter einer Wöhre aufgesotten wird, erleidet einen verhältnissmässigen Abzug vom Versudmaass, weil ohne Bergfeste die Gefahr eines Niederbruchs der Wöhre früh oder spät zu bedenken ist.

Diese Bemerkungen werden sich auf jeden Salzbergbau anwenden lassen, wo theils das Gebirge unregelmässig aufgeschlossen ist, theils die Soolen-Erzeugungswerke auf beliebigen Standpunkten, in willkürlicher Grösse und Form angelegt und betrieben werden. Wenn aber nach Tafel XIV. Fig. 1. alle Stollen, Haupt- und Querstrecken der verschiedenen Berge in Verticalebenen unter einander liegen, und das conform eingetheilte Grubenfeld in vier Perioden nach einander versotten wird, wenn der Mittelpunkt und die Grenzen jedes einzelnen Werksatzes fixirt sind, und kein Werk über den Normalwerkmesser sich erweitern darf, so bestimmt sich die Anlage sämmtlicher Werkgebäude nach folgenden Gesetzen.

Alle Sinkwerks-Ebentl, alle Püthenöfen und Wöhrlangöfen können und sollen mit dem Stollen oder der Haupt- und Querstrecke, aus welcher sie aufgefahren werden, rechtwinklig zusammenhangen. Sie können zu allen Werken der ersten Betriebsperiode *stuv* weder länger noch kürzer, als einen halben Normalwerkmesser sein. Ist das Sinkwerks-Ebentl kürzer, so wird das Sinkwerk selbst mit der Zeit ganz aus dem Horizont des Werkes fallen, wenn nicht die betreffende Werksulme absichtlich dahin erweitert wird; sind aber Sinkwerks-Ebentl und Püthenofen länger, so gerathen sie in einen Werksatz der ersten Periode im nächst höhern Berg, und kommen entweder in versottenes Gebirge zu stehen, wenn dieser Werksatz bereits benutzt und aufgelassen ist, oder ihre Anlage kann gar nicht statt haben, wenn er auf Soolenvergütung oder Einschlag noch wirklich im Betriebe steht, oder endlich der ganze Werksatz, im Fall er noch zur Verfügung steht, kann zur Werksanlage nur mit Zurücklassung einer verhältnissmässigen Bodendicke verwendet werden.

Dagegen cessiren Sinkwerks-Ebentl, Püthenöfen und Wöhrlangöfen gänzlich bei allen Werken der zweiten, dritten und vierten Periode, weil die Sinkwerke, Püthen und Wöhren, unmittelbar im rechten oder linken Stoss, auf der Sohle oder in der Förste der Querstrekken *hi*, der Hauptstrecken *fg* und der Stollen ab° angelegt werden.

Es folgt daraus, dass Sinkwerk und Püthe zu allen Werken der ersten Periode tonlägig, und zu allen Werken der drei letzten Perioden saiger abgeteuft werden, das heisst, allenthalben ein vereinigtes Gebäude in der Art bilden sollen, dass dasselbe um das Nöthige erweitert und durch Einstriche zur Befahrung und Einwässerung und anderntheils zur Förderung abgetheilt wird.

Der Grad der Verflächung dieses vereinigten Gebäudes zu allen Werken der ersten Periode ist keineswegs willkürlich, sondern richtet sich nach der Differenz, um welche der Durchmesser der ersten Veröffnung oder der Basis kleiner ist, als der Normalwerkmesser. Seine Tonlage soll die Linie *ac* oder *bd* Taf. XIV. Fig. 2., nach deren Neigung sich die Werksulmen allmälig erweitern, darstellen, in welchem Fall sich das Gebäude niemals von der Werksulme entfernen wird. Und wo diese Entfernung statt hat, ist es ein Zeichen, dass entweder die vereinigten Sinkwerks-Ebentl und Püthenöfen zu lang sind, oder die Werke über Gebühr sich erweitern, oder endlich willkürlich angelegt worden sind. Alsdann kommt das vereinigte Sinkwerks- und Püthengebäude mehr oder weniger gegen die Mitte des Werkhimmels zum Vorschein, und die Leiterfahrt steht vom Himmel bis auf die Werksohle entblösst von aller Unterlage des Gebirges.

Was den Standpunkt der Wöhren anbelangt, so trifft derselbe zu allen Werken der ersten Betriebsperiode auf die Grenzlinie *tv* und *su*, welche diese Periode von der daranstossenden späteren scheiden. Dadurch werden alle vier Perioden durch die ganze Bergdicke ohne den mindesten Abzug vom Versudmaass geniessbar, weil die Versiedung der drei letzten nicht eher an die Reihe kommt, als bis Aufschluss- und Werkgebäude, die sämmtlich innerhalb ihres Bereiches stehen, auflässig sind. Die Werke der zweiten Periode werden auf den Querstrecken, der dritten Periode auf den Hauptstrecken und der vierten Periode auf den Stollen verwöhrt, und zwar unter gleicher gegenseitiger Entfernung von einem Normalwerkmesser, vertical, wenn keine Selbstwässer ausgeleitet werden, und horizontal, wenn die Gebäude offen erhalten werden müssen.

Indem endlich durch die Vereinigung des Sinkwerks mit der Püthe die Zahl der zu jedem Soolen-Erzeugungswerk nöthigen Zugangsgebäude von drei auf zwei reducirt wird, giebt es kein einfacheres Mittel, die Leichtigkeit der Orientirung selbst bis auf die einzelnen Werksätze der ersten Periode in jedem Berg auszudehnen, als das, die Wöhrlangöfen $\eta\vartheta$ genau in der Mitte, und die vereinigten Sinkwerks-Ebentl und Püthenöfen $\pi\omega$ genau auf den Grenzlinien der Werksätze aufzufahren. Alsdann werden die Ansitzpunkte zu den Wöhrlangöfen die Mitte, und die Ansitzpunkte zu den Püthenöfen die Grenzen der einzelnen Werksätze in der ersten Periode bezeichnen, und nicht nur alle Werke derselben, sondern auch alle Gebäude zu jedem Werk kommen durch die ganze Teufe der Lagerstätte vertical unter einander zu stehen. Ein grösseres Maass der Orientirung in der Natur, als dieses, wobei das Lagenverhältniss der ganzen Umgebung eines Werkes nach allen Richtungen, sowohl in dem Werke selbst, als auch ausser demselben, beurtheilt werden kann, ist bei dem Salzbergbau nicht möglich; es wird für den geringsten Bergmann verständlich sein, und hauptsächlich alle markscheiderischen Functionen wesentlich erleichtern.

§. 36. Wasser- und Soolenleitungswesen. Es wird hierunter die Art und Weise verstanden, wie bei jedem Werke das süsse Wasser ein- und die erzeugte Soole ausgeleitet, wie das ganze, bei jedem Salzbergbau sehr ausgedehnte und kostbare, nicht nur aus einem Berg in den andern, sondern selbst aus einem Werk in das andere verschlungene Leitungswesen in den vortheilhaftesten Zusammenhang gebracht, vereinfacht und auf dem kürzesten Wege realisirt wird.

Die wissenschaftliche Ansicht der Sache beschränkt sich darauf, dass sowohl die Füllung als die Leerung der Werke nicht schnell genug geschehen kann. Denn beide erfordern bei dem grossen Fassungsraum der Werke wohl überall mehrere, zu Hall bei den ältesten und grössten Werken 20 bis 26 Wochen. Je länger nun die Leerung eines Werkes dauert, desto länger wird seine Umtriebszeit, und desto mehr Werke, desto mehr Aufschluss des Gebirges sind zur Erzeugung des etatsmässigen Soolenquantums erforderlich. Und je länger es dauert, bis die anzulassenden Werke ganz mit süssem Wasser gefüllt sind, um so mehr versieden sich dieselben im Horizont ihrer Ulmen, bis nur der Himmel einmal erreicht wird, um so mehr wird nach Taf. XIV. Fig. 2. das Verhältniss von *ch* zu *gh* verändert, um so schneller wird der Normalwerkmesser *ab* erreicht, und um so kürzer muss die Bergdicke *ce* werden.

Im Salzberg zu Hall wird das süsse Wasser, womit die verschiedenen Soolen-Erzeugungswerke des Bergbaus zur Auflösung des Gebirges gefüllt werden, von den süssen Quellen abgeleitet, die im Wasserberg, Oberberg, Mitter- und Steinberg entspringen. In den letztgenannten drei Bergen geschieht die Anwässerung mittelst Ableitung von den Rinnen, in denen die Quellen zu Tage ausgeleitet werden; in allen übrigen tieferen Bergen aber, in welchen keine Quellen vorkommen, oder in solchen, wo einige Werke ihrer Lage wegen von den Quellen des nämlichen Bergaufschlusses nicht bedient werden können, geschieht die Anwässerung mittelst Ableitung der Quellen aus den höheren Bergen über die verschiedenen Schürfe in die tieferen Berge, in beiden Fällen aber in der Art, dass die längs dem Stoss eines Stollens oder einer Haupt- und Querstrecke hinlaufende Rinnen- oder Röhrenfahrt das Wasser durch angesteckte Seitenröhren über die anliegenden Sinkwerke vertheilt.

Ob, wo und in welcher Richtung diese Schürfe abgeteuft, und wie sie benutzt werden, davon hängt die Anzahl und Länge der nöthigen Röhrenfahrten, und überhaupt die Leichtigkeit der Anwässerung in den tieferen Bergen vorzüglich ab.

Jede Einwässerungsröhrenfahrt läuft auf der Stelle, wo sich ihre Richtung beim Uebergang aus dem Sinkwerks-Ebentl in das Sinkwerk bricht, durch den Cementkasten, welcher wasserdicht aus Holz $\frac{1}{2}$ Stabel lang und $\frac{1}{4}$ Stabel breit und hoch gezimmert, und durch eine Scheidewand abgetheilt ist, in welcher die Cemente befestigt sind, um die Quantität des eingeleiteten Wassers messen und reguliren zu können. Diese Cemente sind runde, mit Messing gefütterte Oeffnungen, deren jeder Kasten acht, und zwar vier grössere und vier kleinere besitzt. Der Ausfluss durch die vier grösseren wird mit dem altherkömmlichen Ausdruck: Wochensud oder Pfannen, der Ausfluss durch die vier kleineren mit dem Namen Aetzer bezeichnet. Die Wochensud oder Pfanne theilt sich wieder in halbe, viertel und achtel, wobei eine ganze, in einer Kalenderwoche von sieben Tagen und Nächten zu 16000 Wiener Eimern angenommen wird. Die Oeffnung einer halben Pfanne hat einen Zoll, eine Linie und vier Scrupel, einer Viertelpfanne sieben Linien und vier Scrupel, und einer Achtelpfanne fünf Linien und sechs Scrupel baiersches Duodecimalmaass im Durchmesser.

Aetzer heisst derjenige kleine Wasserfaden, welcher, sobald das Wasser im Werk den Himmel erreicht hat, während der ganzen Dauer der Vergütung ununterbrochen in der Absicht zugeleitet wird, um den Wasserspiegel stets am Himmel zu erhalten, und in jene sanfte, wellenförmige Bewegung zu versetzen, wobei der Himmel beständig beleckt und am schnellsten aufgelöst — abgeätzt — wird. Nach der Grösse seines Ausflusses unterscheidet sich der Aetzer in den grössten, grossen, mittleren und kleinsten; letzterer wird mit 54, der mittlere mit 90, der grosse mit 126 und der grösste mit 378 Eimern in einer Kalenderwoche angenommen.

Was die Ableitung der Soole von allen Wöhren durch die ganze Grube bis zur Saline bei Hall am Inn betrifft, so geschieht dieselbe ebenfalls in hölzernen Röhren und zwar, damit sie gegen die äusseren Einflüsse der Witterung möglichst lange bewahrt werden, durch den tiefen Erzherzogberg. Die Soole aus den Werken der höheren

Bergaufschlüsse wird daher durch die Werke der tieferen abgezogen, und die Soolenleitungen vereinigen sich durch die verschiedenen Wöhrlangöfen, Quer- und Hauptstrekken, Stollen und Schürfe auf der Stollensohle des Erzherzogberges in eine Centralröhrenfahrt, welche die Bergsoole in eine Reserve leitet, die unter der Erzherzogberger Stollenhütte steht. Hier wird die Soole mit Hülfe einer messingnen Rinne cementirt, in welcher eine Schütze mittelst Stellschrauben in der Art beweglich ist, dass dadurch der Ausfluss von $\frac{1}{8}$ bis zu 2 Pfannen oder Wochensuden angegeben wird. In dieser Schütze ist ein Röhrchen angebracht, wodurch nur einzelne Tropfen fallen dürfen, damit durch die Messöffnung nicht mehr, als die Cementschrift anzeigt, ausfliessen könne, und wonach also die Schütze selbst von Zeit zu Zeit beobachtet und gestellt werden muss. Von der sogenannten Cementstube unter der Stollenhütte des Erzherzogberges nimmt die Soolenleitung zu Tage ihren Anfang, und erstreckt sich in einer Fahrt von 2248 Röhren durch das steile Hallthal hinab bis zur schönen Saline am Ufer des Inns. Auf diesem Wege stehen aber noch fünf Cementstuben, damit die Luft aus der Leitung sich entbinden und jeder zwischen zwei Cementstuben sich ereignende Soolenverlust schnell genug entdeckt werden könne. Die ganze Soolenleitung zu Tage ist gegen Sonne und wechselnde Witterung theils mit Dammerde, theils mit Steinen bedeckt, und wird während der Hauptkaltschicht von drei Wochen alle Jahre ein Mal untersucht, aus einander genommen, ausgebessert und mit süssem Wasser ausgewässert.

Die Röhren sämmtlicher Wasser- und Soolenleitungen (Strenne) sind 16 Fuss lang, und bei gleichmässigem Saiger aus Föhrenholz, im Druck aber aus Lerchenholz vier Zoll weit gebohrt. Jede Röhre wird ausgeritzt (getascht) und zugespitzt. Die Spitze wird mit Hanf umwunden und mit abgelöschtem Kalk überstrichen, so in das ausgetaschte Maul gesteckt und mit hölzernen Schlägeln zusammengetrieben. Sämmtliche Röhren, die in starkem Drucke liegen, sind am Kopf mit Eisen gebunden, alle aber ruhen auf 4 Zoll hohen Polsterhölzern ganz frei, damit jedes zu Verlust gehende Tropfwerk alsobald entdeckt werden kann; sie liegen endlich in jedem Hauptgebäude zwischen Stoss und Gestängfahrt, und sind in gewissen Entfernungen zur Entbindung der Luft mit hölzernen, stehenden Dampfsäulen versehen.

Dritter Abschnitt.

Betrieb des Salzbergbaues.

Allgemeine Bemerkungen.

§. 87. **Eigenthümer und Administration des Grubengebäudes.** Eigenthümer des Salzberges zu Hall ist von jeher der Landesherr gewesen; das ganze Grubengebäude wird daher auf Kosten des Staats betrieben und bildet einen integrirenden Bestandtheil der grossen Saline zu Hall. Seine Verwaltung steht unter einem besondern Salzbergamt, welches das Salinendirectorium zu Hall als Oberbehörde über sich hat, und mit einem Bergmeister, einem Obereinfahrer, der zugleich Markscheider ist, und einem Bergschreiber besetzt ist.

Der Bergmeister, als die Seele des gesammten Grubenbetriebes, wachet vor allen darüber, dass mit dem jährlichen Soolenbedürfniss der Saline der Vorrath an alter und die Erzeugung neuer Soole, die Anzahl von Soolen-Einschlag- und Soolen-Erzeugungswerken, die Erhebung alter, noch brauchbarer, und die Anlage ganz neuer

Werke, der Betrieb der Feldörter, mit einem Wort: die Grösse des Bergbaues in einem richtigen, nachhaltigen Verhältniss stehe; ihm steht es zu, sich über die Lage aller Werke unter und neben einander, aller bauwürdigen Mitterkeile, Bodendicken und Bergfesten, so wie überhaupt über die Grösse seines disponibeln Grubenfeldes, und über die Reihenfolge oder mögliche Art seiner Versiedung in beständiger Uebersicht zu erhalten. Der Bergmeister muss die natürliche Beschaffenheit seiner Lagerstätte, insbesondere die Verhältnisse und Gefahren der in ihr entspringenden Selbstwässer möglichst genau kennen; er hat die Pflicht, dem ganzen Vergütungsprocess seiner Grube zu folgen, und von dem Zustande aller Werke, von ihren Gebrechen, den ihnen drohenden Gefahren und den Vorsichtsmaassregeln, in ihrer Behandlung specielle Kenntniss zu nehmen; von ihm geht die wichtige Bestimmung jeder Belegung aus, bei dem Ausbau sämmtlicher Aufschluss-, Werks- und Wassergebäude, bei aller Arbeit auf dem Gestein, dem Sohlen-, Stoss- und Förstén-Nachschlag, Oerter-, Schacht- und Ofenbetrieb, bei allen Wöhrbauten, aller Förderung, Wasser- und Soolenleitung, endlich bei jedem Werke, welches angewässert, abgelassen, gesäubert oder in Reparatur genommen werden soll; jeder Tag wird seine persönliche Gegenwart in der Grube erfordern, nicht nur, um die Befolgung seiner Anordnungen auf allen belegten Punkten zu übersehen, die nöthigen weiteren Maassregeln an Ort und Stelle zu treffen, Gedinge zu reguliren etc., sondern auch, um von Zeit zu Zeit die unbelegten, entlegensten Reviere im weiten Umfang der Grube, vor allen aber die Wassergebäude zu befahren, und sich von allenfallsigem Verluste auf Soolen- und Wasserleitungen und vom Verhalten der Selbstwässer mit eigenen Augen zu überzeugen.

Die wirkliche Ausführung neuer Werksanlagen aber,

Abweichungen von dem festgesetzten Plan in Fortstellung der Oerter, neuer Aufschluss des Gebirges durch Stollen, Hauptstrecken, Querstrecken und Schürfe, endlich alle Veränderungen auf Wassergebäuden, unterliegen einer höheren und höchsten Genehmigung; der Bergmeister stellt entweder schriftlichen Antrag hierzu, oder er erwartet die unmittelbar von der obersten Staatsbehörde periodisch ausgehende Anordnung commissioneller Hauptbefahrungen, wo vor der Commission in Gegenwart des Bergamtes und der gesammten Steiger- und Hutmannschaft offen und freimüthig der Zustand der Grube an Ort und Stelle gemeinschaftlich berathen, der zukünftige Betriebsplan auf mehrere Jahre festgesetzt, und der Geist des Personals neu belebt wird. — Einen bedeutenden Gegenstand der Aufmerksamkeit, was die Taggebäude betrifft, bildet die Schmiede; die grösste Sorge über Tag aber macht die Beischaffung, Aufbewahrung und Verwendung der Materialien. Denn bei der hohen, alpenmässigen Lage des Grubengebäudes ist es begreiflich, dass die Zufuhr von Kohlen, Bauholz, Brennwerkzeug-, Röhren- und Zimmerholz aus dem Hall- und Issthal, dem Lavatscher und Gleiersthal und vom Dörfnerjoch, von Witterung, Jahreszeit und natürlichen Ereignissen äusserst abhängig, unzuverlässig und kostbar sein, und dass der Inventarbestand derselben wenigstens einen zweijährigen Vorrath betragen müsse. Alle diese Materialien, nebst denjenigen, die von Hall auf der steilen Strasse durch das Hallthal beigefahren werden, namentlich Eisen, Stahl, Pulver, Fettwaaren etc. kauft der Bergmeister an, bezahlt sie aber nicht, sondern contrasignirt die Quittungen und überlässt es den Lieferanten, sie bei der Salinencasse zu Hall, die die einzige der Saline ist, umzusetzen. Wir übergehen die Aufbewahrung der Materialien theils unter freiem Himmel, theils unter Verschluss, theils in der

Grube, und bezeichnen als das Wichtigere ihre Verwendung, die bei einer so grossen Grube aller möglichen Aufsicht bedarf. Kein Material und Werkzeug wird ohne Quittung, die von dem Bergmeister contrasignirt ist und den nöthigen Beleg zur Materialrechnung des Bergamtes bildet, abgegeben, der Bergmeister muss daher das Detail des Grubenhaushalts, insofern die Abgabe nach festgesetzten Normen geschieht, und im Uebrigen den Zweck, den Ort, die Art und den Umfang ihrer Verwendung genau kennen, um das angesprochene Maass derselben beurtheilen zu können.

Die Functionen des Markscheiders bestehen wesentlich in der Bestimmung der Ansitzpunkte, der Stunden, Längen und Saigerteufen, des Austeigens und der Tonlage aller neu anzulegenden oder vor Ort weiter zu betreibenden Stollen, Haupt- und Querstrecken, aller Sinkwerks-Ebentl, Püthenöfen und Wöhrlangöfen, aller Werksveröffnungen, aller Schächte, Sinkwerke und Püthen; in der Anfertigung, Ergänzung und Conservation aller Grubenkarten; in der übersichtlichen Erhebung des Bestandes an versiedungswürdigem Gebirge, sowohl im aufgeschlossenen frischen Felde, als auch in zurückliegenden Bodendicken, Bergfesten und Mitterkeilen; endlich in der Führung des Werkbuches.

Wir haben gesehen, dass das Maass der Leichtigkeit, mit der alle diese markscheiderischen Functionen verrichtet werden können, vorzüglich davon abhängt, ob Anlage und Betrieb des Salzbergbaues nach einer durchgreifenden Regel, oder ob sie willkürlich behandelt werden. Im ersten Fall wird sich die Mühe des Markscheiders grösstentheils auf die Wachsamkeit zu beschränken haben, dass von dieser Regel unter allen Verhältnissen niemals abgewichen werde; im andern Fall aber werden immer besondere Markscheiderzüge nothwendig sein, um einen Grubenriss zu fertigen, oder um anzugeben, welche Grösse und Form ein aufzusiedender Mitterkeil hat, in welcher Lage, Grösse und Form die erste Veröffnung angelegt, wo mit den Püthen und Wöhrlangöfen, mit Wöhrsatz und Püthe, mit Communications- und Ankehrschürfen angesessen, in welcher Länge, Stunde und Tonlage, oder mit welchem Ansteigen sie aufgefahren und abgeteuft werden sollen. Wenn diese Bestimmung ganz allein Sache des Markscheiders sind, so ist er auch wieder in den meisten Fällen die alleinige Ursache, wenn alte Bergfesten, Bodendicken und Mitterkeile benutzt, und aus der Vergessenheit errettet werden. Denn ohne die Kenntniss seiner Grösse und Form kann auf keinem Mitterkeil eine Werksanlage unternommen werden; diese Kenntniss aber ergiebt sich nur aus einem zusammenhängenden Markscheiderzug und aus der Zulegung aller derjenigen Werke, zwischen denen der Mitterkeil steht. Nachdem nun diese Werke oft in sehr entfernten Zeiträumen hinter einander auflässig und ganz unfahrbar werden, sobald sie ein Mal mit Himmel und Laist zusammengesotten sind, so ist es eine besondere Aufmerksamkeit des Markscheiders, die Zulegungen derselben nach ihrer letzten Säuberung nicht zu vergessen, und nach Verlauf von vielleicht mehreren Jahren wieder darauf zurückkommen, sie fortzusetzen und an einander zu reihen, bis es endlich zwischen durchaus versottenem Gebirge möglich wird, den inzwischen stehenden Mitterkeil selbst zur Sprache zu bringen.

Am meisten jedoch kann sich der Fleiss und die Umsicht des Markscheiders in der ihm zustehenden Führung des Werkbuches bethätigen. Das Werkbuch ist bei dem Hall-Innthalschen Salzbergbau ein aus Schreibpapier in Folio gebundenes Buch, in welchem alles dasjenige aufgezeichnet und mit Markscheiderrissen und Detailhandzeichnungen belegt wird, was sich in Bezug auf Anlage und Betrieb der Soolen-Erzeugungswerke ereignet oder von Einfluss ist, das heisst, zu welcher Zeit, wo und wie die Werke angelegt, wann und wie lange sie angewässert, wann sie vom Himmel gefällt, abgelassen, gesäubert, reparirt und wieder angelassen worden sind, wie lange die Anwässerung, die Vergütung, die Leerung, die Säuberung und Reparatur gedauert hat, wie gross die Verätzung sowohl vom Himmel als von den Ulmen gewesen, und wie gross das noch übrige mögliche Versudmaass ist, welche Zufälle, Brüche, Gefälle, Aus- und Zusammenschneidungen sich ereignet haben, und was für Vorsichten nothwendig sind, um die Werke vor Unglück zu bewahren. Je weniger sich nun auf diese Notizen allein beschränkt wird, um so wichtiger wird das Werkbuch, um so mehr wird es auch den Aufschluss des Gebirges, den Zustand der Selbstwässer, das Verhalten der Lagerstätte und eine fortschreitende Aufklärung ihrer natürlichen Beschaffenheit, entdeckte Fundörter seltener Stufen, Hoffnungen, Gefahren, Verunglückungen des Personals, Geding und Löhnungswesen umfassen, und um so näher wird es dem Werth einer Chronik kommen, die für alle Freunde des Salzbergbaues und für die Nachkommen die sicherste historische Quelle abgeben kann.

§. 38. Die Belegung. Bei dem Salzbergbau zu Hall theilt sich die Belegung nach den verschiedenen Zweigen seines Betriebes in acht Classen, nämlich in das Personal der Aufsicht, des Abbaues, der Arbeit auf dem Gestein, des Soolen- und Wasserleitungswesens, der Säuberung, der Förderung, der Schmiede und der Drecherei und Schreinerei.

Der Ausbau begreift die Unterhaltung aller Aufschluss- und Wassergebäude in Zimmerung und Mauerung, die Anlage der Förderungswege und der Wöhren sammt der Vorrichtung des zu letzteren erforderlichen

Holzes. Die Arbeit auf dem Gestein umfasst allen Betrieb vor Ort der Stollen, Haupt- und Querstrecken, der tonlägigen und saigern Schächte, der Püthenöfen und Wöhrlangöfen, der Püthen und Sinkwerke, der stehenden und sitzenden Oefen, ferner den Sohlen-, Stoss- und Försten-Nachschlag auf allen alten verdrückten, oder ursprünglich zu enge und niedrig angelegten Gebäuden. Zum Soolen- und Wasserleitungswesen gehört das Bohren und Ausritzen, das Zuspitzen, Beschlagen und Legen der Röhrenleitungen, die Zimmerung und Legung aller Gefluder, in denen die Selbstwässer zu Tage geleitet werden, die Gewältigung aller Wasserzusitze aus Sümpfen und Tauchergesenken, die Anfertigung und Stellung der hierzu erforderlichen Pumpen, die Ausschöpfung der in Schöpfwerken erzeugten Soole, und die Behütung aller Wöhren vor Soolenverlust und Ausbruch. Die Classe der Säuberer beschränkt sich auf die Aufräumung des Laistes in den zu säubernden Werken, auf dessen Transport zur Püthe und Abstürzung durch die Püthenwöhre, oder Aufhaspelung über die Püthenhornstatt. Die Classe der Förderung endlich, die unter allen die stärkste ist, befasst sich ausschliessend mit dem Stoss der Hunde, um den von sämmtlichen Häuerschlägen abfallenden gesalzenen Knappenberg in die zu seiner Auflösung geeigneten Werke zu stürzen, und alle tauben Berge, so wie sämmtlichen, durch Wöhren oder Püthen ausgeförderten Werklaist auf die Halde zu schaffen.

Die Grösse der zu jeder Classe der Belegung nöthigen Mannschaft richtig bestimmen zu können, ist der wichtigste Vorzug des practischen Salzbergmanns, weil hierzu die genaueste Kenntniss des ganzen Details der Grube gehört. Im Allgemeinen steht so viel fest, dass auf den Salzbergbau eine zu schwache Belegung weit schädlicher einwirkt, als eine zu starke. Ist nämlich die

Belegung zu stark, so wird zwar manches Werk vorhanden, so manches andere in der Anlage begriffen, endlich so manches Ort betrieben sein, das für die Gegenwart allerdings entbehrlich ist; je schwächer hingegen die Belegung ist, um so mehr häufen sich die Brüche, um so leichter bleibt in Fassung und Ausleitung der Selbstwässer alles beim Nächsten, um so mehr Zeit wird zur Anlage, wie zur Säuberung eines Werkes erfordert, um so länger wird die Umtriebszeit der Werke, und um so grösser theils die Anzahl derselben, theils der Aufschluss des Gebirges, die zur nachhaltigen Erzeugung des etatsmässigen Soolenquantums erforderlich sind. Ueberhaupt muss in der Belegung eines Salzbergbaues der Natur der Lagerstätte ein grosses Opfer insofern gebracht werden, als keine Tageschächte, keine Förderungsmaschinen angelegt, und die Selbstwässer nicht durch den tiefsten Stollen ausgeleitet werden dürfen; alles aus dem Grunde, weil das Wasser, das einzige Mittel, um die Lagerstätte zu gut zu bringen, zugleich ihr gefährlichster, natürlicher Feind ist. Daher müssen alle vorderen, in der Versiedung bereits zurückgelegten Reviere offen erhalten werden, und je älter der Bergbau wird, desto länger wird sein Streckensystem, desto grösser die bedürftige Anzahl desjenigen Personals, das den Ausbau und die Ausförderung zu besorgen hat.

Das Personal auf dem Salzberg zu Hall bestand im Jahre 1814 aus 463 Mann. Die Aufsicht über den speciellen Grubenbetrieb führten 1 Obersteiger, 4 Steiger, 3 Wahlknappenhutleute, 4 Wasserhutleute, 5 Säuberhutleute und 1 Rüsterhutmann. Bei dem Ausbau waren angestellt: 1 Zimmermeister, 9 Zimmerknechte, 3 Weglegermeister, 12 Weglegerknechte, 44 Rüster, 3 Wöhrzimmerknechte, 4 Bergmaurer. Bei der Arbeit auf dem Gestein: 61 Wahlknappen, 10 Lehrhäuer, 30 Schopfknappen. Bei dem Wasser- und Soolenleitungswesen: 4 Strennmeister, 6 Strennknechte, 3 Wöhrhüter, 6 ordinaire Schöpfer, 8 Werkschöpfer. Bei der Säuberung: 13 Streifer, 25 Werkbuben, 27 Kleinbaargelder, 18 Eimerer. Bei der Förderung: 21 Wahlknappenknechte, 64 Grosstruchner, 10 Kleintruchner, 24 Tschanderertruchner, 11 Tschanderer. In den beiden Schmieden: 1 Schmiedemeister, 5 Schmiedeknechte. In der Dreherei und Schreinerei: 7 Pastler, 5 Truhenrichter. Ausserdem waren noch angestellt: 1 Zeugverwahrer, 1 Schichtenschreiber, 8 Feierzeithüter und 5 Wohnungshüter.

Der Obersteiger ist die Seele dessen, was die unmittelbare Einwirkung auf das gesammte Grubenpersonal betrifft; er ist die Mittelperson, durch den das Bergamt anordnet, der das Anfahren aller Classen von Arbeitern anweiset, und für die Ausführung aller erhaltenen Weisungen im ganzen Umfang der Grube haftet. Der Bergmeister, der Markscheider und der Obersteiger sind die drei wichtigsten Personen bei dem Salzbergbau, letzterer aus dem besondern Grunde, weil er in der Regel so eigentlich ein Kind der Grube, bei ihr aufgewachsen und erzogen, und mit dem Detail ihrer Anlage und ihres Betriebes, als demjenigen, worauf seine Aufmerksamkeit von Jugend auf gerichtet war, practisch bekannt und vertraut ist.

Von den vier Steigern hat der eine auf alle Wahlknappen, der andere auf alle Rüster und Säuberer, der dritte auf das sämmtliche Leitungswesen und der vierte auf die Victualienabgabe zu sehen. Die ersten drei sind zur Führung eines Wochenbuches verpflichtet, in welchem verzeichnet wird, wo in der Grube und über Tag die Schichten verfahren, und welche und wie viele Arbeiter dazu verwendet worden sind.

Unter ihnen stehen die Hutleute, mit der Aufsicht

über die einzelnen Belegungen, damit die Arbeiter rechtzeitig anfahren, die Schichtenzeit pünktlich einhalten, das Maass der aufgelegten Arbeiten erfüllen, und in denselben mit Rath und That unterstützt werden. Je nachdem sie sich auszeichnen, rücken die Arbeiter zu Hutleuten, und diese zu Steigern vor.

Der Schmiedemeister und die fünf Schmiedeknechte sind in zwei Schmieden vertheilt, vier arbeiten in der Kaisersberger Schmiede mit zwei Feuern, und zwei in der Steinberger Schmiede, in der nur ein Feuer ist. Die letzteren sind nur bei Tage und zwar mit Anstählung des Knappengezähes und anderer Werkzeugeisen, die übrigen vier Mann in der Kaisersberger Schmiede mit Eisenspitzen für die Wahl- und Schopfknappen Tag und Nacht abwechselnd beschäftigt.

Der Name Wahlknappe schreibt sich von dem alten Herkommen her, nach welchem sich in der Vorzeit die Knappen für die leichteren und schwereren Belegungen, z. B. auf Wasserörtern, unter einander selbst auswählen durften.

Die Schopfknappen sind presshafte Wahlknappen, die dazu verwendet werden, zur Erweiterung und Erhöhung der älteren, zu engen und niederen Stollen, Haupt- und Querstrecken, den Nachschlag an Sohle, Stoss und Förste, oder, wie man zu Hall spricht, an Schopf und Wänden, zu betreiben.

Die Weglegermeister und Knechte haben die Unterhaltung der Gestängfahrten, die Strennmeister und Knechte die Unterhaltung der Soolen- und Wasserleitungen über sich; letztere werden auch Steinstreicher genannt.

Die ordinairen Schöpfer besorgen die Hebung des Wassers aus Sümpfen und Tauchergesenken, die Werkschöpfer die Förderung der Soole aus Schöpfwerken.

Die Straifer sind diejenigen aus dem Säuberpersonal,

welche den Werklaist mit Letten und Keilhaue hereinmachen, die Werkbuben diejenigen, welche denselben in die Säuberkübel füllen, und auf zweirädrigen Karren zur Püthe anfahren und anschlagen.

Die Kleinbaargelder sind Knaben von 12 bis 16 Jahren, die zu verschiedenen kleineren Arbeiten über Tag und in der Grube verwendet werden, und zu Werkbuben vorrücken.

Die Eimerer sind diejenigen, welche die gefüllten Säuberkübel durch die Püthe haspeln und über den Püthenheerd ausstürzen.

Die Knappenknechte besorgen ausschliessend die Wegförderung des Knappenberges von den Häuerschlägen; die Gross-, Klein- und Tschanderertruchner aber die Ausförderung des Werklaistes entweder von der Wöhre oder von der Püthenhornstatt. Die Grosstruchner sind grösser und stärker, und fahren mit dem grossen, die minderjährigen Kleintruchner mit dem kleinen Hund (Truhe). Die Tschanderertruchner sind schon erwachsen in die Grube aufgenommen worden, und bilden ein Aushülfspersonal für die Förderung mit dem Hund; die Tschanderer sind die presshaften Grosstruchner, die nicht mehr stossen können, und bei andern Arbeiten angestellt werden.

Die Feierzeit- und Wohnungshüter sind nur an denjenigen Tagen der Woche auf der Grube, an welchen das übrige Personal zu Hause ist, und seinen häuslichen Geschäften und Feldarbeiten obliegt. Ihre Function erklärt sich von selbst, und unterscheidet sich nur dadurch von einander, dass sich die Aufsicht der Feierzeithüter auf das Innere der Grube, jene der Wohnungshüter aber nur auf die Wohn- und Taggebäude und auf die im Freien liegenden Materialvorräthe erstreckt.

Das eigentliche Gruben-Personal verbleibt in jeder Woche nur vier Tage am Salzberg, nämlich vom Montag bis zum Freitag, während welcher Zeit das ganze Aufsichtspersonal in sechsstündigen Schichten anfährt, welche

in Morgenschichten von 12 Uhr Mitternacht bis 6 Uhr Morgens,

in Frühschichten von 6 Uhr Morgens bis 12 Uhr Mittags,

in Tagschichten von 12 Uhr Mittags bis 6 Uhr Abends und

in Abendschichten von 6 Uhr Abends bis 12 Uhr Mitternacht

eingetheilt sind.

Das Säuber- und Fördervolk ist in zwei, die Knappschaft in drei Abtheilungen getrennt. Jede Woche, in welcher vom Montag bis zum Freitag kein Feiertag ist, müssen erstere sieben, letztere fünf 6stündige Schichten verfahren. Am Montag um 12 Uhr Mittags fährt die erste Abtheilung der Säuberer, Stosser und Knappen an, die zweite um 6 Uhr Abends und die dritte der Knappschaft um 12 Uhr Mitternacht. Sohin hat der Knappe 12, der Säuberer und Stosser nur 6 Stunden ununterbrochen Ruhe, so dass ersterer von der letzten Schicht jedesmal am Freitag um 6 Uhr Morgens, letztere aber schon am Donnerstag um 12 Uhr Mitternacht ausfahren.

Bloss die Wahlknappen, die Schopfknappen, die Lehrhauer, die Knappenknechte, die Rüster und Maurer stehen im Gedinge, alle Uebrigen des Aufsichts- und gemeinen Grubenpersonals im Schichtenlohn. Ausser ihrem Verdienst im Gelde aber geniessen sämmtliche einen gewissen Proviantbezug an Waizen, Korn und Schmalz, welcher in einem Limitopreis, und zwar der Star Waizen zu 1 Fl. 34 Kr., der Star Korn zu 1 Fl. 4 Kr. und das Pfund Schmalz zu 12 Kr. berechnet, und der Betrag vom ganzen Lohn abgezogen wird.

Bei der Geding-Regulirung wird für den Wahlknappen ein Wochenlohn von 3 Fl. 36 Kr., für den Schopfknappen von 2 Fl. 24 Kr., für den Lehrhäuer von 2 Fl. 48 Kr., und für den Rüster und Maurer von 2 Fl. 28 Kr. zum Anhalten genommen. Das Gedinge für einen Knappenknecht ist überhaupt für ein Kubikstabel Schachtricht, ohne Rücksicht auf Gesteinsfestigkeit, auf 2 Fl. 24 Kr. bestimmt; dabei werden aber zum Anhaltspunkt für sein wöchentliches Verdienen wenigstens 23 Kr. pro Schicht angenommen, daher muss seine Verwendung, im Fall ein Schlag in zu festem Gestein geführt würde, bei mehrern Schlägen oder bei andern Arbeiten so geschehen, dass sein Schichtenverdienst mindestens immer so hoch hinanläuft.

Ein Wahlknappe erhält für 18 verfahrene Schichten ausser seinem Gedinglohn $\frac{5}{6}$ Star Waizen, $1\frac{2}{3}$ Star Korn und 15 Pfund Schmalz; der Schopfknappe erfreut sich desselben Emoluments, der Knappenknecht aber empfängt nur $\frac{5}{6}$ Star Waizen, $\frac{5}{6}$ Star Korn und 6 Pfund Schmalz; den Rüstern und Grubenmaurern endlich sind für 26 Schichten ausser ihrem Gedinglohn $\frac{5}{6}$ Star Waizen, $1\frac{2}{3}$ Star Korn und 9 Pfund Schmalz bewilligt.

Pulver und Eisen erhält der Knappe zwar aus der Zeugverwahrung, allein der Werth des Verbrauchs wird ihm vom Lohne abgezogen, und nur die Reparatur des Gezähes wird unentgeltlich geleistet.

Die Schichten- und Wochenlöhne standen im Jahre 1814 auf folgender Höhe: der Obersteiger wöchentlich 10 Fl. und monatlich 3 Star Waizen, $4\frac{1}{2}$ Star Korn und 24 Pfund Schmalz; jeder Steiger und der Zeugverwahrer 7 Fl., 2 Star Waizen, 3 Star Korn und 18 Pfd. Schmalz; der Zimmerungshutmann 3 Fl. 45 Kr., $1\frac{1}{2}$ Star Waizen, 2 Star Korn und 11 Pfd. Schmalz; der Hauerhutmann und der Rüsterhutmann 3 Fl., $1\frac{1}{2}$ Star Waizen, 2 Star

Korn und 11 Pfd. Schmalz; der Wasserhutmann 2 Fl. 49 Kr., 1½ Star Waizen, 2 Star Korn und 11 Pfd. Schmalz; der Säuberhutmann 2 Fl. 40 Kr., 1½ Star Waizen, 2 Star Korn und 11 Pfd. Schmalz; der Schmiedemeister 2 Fl. 20 Kr., 1½ Star Waizen, 2 Star Korn und 11 Pfd. Schmalz; der Wöhrhüter 2 Fl. 15 Kr., 1 Star Waizen, 1½ Star Korn und 9 Pfd. Schmalz; der Strennmeister und der Wöhrzimmerknecht 2 Fl. 12 Kr., 1 Star Waizen, 1½ Star Korn und 9 Pfd. Schmalz; der Feierzeithüter 2 Fl. 10 Kr., 1 Star Waizen, 1 Star Korn und 6 Pfd. Schmalz; der Strennknecht, Werkschöpfer, ordinaire Schöpfer, ordinaire Zimmerknecht, Truchenrichter, Pastler, Weglegermeister, Streifer und Eimerer 1 Fl. 49 Kr., 1 Star Waizen, 1½ Star Korn und 7, 8 bis 9 Pfd. Schmalz; der Schmiedeknecht 1 Fl. 48 Kr., 1 Star Waizen, 1½ Star Korn und 9 Pfd. Schmalz; der Weglegerknecht und der Wohnungshüter 1 Fl. 41 Kr., 1 Star Waizen, 1½ Star Korn und 7 bis 8 Pfd. Schmalz; der Grosstruchner endlich, der Tschanderertruchner, Kleintruchner, Werkbube und Tschanderer 1 Fl. 32 Kr., ½ bis 1 Star Waizen, 1 Star Korn und 5 bis 6 Pfd. Schmalz.

Löhnung oder sogenannte Raitung wird nur alle Monate gehalten, nach deren Verlauf das Gedinge abgemessen, das Verdienen der Wahlknappen, Schopfknappen und der Rüster über Abzug des Proviants, Pulvers und Eisens berechnet, und jenes der Knappenknechte in einer bequemen, zu diesem Zweck angefertigt vorliegenden Verdienstberechnung nachgesehen wird, in welcher die geleistete Wegförderung der entweder vor Ort oder durch Gerüstweiterung abgefallenen Berge nach Verhältniss des verschiedenen Maasses von herausgeschlagener Weite und Höhe, sowohl bei Schopf als Wänden auf Kubikzolle ausgeschlagen, das Kubikstabel ordinairer Schachtricht aber zu 84892½, Püthe zu 83638$\frac{1}{3}\frac{1}{2}$, Schurf und Sinkwerk zu

$75245\frac{5}{8}$, stehender Ofen zu $57881\frac{1}{3}$, sitzender Ofen zu 27783, Schachtrichtsweiterung zu 129654 Kubikzoll, und der Knappenknechtslohn hierfür zu 2 Fl. 24 Kr. angenommen worden ist.

Damit jedoch bei dem Abmaass des Gedings keine Unterschleife zum Nachtheil des Aerars stattfinden können, sind die Gedingstufen eingeführt, welche aus kurzen hölzernen Pfählen bestehen, und jedesmal am Ziel der geleisteten Arbeit tief genug eingeschlagen werden, und bei dem nächstfolgenden Abmaass als Anhaltspunkt dienen.

Wenn zwischen dem Montag und Freitag ein gebotener Feiertag fällt, so erhält der Wahlknappe für denselben $1\frac{1}{2}$ Schichten zu 43 Kr., der Schopfknappe eben so viel zu 29 Kr., der Lehrhäuer eine Schicht zu 34 Kr., der Knappenknecht eine Schicht zu 28 Kr., und der Rüster $1\frac{1}{2}$ Schichten zu 21 Kr. Bei dem Schichten-Personal wird jeder Feiertag wie ein Arbeitstag, zu 2 Schichten gerechnet.

Das Grubenlicht muss sich jeder Arbeiter selbst beischaffen, unentgeltlich erhalten dasselbe bloss der Obersteiger, die Steiger und Hutleute.

Jede Abgabe von Material oder Gezähe geschieht durch die Zeugverwahrung gegen Empfang eines Zettels, auf welchem Zahl, Maass, Gewicht und Eigenschaft der Abgabe bezeichnet, und von dem Bergmeister und dem einschlägigen Steiger unterschrieben ist.

Für jeden Arbeiter liegt ein hölzernes Mark mit seinem Namen vor, welches demselben eingeliefert wird, so wie er die Grube verlässt, und das er bei seiner Ankunft in der folgenden Woche zum Beweis seiner Anwesenheit wieder abgiebt.

Bevor endlich die Bergmeisterschaft und das ganze Personal an jedem Freitag Morgens die Grube verlassen, wird noch besondere Sitzung gehalten, wobei unter Vorsitz des Bergmeisters der Obereinfahrer und Markscheider, der Bergschreiber, der Obersteiger uud sämmtliche Steiger zugegen sind. Hier wird verlesen, jeder polizeiliche Anstand geschlichtet, für Nachlässigkeit und Vergehen an Schichten und Ehre bestraft, das Geding- und Löhnungswesen am Schluss einer Raitung berechnet, das im Laufe der Woche sowohl in als ausser der Grube Geleistete recapitulirt, der Gang des Vergütungs - Processes erhoben, und über die Zahl, Beschaffenheit und Belegung der in der nächstkünftigen Woche bevorstehenden Grubenarbeiten gemeinschaftliche Berathung gepflogen.

§. 39. Verwendung des Personals. Ausserdem, dass die Beförderung, ja der Erfolg mancher Grubeit bei dem Salzbergbau von der rechten Auswahl vorzüglich hierzu geschickter Knappen abhängt, hat die Verwendung des Personals auf die Stärke der Belegung überhaupt noch in folgenden vier Beziehungen den wichtigsten Einfluss.

1) Wenn bei der Säuberung eines Werkes die Streifer, die Werkbuben, die Eimerer und Hundestosser nicht im richtigen Verhältniss der Anzahl zu einander stehen, so muss ein Theil derselben unbeschäftigt warten, indess der andere nicht zu folgen vermag. Es gehört daher eine eigene Erfahrung dazu, um anzugeben, wie viel Hunde zur Säuberung eines Werkes nach Maassgabe seiner Entfernung von der Halde nothwendig sind, wie oft dieselben in einer Schicht auszulaufen haben, und wie gross das übrige Säuberpersonal im Verhältniss zur Teufe der Püthe und zur Grösse des Werkes zu sein hat, damit kein Theil zu viel oder zu wenig beschäftigt sei.

2) Wenn die bestehende Soolen - Erzeugungsanlage nur auf das etatsmässige Soolenquantum berechnet ist, und keine Reserve, weder an Werken, noch an aufgeschlossenen, bauwürdigen Mitteln besitzt, wodurch die

aufgelassenen oder verunglückten Werke alsobald wieder ergänzt werden können, so tritt früh oder spät der Zeitpunkt ein, wo sich die Entdeckung dieses mangelhaften Zustandes aufdringt und dazu zwingt, die Belegung der Grube zum schwunghaftesten Betrieb der Oerter und zur Anlage neuer Werke plötzlich zu verstärken. Wenn alsdann die Verlegenheit glücklich vorüber ist, welches Bergamt wird gern darauf antragen, die zwar überflüssigen, aber eingeübten und braven Häuer wieder zu entlassen?

3) Auf der andern Seite gründet sich eine zu starke Belegung sehr häufig auf die Unkenntniss, in welcher man hinsichtlich der nothwendigen wahren Grösse der Soolen-Erzeugungsanlage befangen ist, und immer fortfährt, neue Werke anzulegen und die Oerter fortzubetreiben, obgleich beides überflüssig ist.

4) Endlich kann die Stärke der Belegung von der Vorliebe und der Art und Weise abhangen, mit der man geneigt oder gezwungen ist, einen grössern oder kleinern Theil der Mannschaft zu Versuchs- oder sogenannten Probebauen zu verwenden. Unter Versuchsbauen wird hier aller Ortsbetrieb auf Stollen, Haupt- und Querstrekken, auf saigern und tonlägigen Schächten verstanden, welcher, ungeachtet die Soolen-Erzeugungsanlage die zur Nachhaltigkeit erforderliche Grösse bereits besitzt, lediglich in der Absicht unternommen und fortgesetzt wird, um entweder Selbstwässern nachzugehen, oder um die Lage und Verbreitung einer eingelagerten Gipsbank kennen zu lernen, oder um die Lagerstätte in das Feld und in die Teufe zu untersuchen. Wie häufig sind hierbei die Fälle, dass die Kräfte der Belegung aus übertriebenem Eifer, aus Uebereilung und Unvorsichtigkeit ganz unnütz verschleudert werden!

Soolenvergütung.

§. 40. Die Anwässerung. Jenen in Absicht auf den Raum, in dem er vorgeht, allerdings grossen Process, durch welchen die Lagerstätte des Steinsalzes mittelst Auflösung in ihrem eigenen Körper zu gute gebracht wird, begreift der Salzbergmann unter dem Wort Soolenvergütung. Er nennt hierbei das Füllen der Werke mit süssem Wasser das Anwässern, und die ganze Handlung von der Anwässerung bis zur Ablassung der erzeugten gesättigten Soole überhaupt ein Wasser.

So wie die Anlage des ganzen Bergbaues, eben so verliert auch die Soolenvergütung allen Anspruch auf Kunst, sobald sie nicht darauf berechnet ist, den Steinsalzverlust zu verhindern, so weit es möglich ist. Die in ihren Folgen immer grossen Verhältnisse derselben sind zu eigenthümlich, als dass die bei jeder andern Auflösung sonst gewöhnlichen Hülfsmittel der Beschleunigung irgend eine Anwendung finden können. Der Salzbergmann, so eifrig er in allem Uebrigen die Abkürzung der Umtriebszeit der Werke befördert, verzichtet gerade hier auf Geschwindigkeit des Processes, und selbst mit der Veröffnung will er nicht so sehr eine grössere Auflösungsfläche, als vielmehr die schnellere Ausdehnung der Werke zu den gehörigen oder für jeden einzelnen Fall zweckmässigen Fassungsraum erzielen, mit dessen Erreichung auch die Veröffnungen aufhören.

Wenn ein mit der ersten Veröffnung neu angelegtes Werk gleich unmittelbar bis an die Ofenförste angewässert werden wollte, so würden die Oefen von dem niederfallenden versottenen Gebirge grösstentheils unaufgelöst vergraben werden. Seine Anwässerung geschieht daher Anfangs nur bis auf einen Fuss über die Werksohle, damit die Ofenmittel unten durchschnitten werden, und vor der Hand ein Ofenhimmel zu Stande komme. Die weitere Versiedung dieses Himmels wird dann fortgesetzt, bis das angelassene Wasser sich vollkommen zu Soole vergütet hat, worauf diese abgelassen, und wieder süsses Wasser bis zum verlassenen Ofenhimmel eingeleitet wird. Die Wiederholung dessen geschieht so oft, bis sämmtliche Ofenmittel gänzlich versotten sind, oder bis das Werk, wie der Bergmann spricht, im Himmel und Winkel steht.

Alsdann bestehen nach jeder ersten und folgenden Säuberung die Vorbereitungen zu den fernern Anwässerungen eines solchen Werkes darin, dass

1) die Wöhre, im Fall durch dieselbe gesäubert worden ist, wieder geschlossen,
2) der Sumpf bis unter den Himmel aufgezimmert,
3) das Werk vermessen und zugelegt, endlich
4) an einer im Ankehrschurf oder Sinkwerk angebrachten, senkrecht stehenden Latte durch einen eisernen Nagel, oder den sogenannten Wassernagel, die Ebene des Himmels mittelst Schnur und Setzwaage bemerkt wird.

Hierauf wird wieder von vorne angewässert, und wenn die Füllung des Werkes so weit vorgerückt ist, dass das Wasser den Wassernagel erreicht, so wird der Einwässerungsstrenn (Faden) ab- und der Aetzer zugekehrt, es fängt die Versiedung vom Himmel an und wird durch ununterbrochenes Einsintern des Aetzers so lange fortgesetzt, bis die Soole den Grad der Sättigung erreicht hat, und entweder in ein Einschlagwerk abgelassen oder, im Fall dies nicht geschehen kann, so weit vom Himmel gefällt wird, als zur Verhinderung seiner Aufweichung erforderlich ist.

Was durch ein Wasser vom Himmel versotten wird, oder der Abstand des Himmels vom Wassernagel, heisst der Versud eines Werkes, und beträgt zu Hall in einer Kalenderwoche im Durchschnitt 1, 1½, höchstens 2 Zoll. Die Zeit, welche jedes Wasser zur Vergütung braucht, heisst die Vergütungszeit; dieselbe ist um so kürzer, so wie der Versud auf ein Wasser um so kleiner, je reicher das Salzgebirge und je geringer die Höhe des Werkes ist. Zu Hall ist die Dauer der Vergütung immer grösser, als der Anwässerung, und steigt bei dem einen und andern Werk bis auf 40 und 50 Wochen.

§. 41. Die Versiedung vom Himmel im Verhältniss zur Versiedung an den Ulmen. Wenn im Salzberge zu Hall ein Werk angewässert wird, so dringt das Wasser durch das versottene Gebirge so lange und tief, bis es von demselben getragen wird, und es vergehen daselbst, je nach der Grösse der Werke, Tage und Wochen, bis es über die Werksohle zu steigen anfängt. So wie es aber mit den entblössten Ulmen des Werkes in Berührung kommt, beginnt auch alsobald ihre Auflösung, und dauert um so länger, je grösser und je höher das Werk ist, ausschliessend fort, bis endlich das ganze Werk gefüllt ist. Und wenn nach Vollendung dieses Wassers das Werk abermals angewässert wird, so wird die Versiedung an den Ulmen wieder nur mit dem Zeitpunkte der Erhebung des Wassers über die Werksohle anfangen, und ausschliessend noch länger dauern, weil das Werk durch das vorige Wasser in seinem ganzen Horizont verhältnissmässig erweitert worden ist, und mehr Zeit voraussetzt, um bis zum Himmel angefüllt zu werden. Wie bedeutend diese ausschliessenden Versiedungen an den Ulmen sind, geht daraus hervor, dass das Wasser oft schon halb gesättigt ist, bis es den Himmel erreicht. Wir schliessen nun daraus: 1) dass der Druck des Wassers auf die Werksulmen immer grösser werden müsse, je weiter die Füllung des Werkes voranschreitet; 2) dass das versottene Gebirge jedes Werkes, wenn es in der Natur im Durchschnitt betrachtet werden könnte, sich uns im ganzen Kreise seines Umfangs nach Taf. XIV. Fig. 2. in treppenförmiger Gestalt darstellen müsste; 3) dass die Versiedung an den Ulmen nach jedem Wasser immer grösser wird, je höher sich das Werk aufsiedet, und folglich die Linien *ac* und *bd* Kurven bilden müssen. Wenn unter übrigens gleichen Umständen bloss diese mit der Vergrösserung des Werkes zunehmende Versiedung an den Ulmen bedacht, und proportional mit dem Steigen der Werksohle und der Füllungszeit in einer Zeichnung darzustellen versucht wird, so kommt eine Kurve heraus, deren Krümmung schnell wächst und in einer gewissen Höhe der Bergdicke eine Grösse annimmt, die der Natur keineswegs entspricht. Kein Werk erweitert sich in diesem Verhältniss, was ohne Zweifel seinen Grund darin hat, weil das versottene Gebirge sich rings um die Ulmen anhäuft, dieselben bedeckt und die Erneuerung ihrer Auflösungsfläche nur in dem Maasse, als der Himmel sich versiedet, möglich macht. In reichen Werken muss daher die Ulmenversiedung grösser sein, als in armen; ja die Erweiterung recht armer Soolen-Erzeugungswerke wäre vielleicht nur künstlich durch periodische Ulmenveröffnung zu erreichen, wenn nicht der Druck, den der Wasserstand im Werk ununterbrochen auf die Ulmen ausübt, den Angriff derselben unterstützen würde.

Eine ganz andere Bewandniss hat es mit der Versiedung vom Himmel, dessen grosse Auflösungsfläche wegen der natürlichen Schwerkraft aller Theile in einer immerwährenden Erneuerung begriffen ist. Es ist nämlich bei der Construction der Steinsalzgebirge äusserst selten, dass der Himmel eines nur einigermaassen grossen Werkes durchaus gleichförmig reich oder so beschaffen sei, dass die vorwaltende Thonmasse nicht in abwechselnder Verbreitung einen grössern oder geringern Reichthum von eingemengten, eingestreuten, durchziehenden Nestern, Schalen und Bänken von Steinsalz enthalte, oder überhaupt an manchen Stellen weicher und auflöslicher, als an den andern sei. Wenn nun der Wasserspiegel dem Himmel genau mit derselben Geschwindigkeit, als letzterer sich versiedet, nachgezogen wird, so muss die Grösse dieser Versiedung mit der Höhe des Werkes im geraden, und mit dem Reichthum des Gebirges im verkehrten Verhältniss stehen. Wird aber der Aetzer in solcher Stärke angekehrt, dass das Wasser gegen den Himmel drückt, so wird diese Spannung des Wassers vorzüglich auf die auflöslicheren Stellen des Himmels wirken, und dadurch eine Unebenheit desselben erzeugen, wobei die hervorragenden Gebirgsreste nicht mehr allein von unten nach oben, sondern auch von den Seiten angegriffen und so umspült werden, dass ihr beständiges Niederfallen das Wasser trübe erhält, und zur Sättigung desselben eine weit grössere Versiedung vom Himmel zur Folge hat. Und wird endlich der Aetzer zu schwach genommen, so erleidet die Versiedung vom Himmel von Zeit zu Zeit eine Unterbrechung, während die ausschliessende Versiedung an den Ulmen mit der verlängerten Dauer der Vergütungszeit zunimmt.

Die drei Factoren also, welche das Verhältniss der Auflösung vom Himmel zur Auflösung an den Ulmen bestimmen, sind der Reichthum des Gebirges, die Art der Anwässerung und das Maass der Säuberung. Hinsichtlich des Reichthums an Steinsalz wird zwar jeder Salzbergbau edlere und ärmere Werke besitzen, deren gleichzeitige Versiedung vom Himmel und an den Ulmen gewiss sehr verschieden ausfällt. Allein jedes Steinsalzgebirge zeigt hierin nach allen Dimensionen seiner Mächtigkeit einen gewissen **Grundcharakter**, der den Grad, in dem er dieser Versiedung hinderlich oder förderlich ist, in einer mittleren Durchschnittsgrösse gar wohl durch Versuche ein für alle Mal festsetzen lässt. — Die Anwässerung hingegen kann so mannigfaltig behandelt werden, dass der Durchmesser, den zwei und mehrere gleichförmig neben einander angelegte Werke in einer gewissen Höhe ihrer Bergdicke erhalten, ganz in der Gewalt des Wässerungssteigers oder Hutmanns liegt, und sehr abweichend ausfallen kann. Die Folgen dieser Abweichung bleiben überall unberücksichtigt, wo die Grösse und Form, zu denen sich die Werke gestalten, und der Verlust an Mitterkeilen gleichgiltig ist. Hier werden die Linien *ac* und *bd* Taf. XIV. Fig. 2. zwar immer die Tendenz zu Kurven beibehalten, aber in ihrer Krümmung bald so, bald anders sein, je nachdem bald schnell, bald langsam angewässert, der Wasserspiegel dem Himmel zu stark oder zu schwach nachgezogen, die Höhe der Werke gross oder klein gehalten, endlich an den Ulmen mehr oder weniger vollständig gesäubert wird.

Ganz anders ist es jedoch bei jener künstlichen Soolen-Erzeugung, wo die Werke nicht über den vortheilhaftesten grössten, oder den Normaldurchmesser sich erweitern sollen, und gezwungen werden, in die Ebensohle des nächst höhern Bergaufschlusses nur auf einem bestimmten Punkt in einem gewissen Umkreis ihrer Ulmen einzurücken. Hier ist das fragliche Verhältniss der Auflösung von der grössten Wichtigkeit. Hier gründet sich sowohl die Basis der Werke, als die Bergdicke eben auf dasselbe, welches nicht willkürlich verändert werden kann, ohne zugleich das Verhältniss zu zerstören, in welchem der Normalwerkmesser zur Basis sowohl, als zur Bergdicke steht. Denn wird vorzüglich die Auflösung an den Ulmen begünstigt, so wird das Werk den Durchmesser *ab* bereits erreicht haben, bevor noch die ganze Bergdicke *ce* versotten ist, und wird zu rasch vom Himmel versotten, so muss der Durchmesser des Werkes nach zurückgelegter Bergdicke kleiner ausfallen als *ab*.

Dass dieses natürliche Verhältniss der Auflösung nicht aus alten, bereits zusammengesottenen Werken erkannt werden kann, beweist die Verschiedenheit der Grösse und Form, die eben diese Werke bei einerlei Basis und Bergdicke angenommen haben; es muss daher durch eine Reihe von Versuchen gefunden werden, und zwar unter Anwendung ganz gleicher Grundsätze der Anwässerung, deren Befolgung für alle Zeiten ein eben so gleiches, der Grösse der Bergdicke und der ersten Werksveröffnung entsprechendes Resultat verbürgt.

Diese Grundsätze nun beziehen sich auf die Füllungszeit und auf den richtigen Gebrauch des Aetzers. Wenn nach §. 36. die Werke nicht schnell genug gefüllt werden können, um die Möglichkeit einer grössern Bergdicke zu erzielen, so sehen wir jetzt, dass diese Geschwindigkeit bei allen Anwässerungen auch nie gleichförmig genug sein kann, und dass folglich nicht bloss der Aetzer, sondern selbst das zur Füllung der Werke nöthige Wasser cementirt werden soll. Der Aetzer aber muss nach errreichter Füllung so gewählt werden, dass der Wasserspiegel in keinem andern Verhältnisse steigt, als in welchem das Gebirge vom Himmel abnimmt. Diese Abnahme hängt ab theils von der Auflösbarkeit des Gebirges, theils von der Capacität der dem Sättigungspunkte immer näher rückenden Solution. Auf beide muss daher der Wässerungssteiger Rücksicht nehmen, und wenn der Salzberg zu Hall einen grössten, einen grossen, einen mittlern und einen kleinsten Aetzer besitzt, so will dieses nichts anderes sagen, als dass die Auflösbarkeit aller Himmel daselbst und der Einfluss der Capacität aller Solutionen in vier Classen eingetheilt ist.

§. 42. **Die Gefälle.** Wenn sich in einem Werk mehr oder weniger grosse Gebirgsmassen vom Himmel losreissen, oder wenn der ganze Himmel zusammenstürzt, so nennt man dies Gefälle. Dieses grosse Uebel, an dem gewiss jeder Salzbergbau leidet, gründet sich auf die zusammengesetzte, in und durch einander verwachsene Structur der Steinsalzgebirge, auf die ungleichförmige Auflösbarkeit derselben, und endlich auf die ungeheuere Kraft, mit der eine frei schwebende Fläche von ein und mehrern Hunderttausend Quadratfuss immerwährend zu fallen strebt.

Gefälle ereignen sich nicht selten ohne alle Schuld des Bergmanns, bei unzureichender Festigkeit des Gesteins oder, indem sich eingewachsene grössere Nester und Schalen von Steinsalz durch die auflösende Einwirkung der Wetter während der Zeit, da die Werke leer sind, losziehen und hereinbrechen; gewöhnlich aber liegt ihnen eine Hauptursache zu Grunde, nämlich die überrechte Füllung der Werke.

Geschieht nämlich die Füllung eines Werkes in dem Maasse, dass die Wasserfläche mit einem bis zwei Zoll Uebermaass gegen den Himmel drückt, so nennt dies der Salzbergmann: rasch vom Himmel versieden. Wenn hingegen das Wasser in Püthe und Sinkwerk nicht nur mehrere Zolle, sondern vielleicht mehrere Fuss über den Himmel aufsteigt, so heisst man das überrechtfüllen. Der Druck des Wassers gegen den Himmel und seine Wirkung wird hierbei ungleich grösser, als bei der raschen Versiedung; es entsteht nicht bloss ein unebener, mit mehr oder weniger zahlreichen, grössern und kleinern Vertiefungen versehener Himmel, sondern diese zerstreuten Vertiefungen vereinigen sich nach und nach, und gewinnen einen solchen Umfang, dass dadurch ein und dasselbe Werk mehrerere Himmel erhält. Allerdings ist diese

Beschchaffenheit schon die Folge von vorausgegangenen kleinern Gefällen; allein mit ihr nehmen die grossen Gefälle erst eigentlich ihren Anfang, die Wirkung des gespannten Wassers durch Umspülung, Umschneidung und Seitenauflösung der mehreren Himmel wird schreckbar, die Gefälle von mehreren tausend Centnern folgen sich schnell auf einander, vergrössern im Sturz durch Anstauung des Wassers die überrechte Füllung noch mehr, und geben Anlass zu wiederholten Gefällen.

Jede überrechte Füllung ist die Folge entweder fehlerhaften Betriebes, oder fehlerhafter Anlage des Bergbaues. Wenn der Wässerungssteiger oder Hutmann nicht bei allen in Vergütung stehenden Werken fleissige Nachsicht pflegt, wenn er bei Gefällen, die während der Vergütung entstehen, und sich durch auffallendes Steigen des Wasserspiegels im Werk zu erkennen geben, den Aetzer nicht sogleich abwendet, oder wenn er überhaupt einen grössern Aetzer gebraucht, als die Auflösbarkeit des Himmels und die Capacität der Solution verträgt, so ist er insofern schuld an den Gefällen, als er die überrechte Füllung entweder erzeugt oder vergrössert. Aus fehlerhafter Anlage des Bergbaues aber entspringt sie theils durch unverhältnissmässig grosse Erweiterung der Werke, theils durch Aufsiedung zurückgelassener Bodendicken, theils endlich, wie sich später zeigen wird, durch Zusammenschneidung zwei und mehrerer zu nahe neben einander liegenden und gleichzeitig in Versiedung begriffener Werke.

Je grösser das Werk, desto schwebender, zu Falle geneigter der Himmel, und desto zahlreicher die Stellen an ihm, die sich ungleichförmig, leichter oder schwerer auflösen. Wenn nun bei einem solchen Himmel von mehreren Hunderttausend Quadratfuss der Zusammenhang des

Gebirges schon an und für sich früher, als bei kleineren Himmeln durch die eigene Kraft der Schwere aufgehoben wird, muss nicht bei jedem Niederfallen eines Gesteintrumms wenigstens im nächsten Umkreis des Gefälles eine überrechte Füllung entstehen, und müssen sich diese Gefälle und überrechten Füllungen durch wechselseitige Erzeugung, sobald der Himmel eine gewisse Grösse überschreitet, nicht endlich in dem Maasse vervielfältigen, dass die ganze Wasserfläche in einer fast ununterbrochenen wellenförmigen Bewegung erhalten wird? — Es sieht zwar kein Auge in die Werkstätte der Natur während der Vergütung eines Soolen-Erzeugungswerkes, allein die grosse Masse von Centner und darüber schweren Gebirgsstücken, die bei jeder Säuberung eines so grossen Werkes in dem versottenen Laist unaufgelöst gefunden werden, bezeugen, dass diese, aus unverhältnissmässig grosser Erweiterung der Werke entstehenden überrechten Füllungen weit gefährlicher sind, als es in der Regel scheint, weil sie im Sinkwerk kaum bemerkt, viel weniger verhindert werden können, daher durch alle Wässer wiederholt werden, und im Ganzen einen bedeutenden Steinsalzverlust veranlassen, der ganz unbeachtet bleibt.

Wenn ferner eine neue Werksanlage dazu benutzt wird, um die zurückgelassene Bodendicke eines benachbarten alten Werkes, welches nicht durch die ganze Bergdicke abgeteuft worden ist, unter einem gemeinschaftlichen Himmel aufzusieden, so ist bekannt, dass die alte Werksoole, sobald sie mit dem Wasserspiegel errichtet wird, niederbrechen und ein Gefälle der grössten Art erzeugen muss. Es besteht freilich aus versottenem, taubem Gebirge, allein durch die plötzliche Anschwellung des Wassers in dem daneben stehenden Hauptwerk wird eine der stärksten überrechten Füllungen entstehen, die nach Maassgabe ihrer Dauer sehr grosse Gefälle vom frischen Himmel erzeugen kann.

Es erfordert meistens ein geübtes Auge, in einem leeren Werk die Gefahr drohenden Gefälle am Himmel zu erkennen; wenn es indessen möglich ist, so werden unter den gefahrvollen Stellen sogenannte Laistsäulen aus Wöhrletten bis an den Himmel aufgeführt, um das brüchige Gebirge zu unterstützen. Wenn aber ein Gefälle schon zu Bruche gekommen ist, so wird auf dasselbe Säuberberg aufgetragen, fest zusammengesetzt und das Gefälle bis an den Himmel in der Art verstürzt, dass das fernere Nachfallen möglichst verhindert, und auch der Wetterzug, der in den Klüften die meiste Auflösung zum Nachbrechen bewirkt, abgeschnitten werde. Dies ist bei Gefällen das einzige Mittel, ihre Fortsetzung zu unterbrechen, und die daran leidenden Werke vom gänzlichen Untergang zu retten.

Kleine Gefälle bleiben bei dem Salzbergbau in der Regel unter dem Werklaist vergraben, oder werden bei der Säuberung ausgehalten; grosse Gefälle aber, zumal wenn sie reich sind, werden durch sogenannte Nachwässer vergütet, das heisst, durch Bildung und Versiedung eines Gefällhimmels, wie sonst eines Ofen- oder Werkhimmels. Die Sistirung des Werkbetriebes, so lange die Vergütung der Gefälle dauert, ist die erste, die Fällung des süssen Wassers im Werk unter die Gefälle, so wie die gleichzeitige Nachführung desselben mit der allmälig vorrückenden Auflösung der letztern, die zweite Bedingniss. Es können auch rings um die Gefälle so tiefe Gräben gezogen werden, dass die Teufe, bis zu der sie niedersetzen, dadurch ermittelt wird. Allein dessen ungeachtet wird ihre Auflösung immer höchst unsicher zu behandeln und daher unvollständig sein, weil zwar der Fällung des Wassers, wenigstens zu Hall, durch den magern, lockern Werklaist kein Hinderniss im Wege ist, die Stärke der Wassernachführung unter den Gefällen aber nur errathen, sohin die Gefahr einer überrechten Füllung sammt ihren Folgen nicht vermieden werden kann.

§. 43. Das Ausschneiden der Werke. Eben so ungleichförmig, wie am Himmel, wird das Steinsalzgebirge auch an den Ulmen eines Werkes aufgelöst, und aus den Folgen, die der Druck des Wassers auf die Ebene des erstern hervorbringt, möchte man schliessen, dass die Wirkung dieser ungleichförmigen Auflösung im ganzen Umkreis der letztern noch grösser sein müsse, weil der Seitendruck des Wassers auf selbe während der ganzen Soolenvergütungszeit ununterbrochen andauert. Allein dem ist nicht so, und zwar zum Glück, weil ausserdem die Erhaltung eines Werkes in einer bestimmten Form und Grösse, worauf die Wesenheit einer regelmässigen, künstlichen Soolen-Erzeugung beruht, schlechterdings unmöglich wäre. Das von den Ulmen versottene Gebirge häuft sich nämlich an denselben bis unter dem Himmel so an, dass eine Erneuerung frischer Auflösungsflächen fast nur zunächst unter dem Himmel stattfindet, und die übrige Ulmenversiedung bis auf die Werksohle hinab immer schwerer wird, je grösser der Haufe des Laistes ist, der die Ulmen bedeckt. Die ungleichförmige Auflösung an den Werksulmen ist daher zwar erschwert, aber keineswegs aufgehoben; sie herrscht vielmehr auf die nämliche Art, wie am Himmel, das heisst, das Wasser dringt zunächst unter demselben, an den weichen, auflöslicheren Stellen immer tiefer und tiefer in die Ulmen ein, erzeugt im geringsten Fall eine Unebenheit derselben, wie des Himmels, und beschleunigt bei einer gewissen Beschaffenheit des Gebirges, und vorzüglich unter Begünstigung von Gesteinsscheidungen, die Auflösung in einem solchen Grade, dass sich nach Taf. XIV. Fig. 10 und 13. ein und mehrere Stabel lange keilartige Vertiefungen bilden.

Dieses ungleichförmige Eindringen des Wassers in die Ulmen nennt nun der Salzbergmann überhaupt: Ausschneiden der Werke, und die durch einen hohen Grad desselben bewirkte unregelmässige Figur insbesondere einen Werk-Ausschnitt. — Die Folgen hiervon sind dreifach:

1) Wenn sich das Ausschneiden im ganzen Umkreis der Ulmen conform verhält, und also nicht bedeutend ist, so werden alle schwerer auflöslichen Stellen des Gebirges vom Wasser umspült, ihres Zusammenhangs mit der Ulme beraubt, von derselben getrennt und, indem sie zusammenfallen, unter dem Werklaist vergraben.
2) Bleibt sich jedoch das Ausschneiden eines Werkes nicht conform, oder bildet sich auf einem Punkte der Ulmen ein eigentlicher Werk-Ausschnitt, so muss derselbe, im Fall er unbeachtet bleibt, oder nicht bezwungen werden kann, immer länger und breiter werden, und zuletzt dem ganzen Werke eine abnorme Form und Grösse ertheilen.
3) Sobald sich endlich in einem Werk zwei Ausschnitte *a* und *b* Taf. XIV. Fig. 13. Nr. 1. neben einander bilden, so muss die zwischen denselben hereinstehende Gebirgszunge *cde* veröffnet werden, und durch die Versiedung dieser Veröffnung, abgesehen von dem Steinsalzverlust, der zur Ersparung an Umtriebszeit gewöhnlich damit verbunden ist, tritt die veränderte Form und Grösse des Werkes in einem weit grösseren Maassstab, als im vorigen Fall, ein, und bildet sich immer noch weiter aus, je höher das Werk aufgesotten wird.

Aus diesem Gesichtspunkte der veränderten Form und Grösse, die durch sie ein Werk erleidet, sind die Ausschnitte nun eigentlich wichtig. Denn, wenn auch alles darauf angelegt und betrieben wird, dass sich das Werk in keinem andern Umfang aufsieden möge, als in demjenigen, den der Bergmann für den besten hält, wenn die Bergdicke, die Basis und die Anwässerung in allen Punkten ihrer Concurrenz in gegenseitigen Einklang zur Erreichung dieses Zieles eifrig und mühsam gesetzt und erhalten werden, durch die Werkausschnitte kann alle diese Planmässigkeit wieder in dem Maasse vereitelt werden, dass sich der Mittelpunkt, die Form und Grösse, womit dereinst ein Werk in die Ebensohle des nächst höhern Bergaufschlusses treten dürfte, auch nicht von ferne ahnen lassen. Wenn z. B. die Werke Nr. 1.2.3. in verschiedenen Zeiträumen so angelegt worden sind, dass dem inzwischen liegenden Werksatz Nr. 4. die gleiche Grösse vorbehalten blieb, in der Folge aber und in verschiedenen Saigerteufen ihrer Bergdicke so ausgeschnitten haben, wie Fig. 13. zeigt, wird nicht der Werksatz Nr. 4. zuletzt dermaassen geschwächt, dass er zu einer Werksanlage ganz unbrauchbar wird? Oder, wenn auch der körperliche Inhalt des inzwischen stehenden Mitterkeils an und für sich noch gross genug ist, was ist anzufangen mit ihm, sobald seine Form durch die herumliegenden Werkausschnitte so verdorben worden ist, wie Fig. 12. zeigt?

Die Vermeidung des Verlustes an Steinsalz, das in unbenützbaren, zu schwachen Mitterkeilen, oder in den aus übermässiger Grösse der Werke entstandenen Gefällen enthalten ist, bedingt daher unter andern vorzüglich auch die Verhinderung der Werkausschnitte. Das erste und wirksamste Mittel hierzu ist die frühzeitige Entdeckung ihrer Inclination, welche in einem Werke von unregelmässiger Form ein sehr geübtes Auge erfordert, aber, wie gesagt, in einem runden Werke mit Hülfe einer Schnur, die aus dem festgestellten Mittelpunkt im Kreise der Ulmen herumgezogen wird, gewiss leicht und sicher ist. Sobald die Inclination des Gebirges zum Ausschneiden, oder der Ausschnitt selbst gefunden ist, so ist zur Beseitigung der Gefahr meistens nicht mehr nöthig, als die betreffende Stelle der Werksulme ungesäubert zu lassen, bei grösserer Gefahr mit Werklaist zu verstürzen, oder, wie der Salzbergmann spricht, einzuziehen, und diese Einziehung der Ulme zur grössern Sicherheit einige Säuberungen nach einander zu erneuern. Wenn die Verstürzung allein nicht gewachsen ist, so kommt die Verdämmung in einem ordentlichen Wöhrschramm mit zubereitetem Wöhrletten sammt Verstürzung in Anwendung, was aber nicht nur Kosten macht, sondern auch die Sistirung des Werkbetriebes auf längere Zeit voraussetzt.

§. 44. Das Zusammenschneiden der Werke. Wenn zwei oder mehrere neben einander stehende Werke auf irgend einem Punkte ihrer Ulmen so nahe zusammen kommen, dass sie mit einander in Communication treten, so heisst man dies Zusammenschneiden, worauf sie nicht mehr einzeln, sondern unter einem gemeinschaftlichen Himmel aufgesotten, oder als ein Werk behandelt werden müssen. Die Werke schneiden sich zusammen,

1) wenn sie im Verhältniss ihrer Basis, ihrer Bergdicke und Versiedung sowohl vom Himmel als an den Ulmen schon ursprünglich zu nahe neben einander angelegt worden sind, in welchem Fall sich die Werke Taf. XIV. Fig. 8 und 9. bei *d* nothwendig vereinigen müssen;
2) oder wenn das Werk Fig. 10. in früherer Zeit einen Ausschnitt erlitten und dadurch eine solche einseitige Erweiterung der betreffenden Ulme erhalten hat, dass seine Verbindung mit dem Werke Fig. 9. bei *d* unvermeidlich ist; endlich
3) wenn sich das Werk Fig. 11. unter Begünstigung von Gesteinsscheidungen so schnell und unerwartet gegen das Werk Fig. 10. hin ausschneidet, dass das

wirkliche Zusammenschneiden beider die Folge eines Wassers ist.

An diesem letztern Fall, der unter andern leider auch an jenem grossen, beklagenswerhen Verlust der 13 zusammengebrochenen Thorerwerke im Mitterberg Theil gehabt hat, ist der Salzbergmann wenig oder nicht Schuld; dagegen um so mehr an den beiden ersten Fällen, und gross ist allerdings im Salzberge zu Hall die Anzahl der auf diese Art verunglückten Werke. Wir erinnern hier nur an das 841000 Eimer fassende Menzwerk, an das Enzenbergwerk von 480000 Eimern, an das Leitnerwerk von 823000 Eimern, an das vereinigte Erzherzog-, Anna- und Sommerau-Werk, welches von einem Zusammenschnitt mit dem gleichfalls vereinigten Zecher- und Wickawerk, wodurch vier Werke unter der beträchtlich ansteigenden Kaisersberger Hauptschachtricht zusammen gekommen wären, noch eben zu rechter Zeit errettet worden ist.

Sobald nun die Werke im gleichen Niveau des Himmels stehen, beschränkt sich der Schaden, der durch ihre Zusammenschneidung entsteht, auf die ausser allem Verhältniss stehende Zunahme an Grösse, vermöge welcher die Zahl der ungleichförmig sich auflösenden Stellen noch grösser, der Himmel noch schwebender und rissiger, die Gefahr überrechter Füllungen, grosser Gefälle und Ausschneidungen immer unvermeidlicher wird. Wenn hingegen zusammengeschnittene Werke einen ungleichen Abstand ihrer Himmels-Ebenen haben, wie bei Fig. 10 und 11., so muss das höher liegende Werk Nr. 10. so lange in Feier stehen, bis der Himmel des tiefer liegenden Werkes Nr. 11. in gleiche Ebene aufgesotten ist; sonst drückt der Wasserstand des erstern auf den Himmel des letztern zurück, und es entstehen jene überrechten Füllungen höchsten Grades, und sohin jene mächtigen Gefälle, an welchen unter andern das reiche Grundnerwerk im Steinberg leidet, da man den Betrieb des eingeschnittenen, aber höher liegenden grossen und gleich reichen Gröbnerwerkes auf Unkosten desselben fortzusetzen kein Bedenken fand. Zusammenschneidungen von dieser Art schaden daher unter allen am meisten, weil, wenn der Ruin des einen Werkes vermieden werden soll, der Gebrauch des andern um so länger verloren geht, je grösser der Abstand ihrer Himmels-Ebenen ist.

Wenn bei zwei Werken, die ursprünglich zu nahe neben einander angelegt worden sind, Fig. 8 und 9., der Zusammenschnitt dereinst unvermeidlich ist, sobald sie gleichzeitig aufgesotten werden, so kann derselbe dadurch verhindert werden, dass das höher liegende Werk schwunghaft aufgesotten, das tiefer liegende Werk aber wieder so lange in Feier belassen wird, bis das versottene Gebirge des erstern einen undurchdringlichen Damm zu leisten im Stande ist. Wenn aber die Gefahr des Zusammenschnitts Folge eines Ausschnitts ist, so kann sie durch rechtzeitige Entdeckung und Verstürzung dieses letztern zwar abgehalten werden, allein beide Werke Fig. 9 und 10. dürfen an den Gefahr drohenden Ulmen nie mehr gesäubert werden, sonst wird der Zusammenschnitt dereinst doch noch erfolgen, weil sich die Inclination des Gebirges zum Ausschneiden gewöhnlich auf mehrere Wässer durch die Bergdicke zieht. Und wenn endlich nach Fig. 10 und 11. der Zusammenschnitt zweier Werke durch das Ausschneiden des einen unmöglich zu verhindern war, so hängt es von der Grösse des Ausschnitts und von der Beschaffenheit des Gebirges ab, ob die Kosten darauf gewagt werden können, beide Werke durch Verdämmung in einem ordentlichen Wöhrschramm zu trennen. In diesem Falle muss das höher liegende Werk Fig. 10. ganz leer gelassen, das tiefere Werk Fig. 11. hingegen, selbst auf die Gefahr überrechter Füllungen hin, möglichst rasch aufgesotten werden, um die Werksohle schnell über den Ausschnitt zu erheben.

§. 45. Der Normaldurchmesser der Soolen-Erzeugungswerke. Im zweiten Abschnitt, bei der Anlage des Salzbergbaues, ist nachgewiesen worden, dass über die richtige Grösse der Bergdicken, oder über die saigern Abstände der verschiedenen Bergaufschlüsse unter einander kein Gesetz ausgemittelt werden kann, ohne das drei Dinge, nämlich das Verhältniss der Auflösung vom Himmel zur Auflösung an den Ulmen, die Basis und der letzte Durchmesser der Werke als bekannt gegeben sind. Wir haben uns ferner überzeugt, dass die Grösse dieses letzten Durchmessers nichts weniger, als willkürlich angenommen werden darf, sondern durch den Grad der Ungleichförmigkeit, der in der Auflösung eines Steisalzgebirges stattfindet, von selbst bestimmt wird, und am vortheilhaftesten auf dem Punkte eintritt, wo diese Ungleichförmigkeit der Auflösung anfängt, überhand zu nehmen, immer grössere Unebenheit des Himmels, immer mehrere Ausschnitte im Umkreis der Ulmen zu erzeugen, und dadurch die ganze Behandlung der Werke zuletzt so schwierig zu machen, dass mit den Reparaturen im Innern des Werkes, mit Unterstützen, Verstürzen, Verblenden, Veröffnen etc. kein Ende vorzusehen ist. Wir haben diesen vortheilhaftesten, grössten Durchmesser der Werke den Normalwerkmesser genannt, und darauf den ganzen Aufschluss des Gebirges, nicht nur, was die Bergdicken, sondern auch, was die ebensöhlige Entfernung aller Stollen, Haupt- und Querstrecken neben einander betrifft, gegründet. Wir haben endlich gesehen, dass der Normalwerkmesser nicht nur allein nicht überschritten werden soll, sondern auch, dass die Eintheilung des gesammten Grubenfeldes in jedem Berge nach Taf. XIV. Fig. 1. als ein Netz von an einander grenzenden gleichen Quadraten gedacht werden muss, deren Seiten den Normalwerkmesser zur Länge haben, und deren jedes, insofern geniessbares Gebirge in ihm ansteht, einen Werksatz vorstellt, wodurch also die Standpunkte und die Grenzen sämmtlicher Werke schon im Voraus fixirt werden.

Die eben abgehandelten Paragraphen nun sollen dazu dienen, die Wahrheit dieser Sätze in ein neues Licht zu stellen und zu beweisen, dass das Finden und consequente Einhalten des Normaldurchmessers aller Werke das Fundament jeder künstlichen Soolen-Erzeugung bildet, weil Gefälle und Ausschneidungen wegen der vortheilhaftesten Grösse der Werke selten und heilbar, Zusammenschneidungen aber wegen der Mächtigkeit der Mitterkeile, wenn die Verwahrlosung nicht alle Grenzen übersteigt, schlechterdings unmöglich sind.

§. 46. Knappenbergs- und Kernsalz-Auswässerung. Dass der von den Häuerschlägen abfallende gesalzene Knappenberg in das zunächst gelegene Soolen-Erzeugungswerk zur gelegentlichen Auflösung gestürzt wird, ist bereits erwähnt worden. Diejenigen Knappenberge aber, welche nicht leicht in einem Werke untergebracht werden können, werden zu Tage in die zur Auswässerung gesalzener Berge vorgerichtete Reserve gefördert und daselbst vergütet. Arme Berge hingegen sollten dieser Vergütung nicht gewürdigt werden; denn sie lösen sich in einer Reserve äusserst langsam und unvollständig auf, die Ausförderung durch den langen Stollen ist kostbar, und die Reserve muss oft gesäubert werden.

Von dieser Auswässerung des Knappenberges unterscheidet sich die sogenannte Kernsalz-Auswässerung, oder die Vergütung desjenigen reichen Steinsalzes, welches im Salzberge zu Hall auf einigen Revieren derb ansteht, und Kernsalz genannt wird. Ein solches grösseres Revier kommt unter andern im Steinberg in der Gegend des Rumel- und Feierabendwerkes über dem Grundner-, Haidenreich- und Gröbnerwerk vor, dessen Ausdehnung nach jeder söhligen Richtung mindestens zu 100, und dessen Mächtigkeit zu 10 bis 12 Stabel angenommen werden kann. Dieser so beträchtliche Reichthum an Steinsalz gestattet wegen seiner Lage keine ordentliche Benutzung durch Aufsiedung älterer, oder durch Anlage neuer Werke, weil alle in diesem Theile des Steinberges liegenden älteren Werke sich bereits zusammengeschnitten haben, zur Anlage neuer Werke dagegen das ganze Revier nicht geeignet ist, indem es sehr häufig von Gipslagen durchzogen wird, und in einem solchen Gebirge jedem Werke das Ausschneiden bevorsteht. Um nun diesen Reichthum an Steinsalz doch zu Gute zu bringen, und zugleich der Soolen-Erzeugung eine Aushülfe, den älteren Knappen aber eine Beschäftigung zu geben, wurde der Antrag dahin gemacht, daselbst einen ordentlichen Abbau vorzurichten und von Zeit zu Zeit so viel Steinsalz gewinnen zu lassen, als in dem zunächst gelegenen Rumel- und in der Folge auch in dem Grundnerwerk durch Nachwässer aufgelöst werden mag, wodurch auf einen jährlichen ausserordentlichen Soolen-Empfang von mehrern Wochensuden für viele Jahre gerechnet werden kann. Dieser Antrag wurde mit der besondern Weisung genehmigt, bei der Auswässerung die Vorrichtung von hölzernen Rösten aus alten Gestängen zu versuchen; über den Erfolg dieses Versuchs aber ist man ausser Stand gesetzt, irgend einen Aufschluss zu ertheilen.

Hindernisse des Salzbergbaues.

§. 47. Die Säuberung. Der Salzthon, der aus der Auflösung des Himmels und der Ulmen in einem Soolen-Erzeugungswerke zu Grunde fällt, muss immer einen grössern Raum einnehmen, als derjenige war, den er ursprünglich im Zustande der Gesteinsfestigkeit besessen hat, weil stets ein Theil der Soole mit ihm gebunden bleibt, und die aus derselben allmälig anschiessenden Krystalle eine Wieder-Erhärtung unmöglich machen. Das Verhältniss dieses Zunahme an Raum wird dem jedesmaligen, zur Sättigung eines Wassers nöthigen Verätzmaass vom Himmel analog sein, sobald der Thon gleich mager oder fett ist; oder gleichen Versiedungen vom Himmel werden gleiche Teufen des Werklaistes entsprechen, und die einzige immer zunehmende Kraft, welche beschränkend darauf einwirkt, ist die eigene Last, unter welcher sich die Masse des versottenen Gebirges nach und nach dergestalt setzt, dass die tieferen Lagen immer compacter werden, je höher sich das Werk aufsiedet, indess der Werklaist der letzten Wässer locker und leicht zu gewinnen ist.

Das Maass, in welchem sich die Sohle jedes Werkes erhebt, hängt daher ganz allein von dem Reichthum des Steinsalzgebirges ab, und es sind sehr interessante nützliche Versuche zu finden, bei welcher Quantität und Beschaffenheit des in dem Grubengebäude überhaupt und in jedem Soolen-Erzeugungswerk insbesondere vorkommenden Salzthons die Werksohle entweder zurückbleibt, oder in gleichem Verhältnisse steigt, wie der Himmel abnimmt, oder endlich denselben erreicht.

Im Salzberg zu Hall, wo sich der Gehalt an Steinsalz nur auf 35 Procent beläuft, ist die Teufe des bei jedem Wasser zu Grunde fallenden Werklaistes im Durchschnitt um drei Fünftheile grösser, als das Verätzmaass vom Himmel, das heisst, wenn letzteres 30 Zoll beträgt, so steigt die Werksohle schon um 48 Zoll, und wenn die Höhe des Werkes zu 8 Fuss angenommen wird, so darf man erwarten, dass nach dem sechsten Wasser der Raum zwischen Himmel und Sohle nur noch gegen 6 Zoll weit offen sein wird. Es giebt noch ärmere Werke mit 78 Zoll Verätzmaass, die bereits nach dem zweiten Wasser schon beinahe zu sind, es giebt aber auch reichere mit nur 8 Zoll Verätzmaass, die mehr als zehn Mal nach einander angewässert werden können. Wenn daher das geniessbare ganze Versudmaass eines Werkes zu 120 Fuss, und der mittlere Flächenraum desselben nur zu 100000 Quadratfuss angenommen wird, so berechnet sich die Höhe des versottenen Gebirges durch die ganze Bergdicke, im Fall die Senkung nicht berücksichtigt wird, auf 192 Fuss, mithin die ganze Masse des zur Offenerhaltung des Werkes nothwendig auszufördernden Werklaistes während der Dauer des Werkbetriebes auf 72,100,000 = 7⅕ Millionen Kubikfuss.

Diejenigen Handlungen nun, deren Zweck es ist, den zu hoch aufgehäuften Werklaist von Zeit zu Zeit aufzuräumen, und aus dem Werk bis auf die Halde zu Tage zu schaffen, begreift der Salzbergmann unter dem Worte Säuberung. Man erkennt daraus im Allgemeinen den grossen Vorzug, den reiche Steinsalzgruben vor armen aus dem Grunde geniessen, weil bei letzteren das Säuberpersonal immer die zahlreichste Classe der ständigen Belegung bildet, und die ganze Operation bei manchem Werk dreimal so lange, als die Anwässerung und Soolenvergütung zusammen genommen dauert, mithin die Umtriebszeit der Werke ausserordentlich verlängert, und zur Erzeugung eines etatsmässigen Soolenquantums ungleich mehr Werke und einen grösseren Aufschluss des Gebirges voraussetzt.

Die Säuberung geschieht bekanntlich entweder durch die Lettendammwöhren oder durch die Püthendammwöhren, oder endlich durch die Püthen. Durch die Lettendammwöhren kann aber nur bei neu angelegten Soolen-

Ablasswerken gesäubert werden, so lange die Werksohle so tief liegt, dass mit dem Hund noch durch die Wöhre in das Werk gefahren werden kann. In diesem Fall wird der Wöhrdamm durchbrochen, das Spreizwerk des Lettengerüstes herausgenommen, auf der Sohle des Wöhrlangofens eine Gestängfahrt vorgerichtet, und im Anfange nur mit zwei Streifern und einigen Hunden zu säubern begonnen, bis letztere durch Erweiterung des gesäuberten Raums im Werk in einer solchen Zahl anzustellen sind, dass sie gut an einander vorbei fahren können. Wenn jedoch die Säuberung durch die Püthendammwöhren und durch die Püthen geschehen soll, so wird vor allen vom Sinkwerk bis zum Wöhrsumpf oder bis zur Püthe ein Graben durch den Werklaist gezogen, damit in demselben das Aufsichts- und Säuberpersonal leicht auf und zu kann, und dann die Säuberung vom Wöhrsumpf oder von der der Püthe rings nach allen Gegenden des Werkes fortgesetzt.

Der Werklaist wird mit Kratzen und Lettenhauen gewonnen, nnd mit hölzernen Schaufeln entweder in Bergtröge oder in die konischen Säuberkübel gefüllt, welche auf leichten, zweirädrigen und unbeschlagenen Gestellwagen zum Wöhrsumpf oder zur Püthe gezogen, abgestürzt oder an das Haspelseil angeschlagen, durch die Püthe gefördert und über den Püthenheerd ausgeleert werden, woselbst der Laist von den Hunden übernommen und zu Tage ausgefördert wird. Alle edleren Gefälltrümmer im Werk, alle Salzschalen und grösseren unaufgelösten Butzen und Nester von Steinsalzgebirge werden von den Säuberjungen ausgehalten und auf den gesäuberten Platz zurück geworfen.

Die Geschwindigkeit, mit der die Säuberung eines Werkes theils täglich vorangeht, theils endlich vollendet wird, hängt zunächst von vier Dingen ab, nämlich von der

Höhe der Püthe, von der Grösse des Werkes, von seiner Entfernung von Tage und von dem Maass der Säuberung. Je höher die Püthe und entlegener das Werk, und je grösser die Normalhöhe, bis zu der die Werksohle nieder gesäubert wird, desto grösser die Masse der auszufördernden Berge, desto länger die Aufhaspelung durch die Püthe und der Hundelauf bis auf die Halde. Je nachdem diese Verhältnisse bei einem Werk beschaffen sind, dauert die Säuberung zu Hall 7 bis 118 Wochen. Hierbei richtet sich die Zahl der Streifer zum Berghereinmachen und der Säuberjungen zum Transport des Laistes unter die Püthe zunächst nach dem Maasse, in dem sich die Säuberung den Werksulmen nähert; im Anfang sind zwei Streifer und vier Jungen zur Beschäftigung des Haspels hinreichend, die immer zunehmende Erweiterung des gesäuberten Platzes aber erfordert auch eine grössere Anzahl von Jungen, die jedoch selten mehr als acht beträgt. Es ist ihre Schuldigkeit, auf 25 Stabel Entfernung in jeder Schicht 25 Kübel unter die Püthe zu bringen, und auf 75 Kübel pro Schicht wird ein Streifer gerechnet. Ueberhaupt darf der Haspel nur so lange ruhen, als zur Ausstürzung jedes Kübels über den Püthenheerd nöthig ist; die Haspelzieher haben die Anzahl der aufzufördernden Säuberkübel nach der Höhe der Püthe; es werden auf 20 Stabel Püthenhöhe in jeder Schicht 150 Kübel gezogen, ist die Püthe höher oder niedriger, desto weniger oder mehr pro Schicht. Die Zahl der Hunde, und wie oft dieselben in jeder Schicht auf die Halde ausgelaufen werden müssen, ist bei jedem Werk festgesetzt, und richtet sich theils nach der Höhe der Püthe, theils nach der Entfernung des Werkes von der Halde. Es werden nämlich so viele Hunde angestellt, dass die Haspeler die nöthige Quantität Berge aufzufördern vermögen, und dass kein Laist vor dem Püthenheerd von einer Schicht zur andern liegen bleibt. Auf einen Hund werden drei Kübel gerechnet, und auf 600 Stabel Streckenlänge werden in jeder Schicht 10 Hunde gestossen; ist die Strecke kürzer, desto mehr, ist sie länger, desto weniger. Es ist hierbei ein grosser Nachtheil für die Säuberung zu Hall, dass die Stollen und Strecken nicht in den geeigneten Entfernungen mit Ausweichen versehen sind, und der erste Hund auf der Püthenhornstatt, wie auf der Halde, immer bis zur Ankunft des letzten warten muss. Bei der Säuberung kommt daher alles darauf an, dass die Belegung im richtigen Verhältniss zu einander stehe, und dass jede Partie derselben ihre Schuldigkeit leiste, weil sonst eine durch die andere müssig wird. Deswegen wird zur Controle der Streifer, Buben, Haspeler und Hundeläufer von dem Säuberhutmann bei jeder Schicht die Zahl der ausgeförderten Hunde gezählt, und höchst selten wird in einem und demselben Bergaufschluss die Säuberung von mehr als einem Werk gleichzeitig vorgenommen, weil dadurch die Ausförderung durch das häufige Begegnen der Hunde aufgehalten werden würde.

Im Uebrigen sind es drei Fragen, um deren Beantwortung es sich bei der Säuberung vorzüglich handelt. Die erste Frage ist: „Welches ist die vortheilhaf- „teste Höhe, zu der jede Werksohle niederge- „säubert werden soll?"

Nachdem der Fläche des Wasserspiegels immer auch eine gleiche Fläche des Himmels entspricht, so begründet die Dauer der Vergütungszeit eines Soolen-Erzeugungswerkes unter sonst gleichen Verhältnissen nicht sein Umfang, sondern der Abstand der Soole vom Himmel oder seine Tiefe. Je höher das Werk ist, um so grösser wird zwar die Fläche der Ulmen, aber um so mehr Wassermasse theilt sich auch in den Genuss des unveränderten Himmels, und um so länger dauert daher die Vergütung.

Wenn nun das Werk im Bezug auf Gefälle, auf Aus- und Zusammenschneidungen etc. in gefährlichen Umständen ist, wird nicht der besorgte Bergmann die kürzere Vergütungszeit aus dem Grunde vorziehen, weil sie ihm die Möglichkeit verschafft, das Werk wieder früher zu befahren, untersuchen und helfen zu können, weil es noch Zeit ist? Wenn ein Niederbruch vom Himmel droht, wird die Unterstützung des Gebirges, um demselben vorzubeugen, nicht schneller bei niederer Werksohle fertig werden, und wenn das Gefälle schon niedergegangen ist, muss es sich durch Anhäufung nicht von selbst früher abspannnen? Ueberdies ist bekannt, dass die ausschliessende Versiedung an den Ulmen während der Füllung eines Werkes um so länger dauert, und mithin der festgesetzte Normaldurchmesser um so früher erreicht wird, je höher das Werk ist, und je mehr Zeit dasselbe zu seiner Füllung erfordert. Niedere Werke gestatten daher eine grössere Bergdicke, und wenn der Unterschied auch nur einige Fuss beträgt, so ist er gross genug, um vielleicht auf die ganze Teufe der Lagerstätte wenigstens einen Bergaufschluss zu ersparen. Dieser Grund ist es vor allen, der den niedern Werken den Vorzug vor höhern giebt, indem ein Bergaufschluss mit allen in ihm befindlichen Anlagen nicht ein, sondern mehrere Hunderttausende kostet. Zu Hall beträgt die Normalhöhe, zu der jedes Werk niedergesäubert wird, 2 Stabel oder 8 Fuss; unsererseits halten wir sechs Fuss für die Höhe, die die Natur der Sache selbst mit sich bringt, weil sie die Manneshöhe ist, bei der die Operation der Säuberung am bequemsten und flüchtigsten von statten geht, ausser welchem Maassstab kein anderer zu noch grösserer Beschränkung der Normalwerkshöhe zu finden sein dürfte.

Die zweite Frage ist: „Ob und in welchem „Maasse die Ulmen eines Werkes gesäubert „werden sollen?"

In der Regel werden die Ulmen, um die Dauer der Vergütung abzukürzen, vollständig gesäubert, bis auf diejenigen Stellen, die sich ausgeschnitten haben oder auszuschneiden drohen, und die daher ungesäubert bleiben, oder wohl gar noch mehr verstürzt werden müssen, um sich durch die folgenden Wässer im Verhältniss zur Erweiterung der übrigen Ulmen einzuziehen. Allein bei der Veröffnung §. 33. haben wir gesehen, dass die Versiedung im vollen Umkreis der Ulmen niemals eifrig genug verhindert werden könne, um die Basis aller Werke an Grösse sich möglichst gleich, im frischen Felde nicht viel kleiner, und auf Mitterkeilen nicht viel grösser, als der Normalwerkmesser ist, zu erhalten. Wir glauben daher, dass die Ulmen eines Werkes ganz und gar nicht gesäubert, und wenn sie stellenweise zur nöthigen Beleuchtung gesäubert werden mussten, wieder verstürzt werden sollen, um die konische Form der Werke, so sehr es nur immer möglich ist, zu verhindern.

Die dritte Frage endlich ist: „Wie oft soll ein Soolen-Erzeugungswerk gesäubert werden?"

Im Salzberg zu Hall wird nicht nach jedem Wasser gesäubert, sondern erst alsdann, wenn es die Unzugänglichkeit des Werkes schlechterdings erfordert. Der Grund davon ist der Zeitverlust, den das Warten auf die zur gefahrlosen Befahrung nothwendige Abtrocknung des Werkes zur Folge hat, und der die Umtriebszeit desselben um einige Wochen verlängert. Aeltere und grössere, in ihrer Versiedung bereits höher durch die Bergdicke vorgerückte Werke bleiben daher gegen zwei Jahre lang unbefahren und ohne Untersuchung, wie sich ihre Verhältnisse nach dem ersten, zweiten und dritten Wasser der letzten Säuberung allenfalls geändert haben mögen. Wenn nun auch die Grösse und Form, zu denen sich die Werke gestalten, gleichgiltig betrachtet werden, liegt in diesem Verfahren nicht eine Hauptveranlassung zu Aus- und Zusammenschneidungen der Werke, und bringt die Verlängerung der Umtriebszeit um einige Wochen nicht hundertfältige Zinsen, wenn dadurch diese Gefahren abgewendet, drohende Gefälle unterstützt und vermieden, verloren gegangene Sümpfe, weil es noch Zeit ist, wieder aufgefunden werden können? In jedem Fall aber ist die Säuberung nach jedem Wasser unerlässlich, sobald es darauf ankommt, dass die Grösse und Form des Bausatzes, der jedem Werk um einen fixirten Mittelpunkt planmässig eingeräumt ist, nicht überschritten werden; denn hierzu ist die möglichst oft zu wiederholende Einsicht, die Untersuchung seiner Figur, die das letzte Wasser erzeugt hat, die Einziehung der Ulmen, wo es nöthig ist, die erste Bedingniss, und jedem Salzbergmann, der wahrhaft auf die regelmässige Benutzung seiner Lagerstätte bedacht ist, ist es gewiss die wichtigste Fahrt, die er nach jedesmaliger Abtrocknung zum ersten Mal in das Werk unternimmt, um sich von der Veränderung zu überzeugen, die die Natur so eben wieder, vielleicht auf die überraschendste Weise herbeigeführt hat.

§. 48. Die Förderung. Im Salzberg zu Hall bezieht sich die Förderung aus der Grube zu Tage beinahe ausschliessend auf die grosse Masse des ausgesäuberten Werklaistes, und von Tage in die Grube auf das viele Materiale an Wöhrletten und an Wöhr-, Zimmerungs-, Rinnen-, Röhren- und Gestängholz. Beide Arten von Förderung sind bei dem Salzbergbau überhaupt sehr umständlich und kostbar, weil keine Tageschächte zu Diensten stehen, weil es keine leeren, verfügbaren Räume giebt, in die der Werklaist verstürzt werden könnte, und der also durch das weitläufige Streckensystem sämmtlich bis auf die Halde gestossen werden muss; endlich weil dieser Laist ein verhältnissmässig geringes specifisches Gewicht hat, und in den Förderungsgeschirren keine Aufhäufung gestattet. Zu Hall aber wird die gesammte Förderung noch aus dem besondern Grunde erschwert, weil diejenigen Strecken, die in gerader, markscheiderischer Schönheit aufgefahren sind, selten, und weil die allermeisten Communications-Schächte tonlägig sind.

Die Förderung von Tage in die Grube geschieht in der Regel mit Tragen und Schleppen, theils durch denjenigen Stollen, in dessen Ebensohle das Material verwendet wird, theils durch den zunächst gelegenen, höhern Bergaufschluss in der Art, dass die schicklichen Communications-Schürfe benutzt werden, das Material in die tieferen Ebenen voranzubringen. Der Theresiaschacht, welcher aus der Ebensohle des Königsberges durch zwei Bergdicken bis in den Erzherzogberg saiger abgeteuft ist, wird es hoffentlich beweisen, wie ausserordentlich die Förderung von Tage in die Grube erleichtert werden würde, wenn alle Stollen und Strecken in Verticalebenen unter einander ständen, mithin alle Schürfe saiger wären, und nach Umständen vielleicht eine Teufe von mehrern Bergdicken einbrächten.

Wie die Förderung des Werklaistes aus der Grube zu Tage geschieht, ist zum Theil schon im vorigen Paragraph abgehandelt worden. Die Fördergeschirre in dem Werk sind nämlich der Bergtrog, der Säuberkübel und der zweirädrige Gestellwagen, auf dem die gefüllten Kübel von den entfernteren Gegenden des Werkes zur Püthendammwöhre, oder unter die Püthe, beigefahren werden. Das Fördergeschirr ausser dem Werk besteht lediglich in dem Hund, und zwar dem deutschen Hund, der auf vier Rädern auf einem besondern Gestänge gestossen wird, den Schwerpunkt in der Mitte zwischen den beiden Achsen besitzt, und zwischen den vordern Rädern mit einem Spur- oder Leitnagel versehen ist, der zwischen den beiden Gestängen hinläuft und den Hund leitet. Der Durchmesser der vordern Räder beträgt 6, der hintern Räder 9 Zoll, und die Länge des Achsenstocks zwischen den Rädern 6 Zoll. Die Hunde zu Hall unterscheiden sich in den grossen und in den kleinen Hund; der erste ist 2 Schuh 9 Zoll lang, 10¾ Zoll breit und 1 Schuh 3¼ Zoll hoch, und fasst 3,13 Kubikfuss; der kleine Hund ist 2 Schuh 7 Zoll lang, 10 Zoll breit und 12 Zoll tief, und fasst 2,15 Kubikfuss; und nachdem der Kubikfuss abgetrockneter Werklaist zu Hall im Durschnitt 48 Pfund wiegt, so fasst der grosse Hund wenig mehr als 150 Pfund, und wird, wie gesagt, auf eine Streckenlänge von 2400 Fuss in einer sechsstündigen Schicht zehnmal ausgelaufen. Das von den Häuerschlägen abfallende Gestein, oder der Knappenberg, muss vom Ort der Schürfe zuerst in Butten auf die zunächst darüber liegende Strecke getragen, oder bei Schächten über den Haspel gefördert werden, bevor die Ausförderung mit dem Hund beginnt. Bei Hauerschlägen auf Stollen und Strecken aber fahren die Hunde bis vor Ort. Dass der gesalzene Knappenberg zur Verwässerung in nahe gelegene Werke verstürzt wird, ist bereits erwähnt worden; dasselbe geschieht nun auch bei den tauben Knappenbergen, insofern ihre Ausförderung zu Tage nicht wohlfeiler ist.

Die Gestängfahrt, auf welcher die Hundeförderung, so wie das Aus- und Einfahren geschieht, besteht aus zwei neben einander liegenden Strassbäumen von Fichtenholz, welche auf der Laufbahn abgehobelt, 12 Fuss lang, 5 Zoll breit und 3 Zoll dick sind, und einen Zoll weit aus einander stehen, in welchem Zwischenraum der Leitnagel der Hunde läuft. Man sieht diese Gestänge häufig unmittelbar auf den Streckensohlen liegen; gewöhnlich aber sind sie an den beiden Enden ihrer Länge und in der Mitte mit hölzernen Nägeln auf Stegen befestigt, die zwischen den Stössen der Strecken eingetrieben sind. Die Befestigung der einzelnen Gestänge an einander geschieht durch dünne eiserne Bänder, welche auf der Fahrbahn über den Anstoss genagelt sind, und hierdurch, wenn dieser Anstoss bei einer Krümmung oder bei einem Wechsel der Strecken einen Winkel bildet, die Gestänge vor zu grosser Abstossung sichert.

Wenn man den Salzgehalt erwägt, der in der ausgeförderten, ganz ungeheuern Masse von Säuberbergen noch enthalten ist (wie denn zu Hall bloss in den Jahren von 1767 bis 1776 nicht weniger als 0200 Centner reines Salz versuchsweise daraus gewonnen worden sind), so ist es zu bedauern, dass sich überhaupt bei dem Salzbergbau keine eigentliche Halde mit Aufhäufung der Berge bilden lässt, weil die Stollen in verhältnissmässig geringen saigern Abständen gewöhnlich unter einander stehen, der Bergbau vermöge der Mächtigkeit der Lagerstätte immer mehrere Jahrhunderte lang dauert, und mithin jedes Stollen-Mundloch von der Halde des darüber stehenden Bergaufschlusses nach und nach verschüttet werden würde.

Der Salzberg zu Hall hat daher ebenfalls keine Halde, sondern es werden die ausgeleiteten Selbstwässer der Grube dazu benutzt, die ausgeförderten Berge durch das Hallthal zu verschwemmen. Zu dem Ende besteht vor jedem Stollen-Mundloch ein Haldensturz, unter welchem die Selbstwässer der obern Berge mit sehr starkem Gefälle theils in natürlichem, theils gezimmertem Rinnfall weggeleitet werden. Es werden bei diesem Haldensturz in den geeigneten Entfernungen von dem Stollen-Mundloch acht massive Pfahlstecken hinter einander, und parallel je zwei und zwei neben einander in die Erde geschlagen, und durch aufgesetzte Kappen zu vier Böcken gebildet, welche durch drei parallel darüber liegende Strassbäume mit einander in Verbindung kommen. Quer über diese Strassbäume sind die Sturzprügel befestigt, die 12 Zoll weit aus einander stehen, und aus den dickern Stämmen der zähen Krummholzstaude angefertigt werden. Ueber den Sturzprügeln nach der Länge des Haldensturzes liegen die Haldenbäume, die wieder durch Querriegel zusammengehalten werden, und wovon derjenige, über den der Hund auf die Sturzprügel umgeworfen wird, Sturzbaum heisst. Der übrige Raum des ganzen Gerüstes neben dem Sturz ist mit Brettern bedeckt, über welche längs dem Sturzbaum die Gestängfahrt hinzieht, worauf das Fördervolk vorfährt, und die Berge durch Ueberwerfung der Hunde über den Sturzbaum auf die Sturzprügel in das Gefluder leert.

§. 40. **Die Arbeit auf dem Gestein.** Die Arbeit auf dem Gestein umfasst allen Aufschluss des Gebirges vor Ort der Stollen, Haupt- und Querstrecken, ferner die Anlage der Sinkwerks-Ebentl, Langwöhröfen, Püthenöfen und gemeinen Oefen, der Püthen, Communications-Schürfe und Schächte, dann den Nachschlag an Sohle, Stoss und Förste aller derjenigen Strecken, die nicht hoch genug sind, oder sich verdrückt haben, oder endlich, wo es nöthig ist, die in der Sohle vergrabenen Gefluder ans Licht zu heben. Im Königs-, Kaisers- und Erzherzogberg haben die Stollen, Haupt- und Querstrekken $1\frac{3}{8}$ Stabel in der Höhe, $\frac{7}{8}$ Stabel an der Sohle und $\frac{1}{2}$ Stabel in der Förste, und sind mithin bequem zu befahren; nicht so jene der oberen Berge, die so niedrig sind, dass nicht nur die Bequemlichkeit in einem hohen Grade, sondern nicht selten auch die Zweckmässigkeit der Anlage darunter leidet. Dieselben theils durch Nachschlag an der Sohle, theils durch Tieferlegung der Gestängfahrt mit Beibehaltung der alten Zimmerung gleichfalls auf die Normaldimensionen hinzubringen, hat sich das Bergamt unter baierscher Regierung sehr angelegen sein lassen.

Die Sinkwerks-Ebentl, Püthenöfen und Langwöhröfen erhalten die Dimensionen derjenigen Gebäude, aus deren Stoss sie aufgefahren werden; die Dimensionen der Schürfe und Sinkwerke betragen $1\frac{5}{8}$ Stabel in der Höhe, $\frac{3}{8}$ Stabel àn der Sohle, und $\frac{3}{8}$ Stabel in der Förste; jede Püthe hat $1\frac{1}{16}$ Stabel im Quadrat, und mit welchen Maassen die Veröffnungen angelegt werden, ist §. 33. schon berichtet worden.

Die Arbeit auf dem Gestein geschieht zu Hall in den meisten Fällen, und zwar in dem milden sogenannten Haselgebirge, in dem festern eigentlichen Salzthon und im klüftigem Gips mit Hülfe des Berg- oder Knappeneisens; bei grösserer Gesteinsfestigkeit aber, und zwar im Kalkstein, wasserfreien Gips und derben Steinsalz durch Sprengen mit Pulver. Ueberhaupt ist die Arbeit auf dem Gestein bei dem Salzbergbau im Gegenhalt zum metallischen Bergbau weniger schwierig, weil das Gestein gewöhnlich trocken ist, seine Festigkeit mit den Gebirgsarten beständig wechselt.

Die Arbeit mit dem Knappeneisen geschieht in parallelen Schrämmen, die drei Zoll gegenseitig entfernt sind, und die Gestalt des Ortes gleicht dann dem Bogen eines Kreises, dessen Halbmesser mit der Länge des Knappeneisens und des Knappenarms im Verhältniss steht. Bei der Sprengarbeit werden die Bohrlöcher durchaus einmännisch 1 Zoll weit und 9 bis 10 Zoll tief geschlagen, so dass in einer Schicht 4 bis 5 Schuss weggethan werden. Das Pulver wird ohne Patrone in den Pulversack geschüttet, in einer Ladung, die den dritten Theil der Bohrlochstiefe beträgt; die übrigen zwei Drittheile der letztern werden, nachdem das Pulver mit Papier bedeckt ist, rings um den Ladspitz mit trocknem Ziegelmehl, und hierauf mit tauben Gesteinskörnern angefüllt und festgestossen. Die Mündung des Bohrloches wird mit Lehm verstrichen, und sobald dann der Ladspitz vorsichtig herausgezogen worden ist, wird das Zündloch mit einem dünnen, zur Hälfte gespaltenen und mit Pulver gefüllten Binsenrohr angesteckt, und mit einem Schwefelfaden angezündet.

Die Belegung der Oerter geschieht meistens mit drei, selten mit vier Mann, und es wird dann in der Regel immer zwei oder drei Wahlknappen ein Lehrhäuer zugetheilt. Letzterer ist in der ersten Schicht dazu bestimmt, den Einbruch in der Mitte des Orts mittelst eines Schrammes so tief aufzumachen, als es die Festigkeit des Gesteins während einer Schicht zulässt; in der zweiten und dritten Schicht nehmen dann die beiden Wahlknappen den rechten und linken Stoss nach. Bei viermännischen Belegungen wird der Einbruch tiefer aufgemacht, und an Sohle und Förste so viel Gestein zurückgelassen, dass der vierte Mann mit Nachtreibung desselben hinreichend beschäftigt ist. Bei Abteufen gilt dieselbe Regel. Im festen Gestein hingegen wird der Einbruch vor Ort zuerst in der Mitte herausgesprengt, hierauf werden die Bohrlöcher in der Förste und zuletzt auf der Sohle angesetzt. Bei Abteufen im festen Gestein wird der Einbruch in der Mitte kesselartig herausgesprengt, und dann werden die vier Stösse nachgeschossen. Zum Anhalten für die Häuer sind bei jedem Schlag ein Breitenmaass für Förste und Sohle, eine Setzwaage zur richtigen Auffahrung, und in der Mitte der Förste, einige Fuss vom Ort, zur Einhaltung der Richtung zwei Senkeln angebracht, welche in der festgesetzten Stundenlinie mit dem in der Mitte des Orts befestigten Gruben- oder Fahrlicht auf einander einspielen müssen. Zur beiläufigen Beurtheilung der im Salzberge zu Hall herrschenden Gesteinsfestigkeit wird noch bemerkt, dass im Kalkstein des Max-Josephstollens 20 Fl. pro Stabel bezahlt worden sind; im gemeinen und wasserfreien Gips stehen die Gedinge auf 30 bis 54 Fl. pro Stabel, im Satzthon vor Ort eines söhligen Gebäudes auf 13 bis 18 Fl., vor Ort eines Sinkwerks oder eines Schurfes auf 11 bis 15 Fl., vor Ort einer Püthe auf 17 bis 22 Fl., endlich vor Ort einer gemeinen Werksveröffnung auf 5 bis 7 Fl. pro Stabel.

§. 50. Der Ausbau des Gebirges. Im Salzberg zu Hall bedürfen alle Strecken, so weit dieselben im gemeinen und wasserfreien Gips und in derben Steinsalz aufgefahren sind, höchst selten eines Abbaues; auch in dem ärmern Salzthon und im sogenannten Haselgebirge giebt es häufig bedeutende Streckenlängen, die von selbst stehen. Der grösste Theil dieser beiden Gebirgsarten aber ist gebräch, und nachdem sie den bei weitem vorherrschendsten Bestandtheil in der Construction unsers Grubengebäudes bilden, so beträgt zu Hall die gesammte Streckenlänge, die in Ausbau erhalten werden muss, nicht weniger als 14000 Stabel oder gegen 4½ Wegstunden.

Mauerung. Dabei ist es charakteristisch für den Salzbergbau, dass im eigentlichen Salzgebirge nirgend eine Mauerung sichtbar, und aus zwei Gründen auch ganz und gar nicht anwendbar ist: einmal, weil es von der grössten Wichtigkeit ist, zusitzende Wässer, so unbedeutend sie auch sein mögen, schnell zu entdecken, was hinter einer Mauerung nicht möglich ist; und dann, weil das Salzthongebirge die Feuchtigkeit der Wetter an sich zieht, und durch Aufblähung einen so ungeheuern Druck ausübt, dass keine andere, als eine geschlossene elliptische Mauerung brauchbar wäre, die für eine solche Länge des Ausbaues zu kostbar ist. Die Zimmerung hingegen verbirgt die Wässer nicht, und wenn der Druck des hinter ihr anstehenden Gebirges zu gross wird, so braucht sie auf den nöthigen Stellen bloss ausgelöst, und nach gehöriger Erweiterung der Strecken an Schopf oder Wänden wieder eingesetzt zu werden. Zu Hall ist daher die Mauerung nur auf denjenigen Stollenlängen anwendbar, welche bei jedem Bergaufschluss von Tage bis zum anstehenden Salzgebirge theils in Schotter, theils in ausgelaugtem Gebirge aufgefahren sind; man sieht sie aber auf diesen Längen nur im höchsten, nämlich im Wasserberg, und im tiefsten, oder dem Max-Josephberg, wirklich ausgeführt, in letzterem jedoch auf eine Art, die wegen ihrer Zweckmässigkeit und den dabei überwundenen Hindernissen ausführlich hiermit beschrieben und durch Taf. XV. Fig. 2—5. erläutert wird.

Die Aufgabe bestand nämlich darin, diejenige Länge von 138 Stabel, welche der Max-Josephstollen von Tage bis zum anstehenden Kalkstein in grobem Schotter aufgefahren ist, halb elliptisch auszumauern, indem der Druck des Gesteins nicht von allen Seiten so gross war, dass die noch kostspieligere Mauerung mit ganzer Ellipse nothwendig gewesen wäre. Es sollte ein elliptisches Gewölbe von Rauchwacke mit Mörtelkitt auf ein Tragwerk in der Form eines Zirkelsegments aus Backsteinen in trockner Mauerung gesetzt werden, die Höhe im Lichten sollte 8 Fuss, nämlich 7 Fuss 3 Zoll Fahrhöhe und 9 Zoll Wassersaige haben, die Weite an der Sohle, resp. dem Tragwerk, war auf 4 Fuss 6 Zoll, die Dicke des obern Gewölbes auf 20 Zoll und des untern auf 12 Zoll festgesetzt.

Zu dieser Mauerung musste, weil der Schotter rollend war, mit einer Getriebzimmerung aufgefahren werden, die 16 Fuss hoch und 15 Fuss an Förste und Sohle weit war, damit die ganze Mauerung darin stehen konnte. Die Bestandtheile derselben sind die Hauptthürstöcke *aa* Taf. XV. Fig. 2., die Pfähle oder Hinterläger *bb*, die Pfandkeile *cc*, die Pfändung *dd*, der erste Fehlthürstock *e* und der zweite Fehlthürstock *f*, in deren Anwendung auf folgende Weise verfahren wird.

Am Stollen-Mundloch oder da, wo die Getriebzimmerung ihren Anfang nimmt, wird ein Hauptthürstock aufgestellt, und zuerst über der Kappe mit Eintreibung der Pfähle *bb* neben einander angefangen, damit vor allen die Gefahr an der Förste abgesperrt werde. Hierauf wird diese Eintreibung der Pfähle an den beiden Stössen von der Sohle aufwärts über einander fortgesetzt, und das hereingestürzte Gebirge weggefördert. In der Zeichnung steht der Thürstock im rechten Winkel, wodurch zwar der Druck auf die beiden Stempel gleichförmiger wird, was aber den Nachtheil herbeiführt, dass der Druck über der Förste zu gross wird, und an manchen Stellen die Kappe zweimal ausgewechselt werden, ferner, dass überflüssig aufgefahren und bei dem Mauern wieder eben so überflüssig zugefüllt werden muss. Die Pfähle oder Hinterleger sind rund oder, wenn altes Grubenholz vorhanden ist, vierkantig zugerichtet, 8 Fuss lang und an einem Ende zugespitzt. Die Hauptthürstöcke werden nach der Länge des Stollens 6½ Fuss weit aus einander gestellt, und die Pfähle haben daher die rechte Länge, dass sie in der Entfernung von Thürstock zu Thürstock, welche ein Getriebfach genannt wird, gut über einander reichen.

Der grosse Druck des Gebirges erschwert das Abtreiben der Pfähle ungemein, und wenn dasselbe ohne weitere Hülfe gleichwohl durchgesetzt werden sollte, so würden die Pfähle an den Köpfen zerschlagen und an den Spitzen verschoben und verdrückt werden. Um beides zu vermeiden, werden zwei Fehlthürstücke und die sogenannte Pfändung angewendet.

Der erste Fehlthürstock *e* wird gestellt, sobald die Pfähle zur Hälfte ihrer Länge abgetrieben sind, damit sie ihre Richtung gegen das Gebirge behalten, und nach Aufräumung des hereingefallenen Schotters um so leichter durch das ganze erste Getriebfach vollends abgetrieben werden können. Ist dieses Fach vollendet, so fängt mit Stellung des folgenden Hauptthürstocks ein neues Getriebfach an. Es erhellet aber von selbst, dass die Abtreibung desselben zwischen diesem Hauptthürstock und den Pfahlspitzen des vorigen Faches unmöglich ist, sobald nicht der Druck der letztern auf die Pfähle des neuen Getriebfaches abgesperrt wird. Dies geschieht an Förste und Stössen durch altes Gestängholz *dd*, welches in der Form eines Thürstocks unter und vor den Pfahlspitzen aufgestellt, und Pfändung genannt wird. Sobald sie errichtet ist, wird unverzüglich der Hauptthürstock selbst aufgestellt, und der Raum zwischen ihm und der Pfändung durch die Pfandkeile *cc*, welche 12 Zoll lang, 3 bis 4 Zoll dick, aus altem Gestängholz keilartig angefertigt werden, frei erhalten. Alsdann erst kann in diesem Raum die Abtreibung des neuen Getriebfaches mit allmäliger Auslösung der Pfandkeile wirklich angefangen werden, in der Art, dass die Pfähle hinter dem Hauptthürstock und vor dem ersten Fehlthürstock einzuschlagen kommen. Wenn sie wieder bis zur Hälfte abgetrieben sind, so wird unter ihren Spitzen der zweite Fehlthürstock *f* errichtet, der die vollständige Abtreibung des neuen Getriebfaches, wie der erste, erleichtert, worauf letzterer wieder ausgelöst und für das folgende Fach verwendet wird.

Alle Hauptthürstöcke, bis auf den ersten, haben daher Pfändungen, sie stehen mit derselben in einer Verticalebene und behalten sie so lange hinter sich, bis die ganze Zimmerung nach vollendeter Mauerung wieder abgebrochen wird. Die Dienste der Fehlthürstöcke dagegen sind nur momentan, jedes Getriebfach bedarf je einen derselben; nachdem sie aber die leichtere Abtreibung der Pfähle immer nur in zwei neben einander stehenden Getriebfächern bezwecken, so sind für die ganze Getriebzimmerung überhaupt nicht mehr als zwei Fehlthürstöcke erforderlich. Die Stempel derselben sind, wie die Stempel der Hauptthürstöcke, auf der Stollensohle in 6 Zoll tiefe Bühnlöcher eingelassen, sie sind aber, wie die Stempel der Pfändung, um 6 bis 8 Zoll länger, was auch durch ihren Zweck bedingt, und durch die immer schief gegen das Gebirge gehende Richtung der Pfähle von selbst herbeigeführt wird.

Das Verfahren bei der Stollen-Mauerung, während welcher die Getriebzimmerung nach und nach ausgelöst wird, ist folgendes. Vor allen wird aus den Steinen *gg*, und zwar immer auf eine Länge von je drei Stabeln, das sogenannte Sohlpflaster in der Art gelegt, dass nach dem bestimmten Ansteigen der Stollensohle die beiden äussersten Steine zuerst gestellt, und dann unter einer aufgelegten Latte die übrigen Steine angereiht werden, bis sie sich alle anschliessen. Hierauf werden drei Lehrbögen gestellt, die in der Form sowohl des Tragwerks, als des Gewölbes, angefertigt worden sind, zwei an den Enden und der dritte in der Mitte der zu mauernden Länge, wenn mit kleinen Steinen gemauert wird. Bei grossen Steinen kommen nur zwei Lehrbögen an den beiden Enden der zu fertigenden Länge in Anwendung, weil ausserdem das Ansetzen der Steine wegen Mangels an Raum zu beschwerlich würde. Nun werden an die Lehrbögen Schalbretter in dem Maasse angelegt, als die Mauer sich erhebt, damit die Steine nicht zu hoch über dieselbe gehoben zu werden brauchen. Sobald die Mauer über den Aufstand der Stempel zu steigen anfängt, werden an der Förste zwei Bäume *hh* nach ihrer ganzen Länge mit drei senkrechten Spreizen *ii* befestigt, um die Stempel der Getriebzimmerung herausnehmen zu können. Diese Spreizen stehen neben der Gestängfahrt auf ihren Stegen, und setzen daher der Fortsetzung der Stollen-Mauerung bis unter das Gewölbe kein Hinderniss entgegen. Bevor jedoch die Stempel wirklich ausgenommen werden können, müssen neben ihnen alte Gestänge *kk* aufgestellt und mit Querspreizen *ll* abgespannt werden, um den Seitendruck des Gebirges an beiden Stössen abzuhalten; die Gestänge selbst werden dann nach Maassgabe, wie sich die Mauer erhöht, von Zeit zu Zeit abgeschnitten und mit Steinen unterschlagen. Zum Schluss der Mauerung werden die Bäume *hh*, die senkrechten Spreizen *ii*, die Gestänge *kk* und die Querspreizen *ll* ausgenommen, die Getriebzimmerung braucht den Druck des Gebirges bloss noch an der Förste abzuhalten, und die Kappen der Hauptthürstöcke *aa* lasten auf den kurzen Spreizen *mm*. Damit aber auch diese Kappen nach geschlossener Mauerung wieder ausgenommen werden können, so geschieht das Zuschliessen des Gewölbes stückweise von drei zu drei Fuss Länge, worauf die Lehrbögen sammt der Verschalung abgebrochen, und zur weitern Fortsetzung der Stollen-Mauerung verwendet werden. In dem Max-Josephstollen wurden binnen 4 Wochen von 4 Mann 3½ Stabel elliptisch ausgemauert, wobei jedes Stabel 18 Fl. an Auffahrung, und 33 Fl. 20 Kr. an Mauerung, zusammen also 51 Fl. 20 Kr. gekostet hat.

Zimmerung. Eigentliche Schachtzimmerung findet sich gegenwärtig im Salzberg zu Hall gar nicht, weil alle thonlägigen Schächte Streckenzimmerung haben, die Püthen sämmtlicher Soolen-Ablasswerke nicht verzimmert werden, und das Gebirge, durch welches die beiden einzigen Saigerschächte, der Theresia- und Flurlschacht, abgeteuft sind, zufällig von selbst steht. Allein in der Vorzeit, wo der Betrieb beinahe ausschliessend durch Schöpfwerke geschah, mussten alle Püthen, die in mildem Gebirge standen, verzimmert werden, weil durch das Ausspritzen der Soole über die Schöpfkübel das Gebirge noch mehr erweicht, und zu Brüchen und Gefällen geneigt worden wäre. In diesem Falle wurde die Püthe eines anzulegenden Schöpfwerkes bis auf die Werksohle in der Art niedergezimmert, dass beide, die Zimmerung der Püthe und des Sumpfes, in Verbindung standen.

Die Streckenzimmerung sieht man nach Taf. XIV. Fig. 14—16. auf zweierlei Art in Anwendung, nämlich als Stutzenzimmerung und als Längenzimmerung; diese in allen zimmerungsbedürftigen, dem Druck des Gebirges weniger ausgesetzten Strecken, jene nur auf denjenigen Stollenlängen, die vom Tag bis zum anstehenden Salzgebirge in wasserträchtigem Schotter und ausgelaugtem Salzthon aufgefahren sind, und im Oberberg 69, im Mitterberg 52, im Steinberg 122, im Königsberg 230, im Kaisersberg 272 und im Erzherzogberg 111, zusammen also 856 Stabel betragen. Nachdem diese bedeutenden Stollenlängen ganz zu Mauerung geeignet sind, und bei der Stutzenzimmerung mit einem grossen Aufwand von Holz Thürstock an Thürstock steht, wovon keiner dem andern tragen hilft, so ist die noch immerwährende Beibehaltung derselben nur aus dem Grunde zu erklären, weil die Kosten auf Unterhaltung der nun einmal stehenden Anlage wahrscheinlich doch geringer sind, als die Interessen des grossen Anlagekapitals, das eine elliptische Stollenmauerung erfordert.

Bei der Längenzimmerung wird nur alle vier Fuss Thürstock gestellt, und der Raum zwischen denselben mit Brettern, alten Gestängen etc. hinterlegt, wodurch theils das abgeworfene Grubenholz wieder zur Verwendung kommt, theils der Druck des Gebirges gleichförmig auf die Stempel und Kappen vertheilt wird. Diese Zimmerung ist gegenwärtig die herrschende im Salzberg zu Hall, und auf thonlägigen Schächten eben so anwendbar, wie auf Strecken, sobald sie nur im rechten Winkel mit dem Ansteigen des Gebäudes angelegt wird.

Nur in Wassergebäuden wird Lerchenholz, sonst überall Fichten- oder Tannenholz verwendet. Die Stempel und Kappen finden sich theils rund, 7 bis 8 Zoll dick, und auf einer Seite gegen das Gebirge behackt, theils gespalten. In der Regel steht jeder Stempel auf der Sohle in einem 6 Zoll tiefen Bühnloch, wenn aber der Druck sehr gross und die Sohle weich ist, so werden Grundsohlen von gleichem Holze gelegt. Das Einschneiden der Zimmerung geschieht bloss an den Kappen und den Grundsohlen, damit der Stempel ungeschwächt bleibt, und nicht durch öfteres Ueberzimmern zu kurz wird. Im Uebrigen sind die Gedinge der Zimmerung sehr verschieden, und nach Verhältniss, ob viel oder wenig Arbeit auf dem Gestein damit verbunden ist, zu 1 Fl. 12 Kr. bis 2 Fl. pro Stabel taxirt.

§. 51. Die Selbstwässer. *a*) Ihre Anzahl und Geschichte, ihr Ursprung und Zusammenhang. Im Salzberg zu Hall entspringen gegenwärtig 12 süsse Quellen oder, wie der Salzbergmann sie nennt, **Selbstwässer**, nämlich

im Wasserberg:

1) das alte Ursprungswasser,
2) die neuen Ursprungswässer;

im Oberberg:

3) die Wandwässer,
4) die Angerwässer,
5) die Kothekerwässer,
6) die Korolangwässer;

im Mitterberg:

7) die Landseewässer,
8) die Blattwässer,
9) die Grünbergerwässer,
10) die hohen Gefällwässer;

im Steinberg:

11) die Sarthan- und Erberwässer,

12) die Zacherwässer.

Das erste Selbstwasser, welches in den frühesten Zeiten des Bergbaues bei Auffahrung des Wasserberger Hauptstollens am alten Feldort desselben in einer Entfernung von 343 Stabel vom Stollen-Mundloch im klüftigen Kalkstein erschroten worden ist, ist das sogenannte alte Ursprungwasser. 476 Jahre später, nämlich im Jahre 1751, als man in der Absicht, die Selbstwässer der tiefern Berge zu überfahren, den Wasserberger Hauptstollen noch 540 Stabel gegen West-Südwest im Kalkstein weiter verfolgte, wurden die neuen Ursprungwässer angefahren, welche auf der Stollensohle und von den klüftigen Stössen zusammenfliessen.

Von dem Einbruch, dem Verhalten und den Schicksalen der Selbstwässer im Oberberg schweigen die alten Bergbeschreibungen gänzlich, dasselbe gilt von den Landsee- und Blatwässern im Mitterberg; der erste Einbruch der hohen Gefäll- und Grünbergerwässer aber geschah im Jahre 1730 auf der Schneberger Schachtricht im Mitterberg, welche zur erforderlichen Wettercommunication von dem Kreuz-Ebenschurf auf die Thorer Schachtricht, nicht weit von dem Buchholzer Ebenschurf hinübergebaut wurde. Das Selbstwasser drang bis an die Püthe des Grünberger Werkes, und schnitt sich bald darauf in das Werk selbst ein, welches damals mit dem Buchholzer Werke vereinigt war. Das Wasser auf der Schneberger Schachtricht blieb zwar dadurch aus, aber in dem Grünberger Werke ergab sich ein Gefälle nach dem andern, und in kurzer Zeit war dasselbe bis unter die Gestängfahrt der Thorer Schachtricht mit Wasser vollgefüllt. Man sah sich daher genöthigt, die Buchholzer Ablasswöhre im Steinberg zu öffnen, und das bereits halb vergütete Wasser, so viel nicht zur Anwässerung des Berger Werkes, so wie des Stachelburger Werkes gebraucht wurde, zu Felde zu leiten, welches von 1730 bis 1735, mithin über fünf Jahre gedauert hat. Aber am 25sten Mai des letztgenannten Jahres brach die ganz umschnittene Wöhre aus, und die Wässer strömten wie ein Bach über die Braun- und Ott-Schachtricht zu Tage aus, nachdem sie zuvor das Bergwerk, das Ottwerk und das Taschwerk angefüllt hatten.

Nachdem endlich die Wässer aus dem vereinigten Grünberger und Buchholzer Werke abgeflossen waren, traf man alle Vorsicht, sowohl über als in dem Werke den einfallenden Wässern nachzubauen, und dieselben so viel als möglich aus dem Werk in die Ebensohle des Mitterberges zurückzubringen. Mancher Versuchbau wurde im Gips bis auf wenige Stabel unter die Korolanz-Schachtricht im Oberberg hinauf getrieben; aber nicht selten geschah es, dass die Wässer, wenn ihnen in einer Kluft zur bequemern und vollständigern Fassung auf eine gewisse Höhe nachgegangen wurde, plötzlich verschwanden und auch nicht wieder zum Vorschein kamen. Gleichwohl hat man so manchen Wasserzusitz gefangen, der auf dem Hauptstollen des Mitterberges glücklich ausgeleitet worden wäre, wenn nicht die beständigen Brüche und Gefälle die Rinnwerke zerschlagen, und die zu ihrer Wiederherstellung angestellten Arbeiter in immerwährende Lebensgefahr gesetzt und verhindert hätten. Die Sohle der Braun- und Ott-Schachtricht im Steinberg ist durch den gewaltsamen Ausbruch der Buchholzer Wöhre in einen so unregelmässigen Saiger versetzt worden, dass die Wässer um so weniger in Rinnen ausgeleitet werden konnten, als letztere im Schotter und Schlamm, den die Wässer mit sich brachten, beständig verlegt worden sind, und des Schopf- und Nachschlagtreibens kein Ende war.

Im Jahre 1780 sind zwei Dammwöhren vor und hinter dem Wöhrschürfel des Buchholzer Werkes in der Absicht angelegt worden, um die Selbstwässer durch die hintere Wöhre zur vordern anzutreiben, und bis in die Ebensohle des Mitterberges aufzuschwellen. Unter der Bearbeitung der hintern Wöhre ist der schlammige Laist aus dem Werk durch das ausgespülte Wöhrschürfel gleich einer Lawine herabgebrochen, und bis zum Vambach-Kreuzwechsel gedrungen, dessen ungeachtet wurden die Wöhren in einem Jahre vollendet; aber schon nach 14 Tagen hat sich die Unhaltbarkeit der hintern dadurch bezeugt, dass an der Förste des Wöhrbundes das Wasser schlammartig herausdrückte, welches sich ungeachtet der jedesmaligen, äusserst mühevollen, mit Strapazen aller Art verbundenen Reparaturen binnen wenigen Wochen dreimal wiederholte.

In der einhelligen Meinung, dass der Druck der zwischen beiden Wöhren eingeschlossenen Luft daran Ursache sei, beschloss man zur Entbindung derselben, von dem Buchholzer Werke einen Langofen anzufangen, und von ihm mit einem Abteufen auf die Erber Schachtricht zwischen den beiden Wöhren niederzugehen. Dieser Bau stand auch bereits im vierten Monat im Betriebe, da stürzte am 4ten December 1787 der ganze Himmel des Buchholzer Werkes von der darüber stehenden und nach Mittag abfallenden Gipsbank los und zu Grunde.

Dadurch wurde nun die vordere Wöhre auf der Erber Schachtricht so versetzt, dass der Ablass nur mehr in einem dünnen Wasserfaden floss, und die Wöhre selbst von dem hinter ihr zu hoch angeschwellten Selbstwasser umschnitten wurde. Sie wurde daher abgebrochen, die untere Hälfte aber stehen gelassen, und das Wasser dadurch wie mit einem Damm gefasst und abgeleitet. Zu gleicher Zeit wurde, weil die Communication der Erber Schachtricht mit den hintern Schachtrichten des Steinberges durch diese Wöhren abgeschnitten war, die Sarthan-Schachtricht auf die Vombach-Schachtricht ausgefangen, und im Jahre 1737 noch durchschlagen.

Inzwischen hat man mit kostbaren und vielfältigen Nachbauen im hohen Gefäll und bei den Grünbergerwässern im Mitterberg und auch im Steinberg doch endlich so viel bewirkt, dass die Wässer da und dort aus dem Salzgebirge in festes Gestein gebracht wurden, bis endlich im Jahre 1742 ein neuer Einbruch auf der Mitte der Sarthan-Schachtricht geschah, welcher auf dieser, so wie auf der Grünberger, Buchholzer und Erber Schachtricht abermals theure Wassergebäude, Knappen- und Rüsterschläge, bald im Salzgebirge, bald in Gips und versottenem Gebirge verursachte, womit gleichwohl die bald da, bald dort zugesessenen, sich hin und her wendenden Wasserzweige nicht mit voller Sicherheit zu fassen waren, bis zuletzt im Jahre 1749 mit den Erber Wassergebäuden in den Mitterberg hiaufgefahren wurde, die Verrüstung der Brüche, Wasseröfen und Schürfe nach langer Zeit vollendet, und die klüftigen Gebäude sämmtlich mit Grundsohlen belegt und mit Letten in der Art verschlagen waren, dass im Jahre 1750, also 20 drangsalvolle Jahre nach ihrem ersten Einbruch, alle Gefäll-, Grünberger, Sarthan- und Erber Wässer ohne weitern Schaden theils durch den Mitterberg, theils durch den Steinberg ausgeleitet werden konnten.

Das Zacher Selbstwasser, welches auf der Zacher Schachtricht im Steinberg aus einer Gipskluft entspringt, war schon im Jahre 1520 im Mitterberg in die Thorer Werke, und später, nachdem es durch Verwöhrungen glücklich daraus gebahnt worden war, in das alte Königwerk im Steinberg eingebrochen. In der Absicht, es nicht nur aus diesem Werke, sondern überhaupt aus dem Salzgebirge in festes Gestein zu bringen, wo es verwöhrt oder wenigstens im Zaum gehalten werden könnte, wurde in der Saiger-Ebene der Zacher Schachtricht, jedoch 20 Stabel tiefer, ein Versuchbau aufgefahren, dessen Betrieb 200 Stabel lang dauerte, bis das Selbstwasser erreicht wurde. Hierauf wurde 67 Stabel hinter dem Wechsel beider Zacher Oerter von der Zacher Schachtricht eine Püthe unter dem Namen Wöhrpüthe, und 10 Stabel hinter derselben eine zweite unter dem Namen Wasserpüthe auf den Versuchbau abgeteuft, und zwischen beiden Püthen eine Letten-, und als sich dieselbe nicht haltbar zeigte, eine Stockdammwöhre geschlagen, damit das Wasser in zwei wohlverwahrten lerchenen Röhren durch die Wasserpüthe auf die Zacher Schachtricht geschwellt, und daselbst ebensöhlig ausgeleitet werden konnte. Nachdem aber auch die Stockwöhre an Haltbarkeit nicht entsprach, so wurde die Wöhrpüthe in die Wasserpüthe durchschlägig gemacht, aus letzterer dem Selbstwasser in Gips wieder nachgebaut, und nachdem die Strecke 18 Stabel weit auf Stunde 6 nach Mittag überfahren war, abermals eine Stockwöhre geschlagen, durch welche das Wasser angezapft und durch die Wasserpüthe in dichten Geschirren wieder aufgeschwellt wurde.

Gleichzeitig mit diesen Bauten wurde auch die Zacher Schachtricht 102 Stabel weit, bald in Stunde 6, bald in Stunde 9, später in Stunde 10 und zuletzt in Stunde 11 gegen Mittag weiter übertrieben, um das Selbstwasser anzufahren, und endlich mit 6 Oefen auf beiden Stössen ausgelenkt, die zwar ausgelaugtes Gebirge, aber kein Wasser erbauten. Die Hauerschläge wurden daher zurückgezogen, und der Aufschub der Wässer durch die verwöhrte Wasserpüthe auf der untern Fahrt verblieb wieder beim Alten bis zum Jahr 1580. In der zwölften Woche dieses Jahres aber ist der Zacher über der Wöhre mit einer solchen Mächtigkeit ausgebrochen, dass die

Wässer mit 36 Mann kaum gewältigt werden konnten, welches bis zum Jahr 1582 gedauert hat. Zur Winterszeit, wo die mit Wasser ganz angefüllt gewesenen Strekken wieder befahrbar waren, wurde sodann dem Wasserkrack von der Wasserpüthe weg auf etliche 70 Stabel nachgebaut, und zwei neue Sinkwerke und Püthen abgeteuft. Aber eben als man im Begriff stand, einen tauglichen Standpunkt zur Anlage einer haltbaren Wöhre auszusuchen, schwoll am 3. Mai 1582 der neu ausgebrochene Zacher mit einer solchen Gewalt in den Sinkwerken auf, dass die untern Fahrten acht Stunden lang unzugänglich waren. Als die Wässer sich wieder etwas versessen hatten, wurde im Jahre darauf in der Mitte der unterhalb auf etliche 70 Stabel weit aufgefahrenen Strecke eine Wöhre geschlagen, wodurch der Fluss wieder zum Steigen in Röhren gezwungen wurde. Allein am 26. Mai 1583 wurde Wöhre und Röhre zerrissen und das Ganze wieder in den alten traurigen Zustand zurückversetzt. Und als dann die Wässer abermals so weit verlaufen waren, dass man in die Zacher Fahrt wieder hinabgelangen konnte, wurde im Jahre 1584 dem Flusse noch mehr nachgebaut, bis man ein standhaftes Gebirge zu einem Wöhrbau getroffen, hinter welchem eine Püthe auf den Fluss abgeteuft, und letzterer noch einmal zum Steigen gebracht wurde.

Endlich, nach 66jähriger, fruchtloser Anstrengung, kam man auf den Gedanken, den Zacher auf der Zacher Schachtricht selbst aufzusuchen, weil man sich erinnerte, dass dieses Selbstwasser schon in der Vorzeit in die Thorer Werke des Mitterberges eingebrochen ist, folglich aus obern Teufen herabkommen müsse. In dieser Absicht wurde das Ort eines an dem linken Stoss der Schachtricht aufgefahrenen, aber im zehnten Stabel wieder aufgelassenen Wasserofens bis auf 26 Stabel weiter fortgesetzt, und damit ein kleiner Wasserzusitz erschroten, der sich immer mehr und mehr in die Höhe zog. Bei weiterer Verfolgung desselben wurde eine weite Höhle in einem krackigen Gips überfahren, und darin in einem saigern Abstande von 14 Stabel über der Zacher Schachtricht der ganze Zacherfluss im Jahre 1586 angebaut.

Die Selbstwässer durch Taggebäude zu überfahren, war man auf dem Salzberg zu Hall schon dreimal mit einem ausserordentlichen Geldaufwand ganz fruchtlos bemüht. In der Meinung, dass dieselben nur allein die Folge der von Tag eindringenden Schnee- und Regenwässer seien, wurde im Jahre 1740 auf dem sogenannten Wildanger, oder an der mittägigen Seite der Tagerevier, zunächst über der Lagerstätte, alles hervorspringende Gestein, das ein Wasser aufzuhalten und zum Eindringen desselben in das Innere des Gebirges Gelegenheit geben konnte, scarpirt; es wurden alle Gräben und hintersässigen Stellen mit Grund angefüllt und mit Letten verschlagen, worunter sich vorzüglich eine grosse Kluft auszeichnete, in welche sich viel Schnee- und Regenwasser versessen hat. Diese Kluft wurde mit besonderer Sorgfalt ausgefüllt, mit Letten, und darüber noch mit lerchenen Brettern bedeckt, damit das Wasser ablaufen konnte. Der ganze Bau wurde mit dem Namen Schusstenn belegt. Die Selbstwässer der obern Berge änderten sich zwar nicht im Geringsten, aber das Zacher Selbstwasser im Steinberg soll sich bald darauf sehr bedeutend vermindert haben, woraus man schloss, dass dieses Wasser seine Nahrung zum grossen Theil um so mehr aus der Tagrevier des Wildangers ziehen dürfte, als dasselbe, wenn es stark im Wachsen ist, immer eine gelbe Farbe zeigt, und vorzüglich in der Gegend, wo der Weg vom Steinberg zum sogenannten Thürl hinaufgeht, ein verwitterter ockergelber Kalkstein ansteht.

Dass nicht auch die Selbstwässer der obern Berge eine Abnahme verspüren liessen, schrieb man lediglich der Unzulänglichkeit blosser Scarpirungen zu. Durch förmliche Wasserstollen in der Tagrevier des Wildangers glaubte man zuverlässig auch auf sie wirken zu können. Deswegen wurde zur bequemern Fortschaffung des Grubenholzes, Gezähes und Fördergeschirrs ein eigener Fahrweg von der Steinberger Wohnungshütte bis hinauf auf das Wildangerjoch angelegt; es wurden Wohnungen für 18 Knappen sammt dem erforderlichen Förder- und Hülfspersonal erbaut, und endlich am 15. Juli 1741 der Mariahilf- und beinahe gleichzeitig der Johann von Nepomuk- und der Josephstollen aufgeschlagen, und durch eine Reihe von Jahren meistens in sehr klüftigem Kalkstein 1900 Stabel weit nach Mittag aufgefahren, und durch Querstrekken mit einander verbunden. Die Mundlöcher dieser drei Stollen, die nun bereits eingegangen sind, standen 110 Lachter saiger über dem Mundloch des Wasserberger Hauptstollens und 5088 Fuss über dem Meere. Allein unter allen diesen kostbaren Gebäuden hat man nur in dem Johannesstollen einen kleinen Wasserzusitz erhalten, der sich bald wieder verloren hat, ohne auf die eigentlichen Selbstwässer des Bergbaues auch nur die geringste Wirkung zu äussern.

Durch diese misslungenen Versuche überzeugt, dass der schlechte Erfolg der betriebenen Wassergebäude nebenher auch vorzüglich ihrer zu hohen Lage im Gebirge zuzuschreiben sei, wagte man im Jahre 1751 den dritten Versuch, und zwar gegen Abend, durch Wiederaufnahme und Fortsetzung des alten Wasserberger Stollenorts, welches in seiner Lage tief genug schien, um die von oben eindringenden Selbstwässer abzuschneiden. In dieser Absicht wurde 17 Stabel hinter dem Thallhacker Ebenschurf im Kalkstein aufgefahren, und der Wasserberg noch um 540 Stabel weiter aufgeschlossen, wobei 90 Stabel die Richtung auf Stunde 7, und 450 Stabel anf Stunde $4\frac{1}{2}$ haben, und auf 40 Stabel ein Stabel Wassersaige besitzen, damit die zu hoffenden Wässer zum schnellern Ablauf genugsames Gefälle erhalten, und weder dem Salzgebirge im Oberberg zu nahe, noch zu hoch über die Korolanz-Schachtricht und vielleicht über die Wässer hinaus gebaut werden möchte. Allein die Frucht dieses Versuches war bloss allein die Erschrotung der erwähnten neuen Ursprungwässer, ohne dass deswegen die Selbstwässer des Oberberges sich zum Vortheil geändert haben, wie dies aus den alten Bergbeschreibungen abzunehmen ist, in denen wohl von den Kosten dieses Baues, aber von keiner Abnahme der darunter entspringenden Selbstwässer die Rede ist.

Mehr ist im Wesentlichen von der Geschichte der Selbstwässer im Salzberg zu Hall nicht bekannt; wenn man aber die Kenntniss von der innern Beschaffenheit der Lagerstätte damit in Verbindung setzt, so ist das Bisherige hinreichend, um folgende, theils allgemeine, theils speciell anwendbare Sätze daraus abzuleiten.

1) Es kann bei der künstlichen Soolen-Erzeugung kein grösseres Unglück gedacht werden, als angefahrene Selbstwässer, die entweder nicht in festes Gestein zu bringen sind, oder die sich daraus in das Salzgebirge wieder verloren haben. Denn der Salzverlust, der durch Auslaugung des Gebirges entsteht, ist hierbei der geringste Schaden; derselbe besteht vielmehr in der völligen Unbrauchbarkeit derjenigen Reviere, in denen sie hausen, weil sich denselben auch nicht von ferne mehr nähern

lässt, ohne die Verbreitung immer weiter zehrender Wässer aus höhern in nächst niedern Teufen besorgen zu müssen, und weil, wenn diese Sorge auch wirklich durch eine glückliche Fassung gehoben wird, das aufgelöste Gebirge den gegenseitig verwachsenen innigen Zusammenhang oder die Gesteinsfestigkeit verloren hat, und jede neue Werksanlage, so wie die fernere Aufsiedung darunter liegender, selbst benachbarter Werke unvermeidliche Gefälle zur Folge haben muss.

2) Am grössten und dringendsten aber wird die Gefahr alsdann, wenn die Selbstwässer in ein oder mehrere Soolen-Erzeugungswerke brechen, weil hier die Hülfe, so augenblicklich sie auch nöthig wird, doch nur höchst unsicher zu suchen ist, und weil die Strapazen keines andern Bergbaues mit den drangvollen Verhältnissen jener Lage vergleichbar sind, welche entsteht, wenn die Werke überfüllt, die Wöhren umschnitten, und Durchbrüche, Verwüstungen aller Art und Einbrüche in noch tiefere Werke nicht mehr verhindert werden können. Hier gilt nun die Regel, die Hülfe niemals in den verunglückten Werken selbst, sondern immer über denselben zu suchen; alle Bemühungen, die Selbstwässer durch wie immer zu bezweckende Anschwellung in eine nächst höhere Teufe mit Gewalt bringen wollen, sind fruchtlos; man muss auf die Rettung der verunglückten Werke geradezu verzichten, und alle Kräfte ausschliessend dahin vereinigen, den Feind in der Ebensohle des darüber liegenden Bergaufschlusses abzuschneiden.

3) Zu Hall müssen die Selbstwässer im Liegenden von den Selbstwässern im Hangenden wohl unterschieden werden. Die Selbstwässer im Liegenden sind diejenigen, die entweder aus dem Alpenkalkstein, auf und zwischen welchem das Salzgebirge gelagert ist, auf verschiedenen Punkten der Ebensohle und der Teufe entspringen, oder

aber ihr Dasein den nassen Niederschlägen in der nächsten Tagrevier des Grubengebäudes verdanken, und längs den Salbändern zwischen dem Alpenkalkstein und dem Salzgebirge eindringen. Sie sind daher immer nur am Ausgehenden der Lagerstätte zu befürchten, sie können nur auf den äussersten Feldörtern zum Vorschein kommen, und bezeichnen mit den Wirkungen ihres gegenwärtigen oder vergangenen Daseins zugleich die Grenzen des benutzbaren Grubenfeldes. Von Selbstwässern dieser Art nun ist der Salzberg zu Hall noch vollkommen frei, wenn gleich die Spuren ihres vergangenen Daseins, nämlich das sogenannte Frischgebirge, dessen Auslaugung durch dieselben verursacht worden ist, in allen ältern Bergen, vorzüglich auf dem nord- und südwestlichen Halbkreis der Lagerstätte, bereits mehrmals angefahren worden sind. Würden hierbei die Wässer noch wirklich angetroffen worden sein oder auf andern Oertern dereinst noch angetroffen werden, so wäre ihre glückliche Fassung im festen Gestein nur durch schwunghafte Auffahrung bis an das Liegende des Alpenkalksteins möglich. Wahrscheinlich aber wird diese Gefahr zu Hall niemals eintreten, und zwar aus zwei Gründen:

a) weil das äusserste Feldort der Holzhamer Schachtricht im Steinberg, mit welchem das Liegende schon wirklich ganz trocken erreicht worden ist, hoffen lässt, dass auf dem ganzen nord- und südöstlichen Halbkreis der Lagerstätte kein Frischgebirge ansteht;

b) weil die wasserleere Beschaffenheit desjenigen Frischgebirges, welches auf den meisten äussersten Feldörtern des nord- und südwestlichen Halbkreises angefahren worden ist, Zeugniss giebt, dass die daselbst in früher Vorzeit herrschend gewesenen Selbstwässer im Liegenden ganz verschwunden sind, indem in einem Salzgebirge ein blosses Zurückziehen der Selbstwässer ohne totale Vertrocknung nicht wohl denkbar ist.

4) Was die Selbstwässer im Hangenden betrifft, so gehören zu dieser Classe ohne Ausnahme alle die süssen Quellen, die gegenwärtig im Salzberg zu Hall entspringen. Der geneigte Leser wolle sich nämlich an jenen Kalkstein erinnern, welcher über dem Wasserberg zu Tage ansteht, und getrennt von dem Kalkstein der das Hallthal einschliessenden Berge den Gipfel des Salzberges bildet, in dem der Wasserberger Hauptstollen vor Ort aufgelassen, und die Korolanz-Schachtricht im Oberberg zum Theil aufgefahren ist, der als ein in der Urzeit von den Spitzen des hohen Pfeiserjoches, Lavatscherjoches etc. hereingestürztes, mächtiges Gefälle bezeichnet wurde, durch die in den obern Teufen der Lagerstätte noch nicht erhärtete Salzthon- und Gipsmasse bis in die Teufe der Ebensohle des Mitterberges mit dem abweichendsten Verflächen seiner Trümer durchgedrungen ist, und bloss zufälligerweise das Dach oder Hangende der Lagerstätte bildet. Dieses mitten im Salzgebirge liegende und ringsum von demselben eingeschlossene grosse Gefälle halten wir für die eigentliche Behausung der gegenwärtigen Selbstwässer im Salzberge zu Hall; denn sie entspringen entweder auf den Klüften seines Kalksteins, oder auf der Scheidung zwischen ihm und dem Gips, oder endlich, wenn die Fassung nicht vollkommen und der Gips klüftig ist, in einem darunter liegenden Gipskrack. Die Selbstwässer zu Hall haben daher einen gemeinschaftlichen Charakter, insofern sie alle gleichen Ursprung von Tag und eine bestimmte Begrenzung des Raums haben, durch welchen sie sich im ganzen Umfange des Gefälles in die Teufe ziehen, und darin sicher zu finden sind. Diese Ansicht macht dann die Kenntniss ihres besondern Zusam-

menhanges ganz überflüssig. Sie hängen nämlich in den vier Saigerteufen der Bergaufschlüsse, in denen sie gefasst sind, zusammen und nicht zusammen, je nachdem die Gesteinsscheidungen, auf denen sie fliessen, selbstständig oder in die Teufe mit und durch einander verschlungen sind. Höchst wahrscheinlich aber sind wenigstens die Selbstwässer des Steinberges, die lediglich allein in Gips entspringen, bloss der Abfall derjenigen Wässer, die in dem darüber liegenden Mitterberg nicht vollständig gefasst werden konnten, und sich auf Klüften derjenigen Gipsbank, auf welcher das grosse Kalksteingefälle gelagert ist, in grössere Teufe gezogen haben.

5) Wir halten es demnach für möglich, in der Ebensohle des Wasserberges alle Selbstwässer der untern Teufen abzuschneiden, sobald das Kalksteingefälle dieses Berges bis zum wieder anstehenden Salzthon nach allen Richtungen eröffnet wird. Deswegen dürfte aber auch die Benutzung der zwischen dem Wasserberger und Oberberger Hauptstollen anstehenden Bergdicke mit grossen Hindernissen zu kämpfen haben, weil der Wasserberger Hauptstollen alle entgegen kommenden Selbstwässer wahrscheinlich nicht zu tragen vermögend ist.

6) Ueberhaupt möchte im Salzberge zu Hall theils die Grenze des Frischgebirges, theils das Vorkommen der Selbstwässer abermals beweisen, dass die Tagewässer in grössern Teufen, oder bei gleichen Teufen mehr nach der Mitte eines Salzgebirges nur auf dem Wege der Klüfte und Gesteinsscheidungen zudringen, und ohne dieselben nur verhältnissmässig geringe Fortschritte zu machen vermögen, so lange sie sich in blossem Salzthon befinden. Wenn daher in diesem Salzthon ein Schwizwasser oder eine Quelle angefahren wird, die sich bei geringer Quantität und bei ruhigem Verhalten leicht fassen lässt, so ist es Pflicht der Vorsicht, den Feind nicht

zu reizen, sondern es bei dieser Fassung in der Hoffnung bewenden zu lassen, dass die Natur durch die vorliegende Masse des Gebirges dem weitern Andrange am sichersten von selbst vorbeugen werde. Wenn aber der Zufluss von grösserer und bedenklicher Art ist, so wird man sich auf eine dauerhafte Fassung desselben im Salzthongebirge niemals verlassen können, sondern früh oder spät allemal gezwungen sein, der Quelle nachzubauen. In diesem Fall nun darf sich der Salzbergmann des nahen Daseins einer bald zu erreichen möglichen Gesteinsscheidung fest versichert halten, welche zu überfahren stets als der beste Entschluss sich bewähren wird.

b) Beobachtung, Fassung und Ausleitung der Selbstwässer. Schon ehe Tyrol an die Krone Baiern kam, genoss der Salzberg zu Hall das Glück, seine Selbstwässer sämmtlich im ruhigen Stande, und ihre Ursprünge im festen Gestein zu sehen. Wie viel es gekostet haben mag, bis es endlich dahin gekommen ist, und wie oft und sonderbar man hierbei getäuscht und irre geleitet wurde, beweisen die vielen, in den verschiedensten Stunden, und bald in ebensöhliger, bald thonlägiger Richtung, bald im Kalkstein, bald im Gips und Salzthongebirge aufgefahrenen sogenannten Wasseröfen, die vor Ort des Wasserursprungs meistens in Gefällen stehen, beschwerlich zu befahren sind, und wegen der Last des losen Gebirges fortwährend eine äusserst kostbare Unterhaltung in Zimmerung und Verbühnung erfordern.

Allein erst unter baierscher Hoheit wurde es zur beständigen Hauptsorge des Betriebes, theils den Ausbau der Wasserorte auf das Solideste zu erhalten, theils die Selbstwässer auf das Sicherste und Vollständigste zu fassen, auf dem kürzesten Wege auszuleiten, dieselben in ihre einzelnen Zweige auszuscheiden, täglich zu beobachten und über die Resultate ihres Verhaltens unter Berücksichtigung der Witterungsverhältnisse ein eigenes Buch zu führen, damit vorzüglich jede vor sich gehende Veränderung frühzeitig bemerkt, und von den gewöhnlichen, von dem Witterungswechsel unzertrennlichen Abweichungen des Zuflusses unterschieden werden könne.

In dieser Absicht wurden ausgeschieden und als besondere Zweige angesehen, bezeichnet und festgesetzt folgende zwei und zwanzig Selbstwässer:

im Wasserberg

1) das alte Ursprungwasser,
2) das neue Ursprungwasser;

im Oberberg

3) der ältere Zufluss der Wandwässer,
4) der neue Zufluss derselben,
5) die Wässer im Angergefälle am Punkt ihrer Vereinigung,
6) die Korolanzwässer,
7) der Zufluss der Kothekerwässer auf der Kotheker Schachtricht,
8) der Zufluss am hohen Kotheker Wasserort,
9) die Kotheker Wasserzuflüsse am Wasserkasten;

im Mitterberg

10) die Landseewässer Nr. I,
11) die Landseewässer Nr. II,
12) die Landseewässer Nr. III,
13) die Landseewässer Nr. IV,
14) die Landseewässer am Wasserort, auf der Scheidung zwischen Kalkstein und Gips unter der Benennung Nr. V,
15) die Hauptblattwässer oder der Hauptzweig der mit Nr. 24 bezeichneten Wässer,
16) der Seitenzufluss der Blattwässer im Ebenschurf,

17) die Wässer vom hohen Gefälle an ihrem Vereinigungspunkt,
18) die Grünbergerwässer;

im Steinberg

19) die rechts zufliessenden Sarthanwässer,
20) die links zufliessenden Sarthanwässer,
21) die im Schurf erbauten Sarthanwässer,
22) die Zacherwässer.

Der Zufluss aller dieser Selbstwässer beträgt in jeder Minute gegen 83, oder jährlich gegen 44 Millionen Kubikfuss. Bei jedem Zweige derselben wird das Wasser in der Ausleitungsrinne zur Herstellung eines ruhigen Spiegels durch eine durchlöcherte Scheidewand zum Aufsteigen gebracht, und die Höhe des Wasserstandes vor dem Ueberfall durch eine an der Rinnenwand angebrachte messingene, nach Decimallinien eingetheilte Scale beobachtet. Ueber die täglichen Beobachtungen wird eine Tabelle geführt, und der Stand jedes Selbstwasserzweiges unter Bemerkung der herrschenden Witterung eingetragen.

Was nun insbesondere die Fassung der Selbstwässer betrifft, so richtet sich die Art derselben theils nach der Beschaffenheit und Lage des Wasserortes, theils nach der Stärke und Richtung des Wasserzuflusses, worauf es dann ankommt, ob zur Fassung Röhren oder Rinnen, ob Grundsohlen mit oder ohne Lettenpflaster, ob der Wassermantel oder die schiefe Wasserdachung am zweckmässigsten sich eignen. Es ist der einfachste Fall, wenn das Selbstwasser klein ist, und in dem übrigens trockenen Wasserort auf der Sohle entspringt. Hier wird das Wasser an seinem Ursprunge mit einem Lettendamm ringsum eingefasst, und in diesem Damm entweder in einer Röhre, wenn der Wasserofen thonlägig und hoch liegt, oder in einer Rinne, wenn der Ursprung in der Bergaufschluss-Ebene sich befindet, gefasst und abgeleitet. Ist die Quantität des Selbstwassers bei gleicher Beschaffenheit des Ursprungs grösser und sehr gross, so wird der stehende Damm angewendet, welcher nach Maassgabe der Lokalität in grösserer oder geringerer Entfernung vom Ursprung auf der Sohle und an den Stössen des Wassergebäudes mittelst eines 6 Zoll tiefen und nach Umständen 1 bis 2 Fuss hohen Wöhrschramms eingelassen ist, und entweder aus einer Wand von Eichen- oder Lerchenholz, oder aus zwei solchen Wänden besteht, zwischen welchen der 12 Zoll weit offene Raum mit Letten ausgeschlagen ist. Wenn das Selbstwasser auf der Ofensohle in mehrern, von einander entfernten Zweigen entspringt, so wird das Gebäude im ganzen Bereiche des Wasserursprungs mit Grundsohlen belegt, die zu Hall durchgängig von Lerchenholz, 4 Zoll dick und rechtwinklig zugerichtet, in das Gestein eingelassen, gegenseitig angetrieben, auf allen Fugen mit Schoppwerg verkittet sind, und wenn das Gestein klüftig ist, noch überdies auf einem Lettenpflaster liegen. Auf diesen Grundsohlen sammelt sich das Wasser und läuft bis zu obigem Damm ab, in dem es gefasst und durch Röhren oder Rinnen abgeleitet wird. Entspringt das Selbstwasser nicht auf der Sohle, sondern aus der Förste, so bleibt die Vorrichtung mit Grundsohlen dieselbe; es kommt aber zur leichtern Befahrung des Wassergebäudes zunächst darauf an, ob das Gebirge steht, und ob das Gebäude die gewöhnliche Förstenbreite einer Strecke, oder die grössere Weitung eines höhlenartigen Raums besitzt. Im letzten Fall kommt die schiefe Wasserdachung, und im ersten Fall der Wassermantel in Anwendung, zwei Vorrichtungen, die sich bloss in ihrer Form unterscheiden, und aus über einander greifenden, einzölligen Brettern entweder eine schiefe Abdachung oder ein Gewölbe bilden, und das Selbstwasser von der Förste längs den Stössen des Wassergebäudes herableiten. Entspringt endlich ein Selbstwasser zugleich an der Förste und an den Stössen eines Wasserofens, welcher in Längenzimmerung steht, Taf. XV. Fig. 6, so fliesst das Wasser zwischen den Hinterlegern der Zimmerung heraus und herab, wie es kann, und es liegen längs den beiden Stössen über den Grundsohlen noch besondere Schwellen, auf welchen erst die Stempel befestigt sind. — Alle diese Fassungsarten kommen zu Hall mit ihren Modificationen bald in einfacher, bald in zusammengesetzter Anwendung vor.

Die Ausleitung der Selbstwässer von den Wassergebäuden über die verschiedenen Strecken und Stollen zu Tage geschieht in Gefludern, die 12 Fuss lang, 10 Zoll breit und 12 bis 14 Zoll hoch aus tannenen Brettern zusammengefügt, und oben mit hölzernen Zangen zusammengehalten werden. Die Verkittung der Fugen geschieht mit sogenanntem Kalkbrod oder Werg, welches in mit gesättigter Soole gelöschtem Kalke getränkt ist, und über die Fugen sind dann Latten mit eisernen Klammern befestigt. In diese Gefluder werden die kleinern Selbstwässer entweder mittelst Röhren herbeigeführt, oder das Gefluder mündet sich in den Damm, und nimmt die Wässer am Ursprung selbst auf. Das Wichtigste in Ausleitung der Selbstwässer besteht darin, dass die Gefluder niemals überlaufen, dass das unvermeidliche Tropfwerk und aller Wasserverlust, der durch Umlegung der Gefluder oder bei Zimmerungs-Reparaturen und bei Treibung von Sohlen-Nachschlägen entsteht, unschädlich werde, und endlich dass die Selbstwässer auf dem kürzesten Wege zu Tage kommen.

Es soll daher der Fassungsraum der Gefluder nicht nur der Zuflussstärke der Selbstwässer im ruhigen Stande entsprechen, sondern auch auf ausserordentliche Anschwellung derselben bei unvorherzusehenden Zufällen berechnet sein. Die Gefluder sollen frei auf der Sohle der Stollen und Strecken, das heisst, auf Unterlagen ruhen, unter denen jeder Wasserverlust schnell entdeckt werden kann. Vorzüglich ist ein durchaus gleichförmiges Gefälle nothwendig, weil alle Kosten auf grosse Geschirre vergebens sind, so lange dieselben bald höher, bald tiefer liegen, und die Geschwindigkeit des darin abfliessenden Wassers nicht gleich gross ist.

In dieser Hinsicht hat die königl. baiersche Staats-Regierung um den Salzberg zu Hall ein grosses Verdienst, weil sie mit geringer Ausnahme fast sämmtliche Gefluder theils unter der Gestängfahrt in der Sohle der Stollen und Strecken vergraben, theils in sehr unregelmässigem Saiger übernommen und keinen Aufwand gescheut hat, dieselben durch Sohlen-Nachschläge und durch bessere Benutzung des Gefälles ans Licht und ins Trockne zu bringen. Sonst hat jeder der vier Bergaufschlüsse, in denen Selbstwässer entspringen, nämlich der Wasserberg, der Oberberg, der Mitterberg und der Steinberg sein besonderes, in Anlage und Unterhaltung so theures, und die Trockenlegung der Stollen so sehr erschwerendes Gefluder zu Tage besessen. Unter baierscher Hoheit wurde von der Raschützer Schachtricht im Oberberg auf die Herrnbau-Schachtricht im Mitterberg ein Wasser-Abführschurf mit Ort und Gegenort angelegt, und über denselben die Selbstwasserleitung des Oberberges in die Wasserleitung des Mitterberges geführt, so dass nun die Ausleitung beider Berge in einer Rinnenfahrt geschieht. Durch diese Operation sind nicht nur allein 170 Fach Rinnen in Ersparung gekommen, sondern es wurde auch die ganze 554 Stabel lange Strecke von dem neuen Communications-Schurf bis zum Mundloch des Oberberger

Hauptstollens in trockenen Zustand versetzt, ohne wegen unzulänglichen Fassungsraums bei ausserordentlicher Anschwellung der Wässer besorgt sein zu dürfen, indem dieser Fassungsraum bereits erprobt ist, und überdies eine Hülfsröhrenleitung von dem Mitterberg über den Setzerschurf in die Rinnenleitung des Steinberges zureichende Sicherheit verbürgt.

Wir shliessen den Paragraph mit kurzer Erwähnung der Art und Weise, wie dasjenige Wasser, welches auf Stollen und Strecken durch die Wasserleitungen in Röhren oder Gefludern verloren geht, theils in Sümpfen, theils in Tauchergesenken gefangen und unschädlich gemacht wird. Die Sümpfe sind 1 bis 2 Fuss tief, und nach Erforderniss auf den Streckensohlen da oder dort angebracht. Das zu Verlust gegangene Wasser sammelt sich in ihnen und wird von Zeit zu Zeit mit langen hölzernen Handschöpfern in die Wasserleitungs-Gefässe geschöpft. Aus diesem Grunde stehen auf allen Röhrenleitungen in verschiedenen Entfernungen wieder senkrechte, kurze und dünne Röhren, deren obere Mündung von einer hölzernen schiffartigen Schüssel umgeben ist, welche das Zuschöpfen des Wassers erleichtert. Die Tauchergesenke sind 6 bis 50 Fuss tief, und auf dem rechten oder linken Stoss eines Stollens oder einer Strecke, nach Beschaffenheit des Raumes bald thonlägig, bald saiger abgeteuft, mit Letten ausgepflastert und mit Längenzimmerung oder mit Schachtzimmerung versehen. In diesen Gesenken steht ein sogenannter Taucher oder eine Pumpe, die nach Maassgabe ihrer Länge mit oder ohne Hebel-Vorrichtung in Bewegung gesetzt, und bald Krückelpumpe, bald Handpumpe genannt wird. Die Taucher-Gesenke werden vorzüglich in nässendem Gebirge angewendet, und sind deswegen stabil und verzimmert; die Sümpfe hingegen werden am meisten bei Reparaturen der Gefluder augenblicklich angelegt, um das Gebirge trocken zu legen, und nach erreichtem Zwecke wieder verstürzt.

§. 52. Wetterlosung. Kein Bergbau ist so heiter zu befahren, als der Salzbergbau! Nicht bloss, weil er so bequem ist, sondern auch, weil die Wetter durch die vielen unter einander aufgeschlossenen Berge und durch die verschiedenen Communications-Schächte in einem ununterbrochenen Wechsel erhalten werden. Dies gilt vorzüglich von dem Salzberge zu Hall, weil die Saigerteufe von dem höchsten Bergaufschluss oder dem Wasserberger Stollenmundloch bis zum tiefsten oder dem Mundloch des Max-Josephstollens schon über 1100 Fuss beträgt, und bei einem solchen Abstande, zumal in dem engen Hallthal, das von der Sonne nur wenige Stunden des Tages erwärmt wird, ein immerwährendes Uebergewicht der Luft am Mundloch des Max-Josephstollens herrscht und zur Folge hat, dass Winter und Sommer der Wetterzug durch den tiefsten Berg hinein und durch die höhern Berge heraus wechselt. Schlagende Wetter kommen niemals, und arme Wetter nur in zwei Fällen vor, entweder auf weit im Felde stehenden Oertern, oder mitten im Bergbau aus besonderer Veranlassung der Communications-Schächte, die in zwei zunächst über einander liegenden Bergen vielleicht gerade so stehen, dass der Wetterzug immer nur eine gewisse Richtung vorzugsweise zu behaupten geneigt ist, zum Nachtheil benachbarter Grubenreviere, die aus Mangel eines Communications-Schachtes an matten Wettern leiden. In diesem letztern Falle werden die Wetterthüren, Taf. XIV. Fig. 17., und zwar ohne Lutten, in der Art angewendet, dass die Thür von dem Wetterzug geschlossen wird, und ihn dadurch zwingt, in die wetterarmen Reviere zu wechseln. Sollen hingegen die Wetter weit bis vor ein Feldort geleitet werden, so geschieht dies durch Wetterthüren mit Lutten,

Fig. 18., dergestalt, dass auf der Sohle an einem Stoss der Schachtricht der Fangtrichter *a* 18 Zoll im Quadrat weit und vollkommen luftdicht in der Wetterthür angebracht, und in der Ausmündung auf 6 Zoll im Quadrat in die Lutten *b* zusammengeführt wird, die dann mit 6 Zoll Weite bis vor das wetterarme Ort hin liegen. Wenn letzteres in einem Reviere steht, in dem gar keine Wetter durchwechseln, und sich in keinem Trichter freiwillig fangen, so müssen dieselben mit Gewalt hingetrieben werden. Dies geschieht im Salzberge zu Hall durch den Wetterfocher, Taf. XIV. Fig. 19. 20. *c*, in welchem der durch das Treiben eines Rades *d* entstehende Wind in Lutten gefasst und bis vor Ort gebracht wird. Zur Bewegung dieser Focher werden die Werkbuben verwendet, weil das Rad zum Treten wie ein Spinnrad eingerichtet ist, und geringe Kräfte erfordert. Zuletzt, wenn nichts mehr hilft, die Wetter in Bewegung zu setzen, ist die Abteufung eines Communications-Schachtes in die Ebensohle des nächst tiefern Berges das sicherste, aber auch das kostbarste Mittel, weil ein solcher Schacht oft weit herbeigebracht werden muss, sobald die Stollen, Haupt- und Querstrecken nicht in Verticalebenen unter einander liegen, und auf beliebigen Ansitzpunkten, unter mannigfaltiger Abweichung ihrer Stunden und gegenseitigen Entfernungen aufgefahren sind. So wie hingegen diese Lage in Verticalebenen stattfindet, und die Eintheilung des Grubenfeldes von der Art ist, dass der Standpunkt und die Maasse jedes einzelnen Werksatzes bekannt sind, so bekommt dadurch die ganze Wetterversorgung eine andere Gestalt. Denn alsdann giebt es nur saigere Schächte, wovon nicht selten ein und derselbe Schacht durch zwei und mehrere Bergdicken wird abgeteuft werden, und hinsichtlich eines lebhaften Durchzuges der Wetter mehr wird leisten können, als mehrere thonlägige Schächte zusammen, zu denen die Wetter ohne vielseitige Hemmung durch Abstossung und Brechung nicht gelangen können. Insbesondere aber würde die wichtige Fortstellung der Oerter wesentlich erleichtert werden, wenn es nichts weiter bedürfte, als jeden beliebigen Werksatz mit Langwöhrofen und Püthe oder Sinkwerk vorläufig durchschlägig zu machen, um die frische Wetter-Communication zweier Bergdicken von Zeit zu Zeit beinahe in unmittelbarer Nähe des wetterarmen Ortes herzustellen.

§. 53. Durchbruch der Wöhren. Eine fernere, dem Salzbergbau drohende Gefahr betrifft das Durchbrechen oder das Auslaufen der Soolen-Erzeugungswerke. — Die Folgen dieses unseligen Uebels sind keine geringern, als ungeheurer Soolenverlust, kostspielige neue Verwöhrungen und Störung des Betriebes auf lange Zeit, wenn nicht völlige Unbrauchbarkeit des damit behafteten Werkes. Der Grund seiner Veranlassung kann theils in der natürlichen Beschaffenheit des Gebirges, theils in der Anlage des Wöhrbaues liegen. Im ersten Falle ist entweder das Gebirge um den Wöhrsatz so reich, oder mit einem solchen Kernstrich durchzogen, dass die Wöhre, bevor noch der Versud des Werkes über dieselbe hinaus sich erhoben hat, umschnitten wird, oder es stehen an den Werksulmen klüftige Gipsbänke an, zwischen deren Krakken die Soole durchsitzt, und je nach dem Standpunkt, der Richtung und Verbreitung derselben entweder auf dem Langwöhrofen, oder auf einer Schachtricht ausbricht. Im andern Falle steht der Wöhrsatz entweder auf einer Scheidung zwischen Salzgebirge und taubem Gestein, dessen Schädlichkeit im Salzberg zu Hall vorzüglich bei jener Wöhre des grossen Menzwerkes, welche auf der Stossinn-Schachtricht im Königsberg angelegt ist, sich gezeigt hat, oder seine Verschlagung mit Wöhrletten ist für den Soolendruck zu schwach, oder das Lettengerüste ist zu kurz, und die Veröffnung liegt dem Wöhrsatz zu nahe.

Im Salzberg zu Hall ist zwar ein Ausbruch der Soolen-Erzeugungswerke durch Umschneidung der Wöhren wegen der Armuth des Gebirges selten zu befürchten, wenn anders nicht nach den eben bezeichneten Punkten durch die Anlage des Werkes selbst Veranlassung dazu gegeben wird; aber auf dem Wege einer Durchsetzung zwischen den Klüften anstehender Gipsbänke, deren häufiges und plötzliches Vorkommen bekannt ist, ist die Gefahr ungleich drohender, wie dieses die vielen Werke der ältern obern Berge bezeugen, die auf diese Art in frühern Zeiten des Bergbaues ausgebrochen sind, und mit ihrer nothgedrungenen Auflassung einen kaum zu berechnenden Verlust an Steinsalz zur Folge hatten.

Es unterliegt keinem Zweifel, dass dieser Gefahr eines Soolenausbruches, dessen Ausbildung immer seine Zeit erfordert, durch Untersuchung der Werksulmen nach jedem Wasser, durch rechtzeitige Verstürzung der drohenden Stellen mit Werklaist, und, wenn dieses Mittel nicht hinreicht, selbst durch Verblendung mit Wöhrletten, endlich durch rasche Aufsiedung über den Wöhrsatz, und nöthigenfalls selbst durch neue Verwöhrungen vorgebeugt werden könne; allein es kommt hierbei alles darauf an, dass es früh genug geschehe. Sobald einmal der Soolenausbruch wirklich erfolgt ist, kann an eine Rettung des verunglückten Werkes kaum mehr gedacht werden, weil die Gewalt der ausbrechenden Soolenmasse das auflösliche Gebirge in einer zu grossen Verbreitung zerstört, als dass es möglich wäre, die Ausbruchs-Oeffnung durch eine gewöhnliche Wöhre wieder haltbar zu verschliessen.

§. 54. Verstopfung der Wöhren. Beinahe nicht minder störend für den Betrieb der Soolen-Erzeugungswerke ist die Verstopfung des Soolen-Ablasses durch Verlegung des Wöhrrohrs mit Schlamm, Holzspähnen etc. Die Soole, welche in diesem Falle nicht mehr durch die

Wöhre abgelassen werden kann, muss mit grossem Zeit- und Kostenaufwand abgeschöpft, und die schadhafte Wöhre, wenn man nicht für immer ein Schöpfwerk haben will, durchbrochen werden, sobald das Wöhrrohr nicht mehr gereinigt werden kann. Diese Reinigung nun geschieht entweder durch Anwendung einer eisernen Stange, mit welcher durchgeräumt wird, oder, wenn dieses nicht fruchtet, durch Hülfe eines eigens dazu eingerichteten Bohrers. In beiden Fällen ist die Arbeit beschwerlich, und nach Umständen mit mehr oder weniger Soolenverlust verbunden.

§. 55. Verdrückung des Lettengerüstes. Das letzte von den wichtigern Hindernissen bei dem Salzbergbau ist die Verdrückung des Lettengerüstes. Dieses Uebel, welches andere, reichere Steinsalzgruben kaum dem Namen nach kennen, kommt im Salzberg zu Hall sehr häufig vor, und gründet sich ohne Zweifel auf die Armuth des Gebirges, in welchem das Thongestein vorwaltend ist, und auf die natürliche Eigenschaft eines grossen Theils der Thonarten überhaupt, mehr oder weniger Wasser einzusaugen, stärker oder schwächer an der Zunge zu hängen, und sich oft so zu sättigen, dass die Cohärenz ihrer Theile ganz aufgehoben wird, und sie im Wasser zu Pulver zerfallen. Diese Aufhebung der Cohärenz erklärt daher die fragliche Erscheinung im Salzberg zu Hall insofern, als letztere ohne Aufblähung des Gebirges, ohne Bestreben nach grösserem Raum nicht möglich ist; obgleich es noch immer dunkel bleibt, wo und auf welche Art es dem Wasser- oder Soolenstand im Werke noch möglich werden kann, mit dem Gebirge durch die dichte Zimmerung des Lettengerüstes und durch das hinter derselben compact verschlagene Lettenpflaster in Berührung zu kommen. Genug, die Gewalt dieser Aufblähung setzt in Erstaunen; die stärkste Verspreizung des Lettengerüstes herstet, die stärksten Stempel brechen entzwei, das Lettenpflaster wird herausgedrückt, und die entblössten Stösse des Wöhrlangofens gehen mehr oder weniger zu Bruche.

Es braucht hier wohl nicht erinnert zu werden, wie leicht hierdurch die Wöhre umschnitten werden kann, zumal es oft lange dauert, bis die Gefahr entdeckt wird, weil es immer ein höchst schmutziges, am liebsten zu verschiebendes Geschäft bleibt, nach Ablassung der Soole in den Sumpf zu steigen, und den Zustand des Lettengerüstes in dem vielleicht zur Hälfte seiner Höhe mit Schlamm angefüllten Wöhrlangofen zu untersuchen. Wahrscheinlich wird der Grund zu dem Uebel schon bei Versiedung der ersten Werksveröffnung und bei allen folgenden Wässern, so lange das Werk noch durch die Wöhre gesäubert werden kann, gelegt. Denn zu dieser Zeit ist die Zimmerung des Lettengerüstes noch nicht verquollen, und kommt lediglich bloss mit süssem Wasser in Berührung. Insofern ist auch ganz allein in einer immer noch stärkeren Verspreizung Hülfe zu finden; allein, wenn das Werk bereits höher aufgesotten ist, so dürfte vielleicht dem Ueberhandnehmen des Uebels dadurch vorzubeugen sein, dass die Werke nie vollständig, sondern nur so weit abgelassen werden, als nöthig ist, um den Wöhrlangofen unausgesetzt mit ganz gesättigter Soole voll zu erhalten, welche nöthigenfalls vor einer frischen Anwässerung absichtlich einzulassen wäre, wenn die Werke zum Behuf einer Reparatur an den Wöhren wirklich ganz hatten geleert werden müssen.

Vierter Abschnitt.

General-Befahrung des Salzberges zu Hall im Jahre 1810.

Zustand der Soolen-Erzeugungswerke.

§. 56. Allgemeine Bemerkung. Die letzte General-Befahrung des Salzberges zu Hall unter baierscher Staats-Regierung geschah im Jahre 1810, und zwar unter commissioneller Anführung des damaligen königl. Salinenraths Thomas Knorr, in Gegenwart des bereits verstorbenen Bergmeisters Friedrich Rode, des gleichfalls verewigten Ober-Einfahrers und Markscheiders Johann Pühringer, des damaligen Obersteigers Joseph Würtenberger, dann der Steiger Sepherin Holzhamer, Franz Würtenberger, Ingenuin Würtenberger, Joseph Köhler, Pfannzelter und mehrerer Hutmänner. Der Inhalt des über diese Hauptbefahrung abgehaltenen Protocolls liegt der nachfolgenden Beschreibung der Soolen-Erzeugungswerke im Wesentlichen zu Grunde, nicht nur weil es nöthig ist, die Bekanntmachung ihres Zustandes, wie er in den Jahren 1810 bis 1814 beschaffen war, an ein officielles Actenstück zu knüpfen, sondern auch, um den Leser zu überzeugen, welch ein gemeinsames thätiges Zusammenwirken damals auf dem Salzberg zu Hall geherrscht hat, und wie höchst wichtig solche General-Befahrungen überhaupt sind, theils um die Haupt-Angelegenheiten des Bergbaues sicher und schnell zu erledigen, theils die Bildung eines bergmännischen Geistes auf dem Wege einer freien, die Einsichten und Vorschläge jedes Einzelnen rücksichtslos ehrenden Berathung zu befördern. Wir berufen uns daher zur grössern Deutlichkeit und leichtern Orientirung auf den

Grundriss und Steigerriss Taf. XIII. und setzen im Uebrigen voraus, dass derjenige geneigte Leser, welcher noch keine Gelegenheit gehabt hat, einen Salzbergbau zu befahren, aus Taf. XVI. von dem Ansehn im Innern eines Soolen-Erzeugungswerkes einen beiläufigen Begriff erhalten haben wird, der durchaus nothwendig ist, um das Folgende ferner ansprechend und verständlich zu finden.

§. 57. Der Wasserberg. Die 27 Stabel mächtige Bergdicke zwischen dem Wasserberger und Oberberger Hauptstollen steht, wie gesagt, zur Zeit noch ganz unbenutzt, und wird in diesem Zustande am besten so lange verbleiben, als die Versiedung in den untern Teufen der Lagerstätte möglich ist, weil jeder Schritt zu grösserer Aufschliessung des Wasserberges neue Quellen überfahren wird, und jeder Versuch zu einer Werksanlage den Einbruch derselben in die Werke zur traurigen Folge haben kann. Bevor jedoch nach mehrern Jahrhunderten an die Auflassung der ganzen Lagerstätte wirklich gedacht werden wird, ist an einer erfolgenden Benutzung des Wasserberges zur Soolen-Erzeugung nicht zu zweifeln, und zuversichtlich wird dieser Berg noch Ausbeute geben, sobald man so glücklich sein wird, in seiner Ebensohle alle Selbstwässer des Salzberges vereinigt ausleiten zu können.

§. 58. Der Oberberg. Dieser Berg zählt 45 ganz verlassene, entweder versottene, oder durch Selbstwässer-Einbrüche und Zusammenschneidungen verunglückte, meistens Schöpfwerke; an Ablasswerken aber, die noch gegenwärtig befahrbar sein dürften, nur folgende acht.

1) Das Peutnerwerk, Taf. XIII. Nr. 9. Im Jahre 1798 wurde die Pfarrer Schachtricht im Mitterberg neu aufgewältigt, um diesem neu angelegten Werke einen Ablassofen zu verschaffen. Das Sinkwerks-Ebentl wurde 1796, und der Püthenofen 1800 von dem Hauptstollen im Oberberg aufgefahren, im darauf folgenden Jahre wurden

Sinkwerk und Püthe abgeteuft, und ersteres mit dem Ablassofen durchschlägig gemacht; endlich im Jahre 1808 wurde die Püthe aus dem Grunde, weil der Ablassofen in sehr armem Gebirge steht, mit einer Püthenstockwöhre versehen, über ihr die Püthe mit dem Sinkwerke vereinigt, und in dem Püthenofen eine gemeine Veröffnung angelegt. Das Peutnerwerk liegt ganz zuvorderst im Oberberg, unter dem Stollen, und wird wegen dieser nahen Lage am Tage gewöhnlich zur Auswässerung der von den Häuerschlägen abfallenden edlen Knappenberge und zum Sooleneinschlag verwendet. Es steht in armem Gebirge, fasst 27000 Eimer, braucht zur Füllung 6, zur Vergütung 57 und zur Säuberung 19 Wochen, bei welcher 9 Hunde in jeder Schicht zehnmal auszulaufen haben; es verätzt auf jedes Wasser 68 Zoll vom Himmel und hatte im Jahre 1813 noch $11\frac{9}{32}$ Stabel Versudmaass, wovon aber 4 Stabel wegen des darüber liegenden Stollens als Bergfeste zurückgelassen werden müssen.

2) Das ältere Sternbachwerk, Taf. XIII. Nr. 17, liegt unter der alten Veitinn-Schachtricht in der Nähe des Thallhacker Schurfes, auf welchem Selbstwässer zusitzen, und zum Theil unter dem alten Zankerwerk, dessen versottenes Gebirge nach und nach hereinbricht. Wegen dieser gefährlichen Verhältnisse können daher von dem noch übrigen Versudmaass dieses Werkes zu $11\frac{8}{32}$ Stabel nur mehr $5\frac{3}{32}$ Stabel benutzt, und ausserdem muss die Püthe sorgfältig an der Ulme erhalten werden, weil sie in sehr rissigem, zu Gefällen geneigtem Gebirge steht. Im Uebrigen ist das Werk mittelmässig reich, fasst 54635 Eimer, versiedet auf jedes Wasser 65 Zoll vom Himmel, und braucht zur Füllung 7, zur Vergütung 52 und zur Säuberung 21 Wochen, wobei 10 Hunde in jeder Schicht zehnmal auslaufen müssen.

3) Das Koberweinwerk, Taf. XIII. Nr. 19, wurde

zur Benutzung der zurückgelassenen Bodendicke und des Mitterkeils unter und zwischen dem alten Riegel-, Streissinn- und Raschützer Werk im Jahre 1798 von dem Hauptstollen in salzreichem Gebirge angelegt, allein der Sumpf steht am entgegengesetzten Ende des Werkes, und in der offenbaren Gefahr, bei dem seiner Zeit unvermeidlichen Niederbruch der alten Werksohlen, deren Standpunkt nicht mit Bestimmtheit angegeben werden kann, verlohren zu gehen. Um nun durch dieses Ereigniss nicht überrascht, und in dem schnellern Betrieb des Werkes nicht aufgehalten zu werden, wurde einstimmig für das Zuträglichste erkannt, von der Herrnbau-Schachtricht im Mitterberg, unter dem alten Raschützer Werk durch, gegen die Püthe hinauf zu fahren, um bei der nächsten Säuberung durchschlägig machen, und einen neuen sichern Sumpf sammt Ablasswöhre bauen zu können. Das noch übrige Versudmaass des Koberweinwerks von 28 Stabeln kann wegen der Lage unter dem Stollen nur bis auf 24 Stabel benutzt werden, der Fassungsraum beträgt 31153 Eimer, das Verätzmaass auf jedes Wasser 22 Zoll, die Dauer der Füllung 4, der Vergütung 17 und der Säuberung 46 Wochen, bei welcher 10 Hunde in jeder Schicht neunmal auszulaufen haben.

4) Das Schlägelwerk, Taf. XIII. Nr. 31. Die Anlage dieses Werkes wurde im Jahre 1758 zuerst mit dem Sinkwerk von der Kotheker Schachtricht aus angefangen; man verschaffte ihm ein Versudmaass von $22\frac{3}{4}$ Stabel, und behielt von der ganzen Mitterberger Bodendicke 6 Stabel zur Anlage einer Püthendammwöhre zurück, welche mit einer Säuberrolle versehen wurde, um durch dieselbe die Säuberung des Werkes vollziehen zu können. Das Werk besitzt in der Teufe sehr reiches Gebirge, und hat sich deswegen stark gegen Morgen ausgeschnitten. Zur grössern Sicherheit wurde daher im

Jahre 1795 ebenfalls von der Kotheker Schachtricht auch ein Püthenofen aufgefahren und eine Püthe abgeteuft, um allen Nachtheilen, die durch Oeffnung der Wöhre Behufs der Säuberung entstehen könnten, gehörig auszuweichen. Die Säuberung des Schlägelwerks ist folglich seit dieser Zeit auch durch die Püthe möglich. Der Ausschnitt selbst wurde verstürzt, und diese Verstürzung muss wegen der gefährlichen Lage des Werkes in der Nähe der Kotheker Wässer auf der Kotheker Schachtricht unausgesetzt beobachtet, und an der östlichen Ulme bei jeder Säuberung sorgfältig erhalten werden. Wegen dieser nahen Kotheker Wässer wurde im Jahre 1807 von der Kotheker Schachtricht aus, jedoch in grösserer Entfernung von der Wassergegend, ein neues Sinkwerk im Salzgebirge abgeteuft, und in den Jahren 1809 und 1810 gegen Abend in der Richtung zum neuen Sinkwerk eine gemeine, ziemlich starke Veröffnung angelegt, um das Werk mehr gegen jene Seite hinzuziehen und zu erweitern. Das Versudmaass beträgt zwar noch 17 Stabel, es kann aber wegen der Kotheker Wässer nur bis auf 13 Stabel mit Vortheil benutzt werden. Der Fassungsraum beträgt 37298 Eimer, die Versiedung auf jedes Wasser 12 Zoll vom Himmel, die Zeit der Füllung 14, der Vergütung 23 und der Säuberung 33 Wochen, bei welcher 20 Hunde in jeder Schicht nur fünfmal auslaufen können.

5) Das Ladron- und Bräunerwerk, Taf. XIII. Nr. 37, besteht aus zusammengeschnittenen Werken unter der Sternbach-Schachtricht, wovon das Bräunerwerk im Augenblick der Zusammenschneidung noch nicht bis zum Horizont des Ladronwerks aufgesotten gewesen sein soll. Das erstere musste daher gegen die Grundsätze des Salzbergbaues beständig in überrechter Füllung stehen, so lange das Ladronwerk betrieben wurde. Es ist jedoch zu bemerken, dass schon bei der v. Leitnerschen General-

Befahrung im Jahre 1793 dieses ohnehin sehr kleine Werk aus der Liste der Soolen - Erzeugungswerke gestrichen wurde, und nachdem überdies die noch übrige Bodendicke des Ladronwerkes unbedeutend ist, so fand man das Opfer, welches dem Betriebe des Bräunerwerkes durch Sistirung des Ladronwerkes hätte gebracht werden müssen, zu gross, und beschloss daher, auf das Bräunerwerk gänzlich Verzicht zu leisten, und das Ladronwerk um so schwunghafter zu betreiben. Das vereinigte Werk fasst 83924 Eimer, und wurde schon im Jahre 1814 ohne fernere Säuberung zur Zusammensiedung verurtheilt.

6) Das Tannenbergwerk, Taf. XIII. Nr. 38, steht in mittelmässig gesalzenem, mürbem Gebirge, und war ehemals mit einem Fassungsraum von 80000 Eimern, und einem noch übrigen Versudmaass von 12 Stabeln vorgetragen; allein beide Ablasswöhren, die das Werk besitzt, liegen sammt den Sümpfen unter ungeheuern Gefällen von sehr armem Gebirge vergraben und sind unbrauchbar. Schon bei der Hauptbefahrung im Jahre 1793 wurde darauf angetragen, dieses Werk durch eine besondere Kraftanstrengung, nämlich durch Bearbeitung zur Feierzeit mittelst einer Art von Geding an freiwillig sich meldende Arbeiter empor zu bringen; allein die Realisirung dieses Antrages unterblieb, und inzwischen wurden die leeren Räume des Werkes grösstentheils mit gesalzenen Knappenbergen angefüllt. Um nun dieses Werk wenigstens einigermaassen zur Benutzung zu bringen, machte bei der General - Befahrung im Jahre 1810 der Steiger Ingenuin Würtenberger den Vorschlag, vom Sumpf des Bräunerwerkes einen Durchbau nach dem Tannenbergwerk zu führen. Wegen der tiefern Lage des Bräunerwerkes wurde die Ausführung dieses Vorschlages zwar für möglich gehalten; allein während dieser ganzen Anlage müsste das Ladronwerk in Feier gestellt werden. Der k. Ober-

steiger trug hierauf vor, dass die neu aufgewältigte Thorer Schachtricht im Mitterberg die schönste Gelegenheit darbiete, in dem Raum zwischen dem Ladron- und Tannenbergwerk seiner Zeit, wenn ersteres aufgesotten sein wird, ein neues Werk vorzurichten, womit zugleich die von dem Tannenbergwerk zurückgelassene Bodendicke in Benutzung gebracht werden könnte. Dieser Vorschlag wurde um so mehr genehmigt, als die Vorrichtung zu dieser neuen Werksanlage durch Auffahrung des Langwöhrofens und Durchschlagung der Püthe zur Beförderung des Wetterwechsels bei Fortstellung des Thorer Feldorts wesentliche Dienste leisten wird.

7) Das Erlachwerk, Taf. XIII. Nr. 41. Dieses Werk auf der Bräuner Schachtricht besass im Jahre 1810 noch ein Versudmaass von 13½ Stabel, wovon jedoch 12 Stabel wegen des in der Püthe anstehenden Frischgebirges und der nahen, im Kalkstein aufgefahrenen Korolanz-Schachtricht bisher als ungeniessbar vorgemerkt waren. Da sich bei der letzten Säuberung das Frischgebirge bereits auch an der südlichen Ulme gezeigt hat, so wurde ein beträchtlicher Theil des Werkes in jener Gegend mit Laist verstürzt, um das Werk mehr vom Frischgebirge wegzuziehen. Allein bei der General-Befahrung wurde gefunden, dass die inzwischen abgenommenen zwei Wässer sich oberhalb der Verstürzung hinaus gezogen, und auch da vom Himmel versotten haben, so dass man über die Verstürzung bis zur alten Ulme hineinkriechen konnte. Unter diesen Verhältnissen wurde allgemein anerkannt, dass vor allen durch die Verstürzung einige Gräben bis zur südlichen Werksulme gezogen, und durch Verschienung ersehen werden müsse, ob sich das Werk um mehr als 14 Stabel rechtwinklich unter die Püthe hinaus gegen Süden ziehe, in welchem Fall es gefährlich sei, das Werk noch höher aufzusieden. Im entgegengesetzten Fall aber

könnte die Verstürzung noch einmal wiederholt und noch ein paar Wässer abgenommen werden. Das Salzbergamt wurde daher besonders hierüber verantwortlich gemacht, dass keine Anwässerung des der Gefahr eines Wassereinbruchs so sehr ausgesetzten Erlachwerkes stattfinde, ehe dasselbe von der gesammten Bergmeisterschaft gemeinschaftlich befahren, untersucht, und der Befund zu Protocoll genommen worden sei. Dieses Protocoll nun kam am 20. October 1813 zu Stande, gemäss welchem der Obersteiger Joseph Würtenberger und der Steiger Sepherin Holzhamer die letztgemachte Verstürzung zwar in keinem übeln Zustande fanden und bezeugten, dieselbe ziemlich fest mit nur wenigen Oeffnungen angetroffen zu haben. Jedoch beweisen der unebene Himmel und die hereingebrochenen Stücke von demselben, dass das Gebirge im ganzen Erlachwerk sehr mürbe sei, und das mürbe Salzgebirge, meinten sie, lasse nach einer alten Regel auf ein angrenzendes nasses Feldort oder auf nahe Selbstwässer schliessen. Daher also, und weil bei allen übrigen ältern General-Befahrungen die höhere Aufsiedung dieses Werkes widerrathen wurde, so gaben auch sie ihre Meinung dahin ab, dass dasselbe um so mehr verstürzt und verlassen werden solle, als eine weitere Aufsiedung im glücklichsten Falle zeitliche Brüche und überdies das Zusammenschneiden mit dem nahe anliegenden Bräunerwerk befürchten lässt. — Der Steiger Franz Würtenberger traf die letzte Verstürzung ebenfalls fest und nur wenige Oeffnungen über ihr an, so dass man beinahe die zu ihrer Anlegung gemachten Gräben nicht mehr erkennen konnte. Er glaubte daher, dass die Verstürzung an der südlichen Ulme durch die Erneuerung mit ganz tauben Bergen gewiss so haltbar werden könne, dass kein Eindringen des Wassers gegen das Frischgebirge zu befürchten sei, und wenn überdies die Versiedung des Werkes schnell auf einander folgt, der unter der Püthe stehende Sumpf standhaft aufgeführt, und ebenfalls mit tauben Bergen umstürzt, diese Verstürzung um die Püthe überhaupt ausgedehnt, die alte Püthe ganz verlassen und eine neue erbaut würde, so meinte er, ohne Bedenken auf eine höhere Aufsiedung des Erlachwerkes antragen zu dürfen. Der Steiger Joseph Köhler stimmte dieser Meinung bei und fand es für äusserst schade, das schöne Salzgebirge, welches auf der nördlichen Seite des Werkes ansteht, ganz unbenutzt zu lassen. Der k. Bergmeister endlich, so wie der k. Obereinfahrer, hatten sich ebenfalls von dem guten Verhalten der Verstürzung überzeugt; sie fanden dieselbe durchaus fest am Himmel angeschlossen, und nur da, wo die Gräben zu ihrer Anlage bestanden, waren kleine Oeffnungen zu verspüren. Sie glaubten daher, dass durch Ausbesserung und respective Wiederholung derselben hinsichtlich des Frischgebirges nicht im Mindesten eine Gefahr zu befürchten sei. Um auch jene bedenkliche Seite um den Sumpf und in der Püthe besonders zu sichern, schlugen sie vor, die Verstürzung mehr gegen die Püthe neu auszudehnen, diese ganz zu verlassen und den Sumpf unter die neu zu erbauende Püthe zu übersetzen. Was das mürbe Gebirge des Erlachwerkes betrifft, so hielten es beide für unzureichend, um daraus auf ein nahes wasserträchtiges Feld unbedingt schliessen zu können, nachdem man z. B. im Menz - Schlägel und andern Werken eben solche und wohl noch mürbere Salzgebirgsmittel aufzuweisen hat, bei welchen weder Frischgebirge vorkommt, noch Wässer in der Nähe getroffen werden, und man auch sonst um das ganze Erlachwerk keine gefährlichen Gebäude anzeigen kann. Was endlich die zu befürchtende Zusammenschneidung des Erlachwerkes mit dem Bräunerwerk betrifft, so waren beide der Meinung, dass dieser Gefahr durch eine schnelle Aufsiedung, wobei das Erlachwerk so viel möglich nur am Himmel benutzt würde, ganz vorgebeugt werden könne.

Auf dem Grund dieser Consultation wurde daher die fernere Benutzung des Erlachwerkes unter folgenden Bedingungen für möglich und gefahrlos erkannt, wenn

a) die alte Verstürzung sorgfältig erneuert,

b) dieselbe, um den Sumpf zu sichern, mehr gegen die Püthe ausgedehnt,

c) die alte Püthe gänzlich verstürzt und eine neue angelegt,

d) der Sumpf unter letztere mittelst Communication versetzt, und

e) das Werk schnell in die Höhe gesotten würde.

Im Uebrigen beträgt der Fassungsraum des Erlachwerkes 80000 Eimer, die Verätzung auf ein Wasser 29 Zoll, die Dauer der Füllung 13, der Vergütung 28 und der Säuberung 53 Wochen, wobei 20 Hunde in jeder Schicht fünfmal auszulaufen haben.

8) Das Störzinger-, Wallpach- und Veitwerk, Taf. XIII. Nr. 32. 33. 34. Diese drei Werke sind vereinigt auf die Buchholzer Schachtricht im Mitterberg ausgebrochen, mit Zurücklassung einer gut gesalzenen Bodendicke von 18 bis 20 Stabel. Da aber diese Bodendicke wegen Selbstwässergefahr aus der Gegend der Korolanz-Schachtricht nur bis auf 6 Stabel anfgesotten werden kann, so lohnt es die Kosten nicht, eine neue Werksanlage darauf zu unternehmen.

Als Punkte, welche zu einer neuen Werksanlage im Oberberg geeignet sind, wurden folgende drei vorgeschlagen.

a) Die Gegend der neuen Raschützer Schachtricht, wo bereits eine Püthe auf $11\frac{3}{8}$ Stabel abgeteuft, aber wegen Armuth des Gebirges im Tiefsten wieder aufgelassen wurde. Der Ablassofen zu dem hier übrig stehenden Werksatz wurde aus dem hintern Kreuz-

Ebenschurf-Fahrtl im Mitterberg angefangen, aber nur auf ein Stabel erlängt und gleichzeitig mit der Püthe aufgelassen. Das Gebirge vor Ort wurde unter der ärmern Classe immer noch von mittlerer Art befunden, und da auch auf der Raschützerinn im Oberberg, und im hintern Kreuz-Ebenschurf-Fahrtl im Mitterberg durchgehends geniessbares Salzgebirge ansteht, so wurde bei der General-Befahrung 1810 erkannt, dass der Betrieb dieser Werksanlage wegen dringenderer Arbeiten zwar zur Zeit sistirt, das Revier aber doch zur Benutzung für die Folge vorgemerkt bleiben soll, weil sich dasselbe vorzüglich auch wegen der nahen Lage am Tag und des kurzen Säuberungsweges hierzu empfiehlt.

b) Der Werksatz zwischen dem Schlägel- und Ladronwerk, für welches neue Werk der Wöhrlangofen von der Haldinn-Schachtricht im Mitterberg angefangen war.

c) Ueber den dritten Punkt geschah bei Gelegenheit des Tannenbergwerkes die nähere Erwägung.

§. 59. Der Mitterberg. Dieser Berg, der 116 verlassene oder verunglückte Werke besitzt, ist lediglich durch die im achtzehnten Jahrhundert erfolgten Wasser-Einbrüche nach und nach verödet, und im Jahre 1814 waren nur noch folgende sechs befahrbare Werke in demselben.

1) Das neue Schaumerwerk, Taf. XIII. Nr. 49. Mit diesem Schöpfwerke wurde ein von den Alten verlassener Mitterkeil von der Langsteng-Schachtricht aus in Benutzung gebracht; sein noch übriges Versudmaass beträgt 5 Stabel, da jedoch das alte versottene Schaumerwerk vorliegt, und die Ausdehnung des neuen von der Art ist, dass im Verfolge seiner Aufsiedung eine Vereinigung beider Werke zu befürchten steht, so darf auf keine

höhere Benutzung, als noch 2 Stabel gerechnet werden, welche ohne fernere Säuberung abgenommen werden können. Das Werk wurde daher zur Zusammensiedung verurtheilt, die mittlerweile wahrscheinlich vollbracht worden ist; es fasste im Jahre 1810 nur 14000 Eimer, versott auf ein Wasser 27 Zoll vom Himmel, und brauchte zur Füllung 2 und zur Vergütung 23 Wochen.

2) Das neue Schwerinwerk, Taf. XIII. Nr. 87. Dieses unter der Stossinn-Schachtricht angelegte Ablasswerk hat zwar eine noch ganz benutzbare Bodendicke von 21 Stabeln, da es aber in sehr armem und zu Gefällen geneigtem Gebirge steht, auch eine beträchtliche Erweiterung desselben wegen der nahen Lage vier alter versottener Werke, dann wegen der vor Ort der Stossinn-Schachtricht angefahrenen Gipsbank nicht stattfinden kann, so wurde für räthlich erkannt, auch auf dieses Werk keine weitern Kosten zu verwenden, sondern es nur allmälig, in so weit es die andern dringendern Arbeiten gestatten, zur Benutzung zu bringen. Der Fassungsraum beträgt 16000 Eimer, die Versiedung auf ein Wasser 24 Zoll, die Zeit der Füllung 9, der Vergütung 34 und der Säuberung 7 Wochen, wobei 10 Hunde in jeder Schicht siebenmal auszulaufen haben.

3) Das alte Schwerinwerk, Taf. XIII. Nr. 53. Zur Benutzung der Versudhöhe unter der Prager Schachtricht, welche von dem unter die alten ausgebrochenen Thorer Werke gehörigen alten Schwerinwerk zurückgelassen wurde, gedachte man über demselben ein neues Schöpfwerk vorzurichten, welches im Jahre 1810 bloss noch in der Anwässerung des Püthenofens bestand, und kaum 1000 Eimer gross war. Nachdem jedoch eine Umwandlung in ein Ablasswerk wegen der darunter liegenden Thorer Werke nicht stattfinden kann, auch aus eben diesem Grunde jede Erweiterung mit der Gefahr eines Durch-

bruchs verbunden ist, und die Versudhöhe nur $9\frac{1}{3}\frac{2}{2}$ Stabel betragen würde, so fand man einstimmig für das Zuträglichste, diesen Versuch gänzlich aufzulassen, und sowohl die Veröffnung zum Werk, als auch die ganze Prager Schachtricht gelegentlich mit Knappenberg zu verstürzen.

4) Das vereinigte Brückner und Mitterberger Werk, Taf. XIII. Nr. 58, war ursprünglich ein Schöpfwerk, und wurde auf Anregung des Steigers Franz Würtenberger schon im Jahre 1808 mittelst eines Durchschlages in den Sumpf des alten Ziegelwerkes in ein Ablasswerk umgewandelt. Es steht in sehr reichem Gebirge, leidet aber an armen Wettern, und das noch übrige Versudmaass von 5 Stabeln ist wegen der darüber liegenden Herrnbau-Schachtricht nur auf 3 Stabel geniessbar. Der Fassungsraum beträgt 33000 Eimer, die Versiedung auf ein Wasser 40 Zoll, die Dauer der Füllung 4, der Vergütung 68 und der Säuberung 9 Wochen, wobei 15 Hunde in jeder Schicht siebenmal auszulaufen haben.

5) Das alte Störzingerwerk, Taf. XIII. Nr. 68. Dieses im Jahre 1698 unter der Zechin-Schachtricht angelegte Werk fasst 32000 Eimer; es kann aber wegen seines noch übrigen unbedeutenden Versudmaasses und wegen der unmittelbar darüber stehenden Wöhre des Erlachwerkes nicht höher aufgesotten werden, und wird daher bloss zum Soolen-Einschlag verwendet.

6) Das Klotzwerk, Taf. XIII. Nr. 56. Dieses in einem verlassenen Mitterkeil im Jahre 1775 angelegte Ablasswerk hätte zwar noch $13\frac{1}{2}$ Stabel zu versieden, es müssen aber 6 Stabel wegen der darüber liegenden Mitterberger Hauptschachtricht, auf welcher alle Selbstwässer dieses Berges ausgeleitet werden, als nöthige Bergfeste zurückgelassen werden. Von Seiten des alten Sinkmoser und Pfinzinger Werkes, zwischen welchen das Klotzwerk liegt, scheint zwar dermalen nichts zu besorgen zu sein,

indem der Mitterkeil bereits über die Grundsohle dieser alten Werke aufgesotten sein dürfte; allein es tritt der besondere Umstand ein, dass sich schon seit einigen Jahren im Sinkwerk ein bedeutender Wasserzusitz zeigt, welcher bei der commissionellen Befahrung am 17ten August 1808 nur einen Gehalt von 16° hatte, und also nicht vollkommen gesättigt war. Es wurden in der Zwischenzeit drei Dämme und Sümpfe auf der Buchenberger Schachtricht geschlagen, und dadurch zwar der ältere Sumpf auf dem Sinkwerks-Ebentl trocken gelegt, auch der Zufluss des Wassers im Klotzwerk vermindert, allein keineswegs ganz beseitigt, sondern derselbe betrug zur Zeit der General-Befahrung im Jahre 1810 in 14 Minuten Ein Tyroler Werkmaass mit 19 Graden. Bei der Berathung über diesen Gegenstand wurde allgemein die Treibung eines Nachbaues für unräthlich, sondern für das Zuträglichste erklärt, das Sinkwerk durch noch stärkere Anstürzung mit Laist im Werke zu sichern, und das Werk möglichst schnell mit Vermeidung aller Erweiterung aufzusieden, hierbei aber den Zufluss fortwährend zu beobachten, und endlich, sobald es der Personalstand gestatten wird, die nächsten, nämlich die Grünberger Wasserörter, in neue und sorgfältige Fassung zu bringen. Der Fassungsraum des Klotzwerkes beträgt 94000 Eimer, die Versiedung vom Himmel auf ein Wasser 23 Zoll, die Dauer der Füllung 6, der Vergütung 20 und der Säuberung 34 Wochen, wobei 12 Hunde in einer Schicht 7 Mal auszulaufen haben.

§. 60. Der Steinberg. Zur Zeit der General-Befahrung im Jahre 1810 wurden im Steinberge 13 Soolen-Erzeugungswerke benutzt, und 43 andere waren entweder ganz aufgesotten, oder durch Zusammenschneidungen und Wasser-Einbrüche verunglückt, von denen aber noch fünf zum Soolen-Einschlag verwendet wurden. Es kamen daher in allen 18 Werke folgendermaassen zur Sprache und Berathung.

1) Das Prixenwerk, Taf. XIII. Nr. 95. Dieses im Jahre 1797 an der Hauptschachtricht angelegte Werk war ursprünglich ein Schöpfwerk, wurde aber im Jahre 1808 durch Auslenkung eines Ablassofens von dem Stekelschurf und Anlage einer Stockwöhre zu einem Ablasswerk umgeschaffen. Sein Versudmaass betrug damals 14½ Stabel, wovon jedoch wegen der nahen Lage zweier versottener Werke, nämlich des alten Perl- und Horber Werkes, in deren Mitterkeil das Prixenwerk angelegt wurde, und mit denen es sich im Verfolge der Aufsiedung vereinigen dürfte, 3 Stabel als ungeniessbar vorgemerkt sind. Im Uebrigen sind besondere Unfälle bei diesem Werke nicht wohl zu befürchten, indem die Stockwöhre hältig ist, seine Sohle bereits höher liegt, als die alten Schöpfwerke gewöhnlich abgeteuft wurden, und sowohl der Sumpf, als auch die Püthe und das Sinkwerk im ganzen Gebirge stehen. Es fasst 18000 Eimer, versiedet auf jedes Wasser 18 Zoll vom Himmel, und erfordert zur Füllung 3, zur Vergütung 19 und zur Säuberung 10 Wochen, wobei 7 Hunde in jeder Schicht zwölfmal auszulaufen haben.

2) Das Lehrbachwerk, Taf. XIII. Nr. 103. Die Anlage dieses Werkes auf der Braun-Schachtricht hatte die Benutzung der Bodendicken und Mitterkeile zwischen den drei alten versottenen Werken, nämlich dem Uberreimer-, Vogt- und Ederwerk zum Zweck. Im Jahre 1794 hat man von der Ott-Schachtricht aus angefangen, den Püthenofen 33 Stabel weit, zuerst in etwas ausgelaugtem, dann aber in stark gesalzenem Gebirge aufzufahren. Die Püthe selbst wurde in reichem, mit Gipslagen abwechselndem Gebirge 35½ Stabel tief abgeteuft, und im Jahre 1795 fertig. Im Jahre 1794 wurde auf der Krippin-Schachtricht im Königsberg ein Wöhrschürfel mit steilem Saiger 3 Stabel lang aufgefahren, hierauf der Wöhrlangofen 35

Stabel lang angelegt, und auf demselben im Jahre 1796 eine Stockwöhre geschlagen. Das Sinkwerks-Ebentl wurde im Jahre 1795 auf der Ott-Schachtricht $4\frac{3}{8}$ Stabel lang angefangen, und das Sinkwerk im Jahre darauf ebenfalls in reichem, mit Gips abwechselndem Gebirge abgeteuft. Das Versudmaass des Lehrbachwerkes betrug im Jahre 1810 noch $29\frac{1}{8}\frac{2}{2}$ Stabel, es können aber davon höchstens 15 Stabel benutzt werden, weil die Mitterkeile, auf denen das Werk angelegt ist, sehr unbeträchtlich sind, und überdies bei höherer Aufsiedung das Hereinbrechen der alten Werksohlen unvermeidlich ist. Püthe und Sumpf stehen im festen, das Sinkwerk aber in gebrächem Gebirge, weswegen vorzüglich auf Versicherung des letztern durch Vermeidung einer grossen Werksöffnung in dessen Nähe zu sehen, auch die Erweiterung des Werkes in der Richtung gegen das alte Haimlinnwerk wegen zu grosser Gefahr eines Zusammenschnitts mit dem Tauschwerk zu verhindern ist. Der Fassungsraum beträgt 32000 Eimer, die Versiedung vom Himmel auf jedes Wasser 34 Zoll, die Dauer der Füllung 3, der Vergütung 29 und der Säuberung ebenfalls 29 Wochen, wobei 10 Hunde in jeder Schicht zehnmal zu laufen haben.

3) Das Karl-Tauschwerk, Taf. XIII. Nr. 104. Auch dieses Werk wurde von der Braun-Schachtricht aus in der verlassenen Bodendicke und dem Mitterkeil zwischen dem alten Fuchsmagen und Königinn-Werk angelegt. Diese beiden Werke liegen daher zum Theil auf dem Karl-Tauschwerk, und das Lehrbachwerk, dann das alte Voigt-, Höpfner, Kappellecker und Hammel-Werk liegen rings herum. Im Jahre 1766 wurde der Püthenofen an der Ott-Schachtricht beim Fieger Schachtrichtswechsel angefangen, und die Püthe bis in die Ebensohle des Königsberges abgeteuft. Eben so wurde an dieser Schachtricht das Sinkwerk abgesunken und im Jahre 1769

mit der Püthe durchschlägig gemacht. Der Wöhrlangofen wurde im Königsberge 15 Stabel vom Schneeberger Schachtrichtswechsel hinein angefangen, im Jahre 1772 mit der Wöhre versehen, und im darauf folgenden Jahre zum ersten Mal angewässert. Im Jahre 1774 wurde bei der Säuberung ein Ausschnitt auf der Scheidung zwischen Gips und derbem rothem Steinsalz in der Richtung gegen die Schneeberger Schachtricht entdeckt, der so gross war, dass seine Entfernung von der Schachtricht nur noch gegen 7 Stabel betrug. Ausserdem kam hinter der Püthe eine bedenkliche klüftige Gipsbank zum Vorschein. Es wurde daher dem Ausschnitt mit einem gemeinen Ofen nachgebaut, ein Schramm ausgehauen und dieser mit Wöhrletten verschlagen; die Gipsbank aber wurde mit einem Lettenpflaster bedeckt, die Gegend etwas verstürzt, und so jede Gefahr beseitigt. Bei der zweiten Säuberung jedoch zeigte sich ein anderer Ausschnitt, und zwar gegen die Königsberger Hauptschachtricht, der ebenfalls glücklich mit einem kleinen Damm versichert wurde. Im Jahre 1805 dehnte sich das Werk unter das Königinn-Werk hin so sehr aus, dass ein Theil der alten Werksohle niederbrach, und im Jahre 1807 ergaben sich während der Anwässerung von dem darauf liegenden alten Fuchsmagenwerk ebenfalls zwei Gefälle, das eine um den Sumpf herum, und das andere bei der Püthe, welche ohnehin schon in versottenem Gebirge abgeteuft war, und ganz zusammenfiel. Nun wurde im Jahre 1808 ein neuer Püthenofen unweit des Lehrbach-Püthenofenwechsels auf der Ott-Schachtricht angefangen, und eine neue Püthe abgeteuft, 1809 das Werk durch dieselbe gesäubert, der alte Sumpf im Werke aufgesucht, und nachdem er nicht mehr aufzurichten war, ein neuer Sumpf unweit der neuen Püthe errichtet, das Werk gegen Mitternacht veröffnet, das Gefälle so viel möglich angestürzt, und so das Werk bis zum Jahre 1810 tauglich hergestellt. Im Jahre 1811 fand man das Gefälle über dem alten Sumpf gegen die neue Püthe hergezogen und vergrössert, und auch den neuen Sumpf fast ganz von Gefällen bedeckt. Weil man aber denselben im guten Stande wusste und der Meinung war, dass er, wenn eine fernere Anwässerung des Werkes die Gefälle erweichen und auflösen würde, dann leichter aufzuführen wäre, so nahm man diese Anwässerung unbedenklich vor. Wirklich zeigten sich nach Ablassung der Soole die Gefälle ziemlich versotten; daher führte man den Sumpf auf, umstürzte ihn mit Werklaist, und schritt am 17ten März 1812 zum nächsten Wasser, welches am 29sten April den Himmel erreichte und in der 43sten Woche gut gesprochen wurde. Das Versudmaas des Karl-Tauschwerkes beträgt zwar noch über 19 Stabel, allein, nachdem es durch den Niederbruch der alten Werksohle mit dem versottenen Königwerke vereinigt worden ist, und dieses letztere bei einer Versudhöhe von 9 Stabel in das alte Zacherwerk ausgeronnen sein soll, so kann mit einiger Verlässigkeit nur noch auf eine Versiedung von 10 Stabeln gerechnet werden, deren Genuss theils wegen der Nähe des Lehrbachwerkes, theils auch wegen der im Sinkwerke sich zeigenden Nässe beschleunigt werden muss. Das Werk hat durchaus schönes Salzgebirge, fasst 67217 Eimer, versiedet auf jedes Wasser gegen 18 Zoll vom Himmel, und erfordert zur Füllung 7, zur Vergütung 18 und zur Säuberung 35 Wochen, wobei 7 Hunde in jeder Schicht zehnmal auszulaufen haben.

4) Das Menzwerk, Taf. XIII. Nr. 102. Die Aufsiedung der alten drei Werke im Königsberge, nämlich des Moser-, Marcher- und Würschingerwerkes in die Bergdicke des Steinberges geschieht unter der Benennung Menzwerk. Dieses grosse, 342000 Eimer fassende Werk ist aus folgenden Rücksichten wichtig:

a) Ueber ihm liegen drei alte versottene Schöpfwerke im Steinberg, das Rominger, Kostnitzer und Neudecker Werk, deren Sohlen, wenn das Menzwerk zu hoch aufgesotten wird, dereinst niederbrechen müssen.

b) Im Eichhornschurf, als dem dermaligen Sinkwerk des Menzwerkes steht ein mit sehr beträchtlichen Klüften durchsetzter Gips an, bei dessen Erreichung unfehlbar eine höchst gefährliche Ausschneidung zu gewärtigen wäre.

c) Wegen dieser Verhältnisse wurden bisher von dem noch übrigen Versudmaass des Menzwerkes zu 24 Stabeln 10 Stabel abgeschrieben, und bei den vielen Zufällen, welchen ein so beträchtliches Werk jederzeit unterworfen ist, wird auch für immer auf eine höhere Aufsiedung kein Antrag gemacht werden können.

d) Da die Aufsiedung eines so ausgedehnten Werkes nur sehr langsam geschehen kann, und insbesondere die Säuberung durch die tiefe Püthe sehr viele Zeit erfordert, so wurde schon im Jahre 1808 ein neuer Durchschlag in dieses Werk vom Sternbach-Sinkwerks-Ebentl aus begonnen, und im Jahre 1810 vollendet, durch welchen die künftigen Säuberungen des Menzwerkes stattfinden können. Der vormals hierzu bestimmte Moser - Ebenschurf wurde mit einer Stockwöhre geschlossen.

e) Ferner besitzt das Menzwerk zur Abkürzung der Umtriebszeit zwei Ablasswöhren, wovon die Wöhre im Kaisersberg auf der Heinzinn - Schachtricht eine Stockwöhre und im guten Stande, die zweite aber auf der Stossinn - Schachtricht im Königsberge eine Lettenwöhre ist, bei welcher seiner Zeit ein Durchbruch zu befürchten steht, indem sie aus einem unerklärbaren Versehen unmittelbar auf der Scheidung des Salzgebirges vom sogenannten Stein angelegt wurde, schon von Anfang her nicht vollkommen haltig war, und im Jahre 1810 bereits einen ziemlichen Soolenabgang erlitten hat. Bei der hierüber gepflogenen reifen Ueberlegung wurde in Ansehung der Wichtigkeit des Menzwerkes beschlossen, dass es das Zuträglichste sei, ohne Verzug im ganzen Stein den Schramm zu einer neuen Stockwöhre vorzurichten, und sobald das Werk abgelassen sein wird, die neue Wöhre selbst zu schlagen.

f) Endlich leidet das Werk dergestalt an Gefällen, dass beide Sümpfe zu Verlust gegangen, und aus den im Laiste vergrabenen Kernsalzwänden schon im Jahre 1808 vier Nachwässer mit fast 700000 Eimern vergütet worden sind. Durch diese Nachwässer ist die Werksohle schon grösstentheils gehörig erniedrigt worden, so dass man bei der General-Befahrung im Jahre 1810 keine vollständige Säuberung mehr nothwendig fand, und es für möglich erkannte, auch ohne dieselbe die beiden verloren gegangenen Sümpfe aufzusuchen und zu versichern. Im Uebrigen versiedet das Menzwerk auf jedes Wasser 84 Zoll vom Himmel, und bedarf zur Füllung 15 und zur Vergütung 32 Wochen.

5) Das Bornwerk, Taf. XIII. Nr. 110, wurde im Jahre 1782 wie das Lehrbach- und Tauschwerk zur Benutzung verlassener Bodendicken und Mitterkeile des Deutenhofer, Freundsberger und Teubler Werkes angelegt; aber da dasselbe bereits über die Höhe aufgesotten ist, in welcher die Werksohlen der alten Schöpfwerke zu stehen pflegen, und da sowohl Püthe als Sinkwerk im ganzen Gebirge sich befinden, so ist die Gefahr in Ansehung der Gefälle nicht mehr so bedeutend. Das Versudmaass beträgt zwar noch 18 Stabel, nachdem aber die Wöhren der alten Thorerwerke darauf stehen, so müssen 4 Stabel als nöthige Bergfeste davon abgezogen werden. Der Fassungsraum beträgt 48000 Eimer, die Versiedung

vom Himmel auf jedes Wasser 44 Zoll, die Dauer der Füllung 6, der Vergütung 40 und der Säuberung 29 Wochen, wobei 9 Hunde in jeder Schicht siebenmal auszulaufen haben.

6) Das Waldensteinerwerk, Taf. XIII. Nr. 114. Dieses Schöpfwerk auf der Waldensteiner Schachtricht lohnt wegen seines unbedeutenden Versudmaasses von 2 Stabeln keine Säuberung mehr, sondern wurde zum Aufeinandersieden des Himmels und Laistes bestimmt. Deswegen ist der Püthenheerd niedergearbeitet und ein Taucher in die Püthe gestellt worden, um die Soole mit grösserer Bequemlichkeit auspumpen zu können. Das Werk fasst nur 1000 Eimer, versiedet 14 Zoll vom Himmel, und braucht zur Füllung 4 und zur Vergütung 17 Wochen.

7) Das neue Fennerwerk, Taf. XIII. Nr. 115, ist im Jahre 1791 zwischen dem Radler, Schmid- und Fügerwerk im Königsberg angelegt worden, um den zwischen diesen drei alten versottenen Werken stehenden Mitterkeil zu erheben. Es wird gegen den Steinberg hinauf versotten, daher es auch zu diesem Berg gezählt wird. Die Püthe und das Sinkwerk stehen an der alten Holzhamer Schachtricht im Steinberg, und zwar erstere in schlechtem, letzteres in mittelmässig gesalzenem Gebirge. Bei diesem Werke sind, seiner Lage wegen, beträchtliche Gefälle beinahe unvermeidlich, wenn dasselbe um einige Stabel höher aufgesotten sein wird. Insbesondere steht die Püthe gefährlich, weil sie von einem alten Werkausschnitt durchsetzt wird; es ist demnach vorzüglich Sorge zu tragen, dass dieser Punkt bei jeder Säuberung auf die möglichst dauerhafteste Weise mit Laistsäulen unterstützt werde. Der Fassungsraum beträgt 28439 Eimer, die Versiedung vom Himmel auf jedes Wasser 10 Zoll, das noch übrige Versudmaass 25½ Stabel, die

Dauer der Füllung 8, der Vergütung 18, und der Säuberung 17 Wochen, wobei in jeder Schicht sechsmal ausgelaufen werden muss.

8) Das Rumel- und Feierabendwerk, Taf. XIII. Nr. 120. Diese beiden unter einem Himmel stehenden Werke hätten zwar noch über einen Stabel zu versieden, allein die Benutzung desselben findet wegen der darauf liegenden Waldenhofer Schachtricht nicht statt. Inzwischen leidet dieses Werk an beträchtlichen Kernsalzgefällen, die durch Vergütung von Nachwässern benutzt werden, worauf die Realisirung des bereits §. 46. erwähnten Antrages bevorsteht, nämlich das Rumelwerk nicht zum Soolen-Einschlag, sondern dazu zu verwenden, dasjenige derbe Steinsalz, welches durch einen ordentlichen Abbau auf der Waldenhofer, Hausebner und Kirchbichler Revier gewonnen werden soll, auf hölzernen Rösten von alten Gestängen aufzulösen. Der Fassungsraum beträgt 86642 Eimer.

9) Das Grundnerwerk, Taf. XIII. Nr. 117. Dieses Werk fasst 64500 Eimer, versiedet auf jedes Wasser seines grossen Reichthums wegen nur 6 Zoll vom Himmel, und hatte im Jahre 1810 noch ein Versudmaass von 10 Stabeln. Allein schon in den frühern Zeiten seines Betriebes schnitt es sich in das nunmehr gänzlich zusammengefallene und verlassene Haidenreichwerk aus, und in der Folge brach auch die Soole aus dem schon höher aufgesottenen Gröbnerwerk in dasselbe über, welches im Jahre 1806 mit dem Ottwerk, und sohin auch mit dem Bergerwerk in Verbindung kam, da die beiden letztern sich schon früher zusammengeschnitten haben. Nach den Regeln des Salzbergbaues hätte das Gröbnerwerk so lange in Feier gestellt werden sollen, bis man das Grundnerwerk in eine Ebensohle mit demselben gebracht haben würde, um sie sodann gemeinschaftlich zu versieden; allein

man entschloss sich, letzteres dem ergiebigern Betriebe des grossen und reichen Gröbnerwerkes zu opfern; daher ergab es sich, dass das Wasser in dem Grundnerwerke mehrere Male überrecht zu stehen kam, und auf solche Weise in demselben vier Himmel und zugleich beträchtliche Gefälle entstanden, unter denen der Sumpf vergraben wurde. Bei der General-Befahrung im Jahre 1810 vereinigte man sich endlich dahin, das Werk auf folgende Weise zu benutzen. Vor allen sollten die im Laiste vergrabenen Kernsalzgefälle durch tief gezogene Nachwässer vergütet werden, insoweit es ohne Gefahr des Ausschneidens gescheben kann. Es wurde durch individuelle Abstimmung festgesetzt, dass diese Nachwässer bis auf drei Stabel unter die Werksohle in den Laist gezogen, bis auf diese Höhe das Werk aber vorher mit gesättigter Soole gefüllt werden solle. Nach vollendeter Auswässerung der Gefälle soll das Werk bis in die Ebensohle des Gröbnerwerkes aufgesotten werden, welches Versudmaass 5 Stabel betragen dürfte; der fernere Betrieb hängt dann von jenem des Gröbnerwerkes und insbesondere davon ab, ob es möglich ist, letzteres von dem eingeschnittenen Ott- und Bergerwerke zu trennen. Diese Untersuchung wurde bei der General-Befahrung ihres Umfangs wegen zur besondern Verhandlung überwiesen, und in der Folge, da es für den Salzbergbau zu Hall von ganz vorzüglichem Werth sein würde, wenn mindestens eines dieser in so reichem Gebirge liegenden Werke noch höher aufgesotten werden könnte, zum Gegenstand einer Preisaufgabe für das Grubenpersonal gemacht, gemäss welcher zwei Preise, der erste von zehn, der zweite von funf Ducaten für die zwei vortheilhaftesten, gründlichsten und ausführbarsten Vorschläge zur Benutzung der von dem Gröbner- und Bergerwerk zurückgelassenen Werkhimmel ausgesprochen würde. Ob und wem diese Preise zuerkannt worden sind, ist uns unbekannt; aus den Acten jedoch werden hiermit folgende Vorschläge entnommen, die damals von der Steigerschaft gemacht worden sind, um das Grundner-, Gröbner- und Bergerwerk wieder empor zu bringen. Der k. Obersteiger Franz Würtenberger hielt eine Trennung des Grundnerwerkes vom Gröbnerwerk für unmöglich, weil das anstehende Revier von derbem Steinsalz mit sehr klüftigen, ziemlich mächtigen Gipsknauern durchsetzt ist, auf deren Gesteinsscheidung der Zusammenschnitt allem Anschein nach erfolgt ist, und die sich ohne Zweifel noch weit in die Höhe zieht. Jedoch sei das Gröbnerwerk von dem vereinigten Ott- und Bergerwerk durch eine Verdämmung zu trennen möglich. Zu dem Ende schlug er vor, die Gröbnerwerksulme gegen das Ottwerk zu beräumen, und dann das Bergerwerk mit Soole zu füllen, um den Uebertritt derselben in das Gröbnerwerk, und dadurch die Stelle, wo die Verdämmung angebracht werden muss, zu beobachten. Sollte diese Trennung nicht möglich gemacht werden können, so war er der Meinung, den sehr beträchtlichen Mitterkeil zwischen dem Ott- und Gröbnerwerk durch Anlegung eines neuen Werkes in aller Teufe zu benutzen, wozu der Ablassofen sehr vortheilhaft vom Königsberg aufgefahren, oder auch durch die Berger Wöhrpüthe erzielt werden könnte. Die nämliche Ansicht hatte im Wesentlichen auch der Steiger Sepherin Holzhamer. Um nämlich das Gröbnerwerk vom Ott- und Bergerwerk zu trennen, hielt er es für nothwendig, im Gröbnerwerk von der Püthe bis zur Ulme in der Richtung gegen das Ottwerk einen breiten Graben zu ziehen, an der Ulme mit demselben links und rechts auszulenken und zu trachten, den Einbruchspunkt zu entdecken, welchem sodann bis an die Ottinn-Werksulme nachzufahren, und an einem schicklichen Punkte eine ordentliche Wöhre vorzurichten wäre, vor und hinter welcher zuletzt alles mit tauben Bergen verschlagen werden sollte. Die Trennung des Grundnerwerkes von dem Gröbnerwerk aber glaubte er dadurch erreichen zu können, dass der Einschnitt des erstern in das letztere durch einen Bau gegen die Longins-Werksulme untersucht, entdeckt und wieder durch eine Wöhre abgeschnitten würde. — Der Steiger Franz Würtenberger hielt eine Trennung des Gröbnerwerkes vom Grundnerwerk durch Verdämmung für eine unmögliche Sache, sondern für das Beste, beide Werke unter einen gemeinschaftlichen Himmel zu bringen; daher vor allen das um $2\frac{3}{8}$ Stabel tiefer liegende Grundnerwerk ausschliessend zu versieden, das Gröbnerwerk aber bis zur Ebensohle des erstern immer mit ganz gesättigter Soole voll zu erhalten, damit das süsse Wasser im Grundnerwerk vermöge des Unterschiedes an specifischem Gewicht verhindert würde, an das Gröbnerwerk hinüber zu dringen. Was die Trennung des Gröbnerwerkes vom Ott- und Bergerwerk betrifft, so hielt er dieselbe durch Verdämmung nicht nur für möglich, sondern auch für nothwendig, weil es nicht bloss um diese Werke allein zu thun sei, sondern es könnten auch in spätern Jahren das Stubenbecks- und das Kirchbichlerwerk erhoben werden, welche wegen des nahen Anliegens des Longins- und des Gröbnerwerkes in aller Teufe verlassen worden sind. — Der Steiger Joseph Köhler endlich trug darauf an, das Gröbner- und Grundnerwerk vollständig mit einander zu vereinigen, und selbst durch Veröffnung in noch grössere Verbindung zu setzen, um dadurch den reparirten Grundnerwerks-Ablass allein benutzen, und jenen des Gröbnerwerks ganz in Ersparung bringen zu können. Das vereinigte Ott- und Bergerwerk aber sollten ganz mit Säuberberg verstürzt, und erst alsdann wieder gewältigt werden, wenn das Gröbner- und Grundnerwerk bis zur möglichen Höhe ihres noch übrigen Versudmasses aufgesotten sein würden.

10) Das Gröbnerwerk, Taf. XIII. Nr. 125, fasst 320000 Eimer und hatte im Jahre 1810 noch ein Versudmaass von mehr als 3 Stabeln, mit welchem bei der Grösse und dem Reichthum des Werkes noch mehr als 80 Wochensuden vergütet werden könnten. Allein, da es sowohl in das Grundner-, als in das Bergerwerk eingebrochen ist, so ist die Entscheidung, ob es mit dem Grundnerwerk noch höher aufgesotten, oder ob es für immer nur als Soolen-Einschlag benutzt werden kann, von einer besondern und zuverlässigen Aufnahme des Reviers und von den Bemühungen abhängig, die man sich gegeben haben wird, seine Trennung von dem Bergerwerke zu realisiren.

11) Das Bergerwerk, Taf. XIII. Nr. 146. Dieses in Verbindung mit dem alten Ottwerk stehende Ablasswerk fasst 120000 Eimer, und hätte zur Zeit der General-Befahrung im Jahre 1810 noch gegen 7 Stabel zu versieden gehabt. Nachdem sich aber auf der darüber liegenden Praunschachtricht bereits mehrere Niederbrüche der Sohle ergeben haben, und auch der nahe Setzerschurf, über welchen die bekannte Hülfswasserleitung vom Mitterberg herab angelegt ist, in Gefahr stände, so fand bisher keine höhere Aufsiedung des Bergerwerkes, sondern bloss die Benutzung zum Soolen-Einschlag statt.

12) Das alte Tascherwerk, Taf. XIII. Nr. 128 und 152, ist mit dem Riesenfelserwerk vereinigt, fasst 64000 Eimer und hätte noch ein Versudmaass von 8½ Stabel, welches aber wegen seiner Lage unmittelbar unter den Sarthan- und Erber Wassergebäuden um so weniger benutzt werden darf, als das Werk ohnehin sehr zu Gefällen geneigt ist. Man vereinigte sich daher einstimmig dahin, alle Weitungen in diesem Werke mit Knappenbergen zu verstürzen, und selbst auf eine Benutzung zum Soolen-Einschlag Verzicht zu leisten. Jedoch wurde es

allgemein für räthlich und nothwendig erkannt, eine einzelne Communication mit dem alten Werklaist offen zu erhalten, um jeden allenfallsigen Zusitz aus den Wassergebäuden früher bemerken zu können.

13) Das Stöckel-, Maierl- und Wolkensteinerwerk, Taf. XIII. Nr. 152. Bei diesen unter einem Himmel stehenden drei Werken treten in Ansehung der Landseewässer, unter deren Gebäuden sie liegen, dieselben Verhältnisse ein, wie beim alten Tascherwerk. Obwohl daher dieses vereinigte Werk noch ein Versudmaass von beinahe 12 Stabeln besitzt, so wagte man es doch schon seit einigen Jahren nicht mehr, das Wasser an den Himmel zu ziehen, sondern benutzte es bloss zum Soolen-Einschlag, weil die vielen sich selbst bis über die Künigl-Schachtricht hinaufziehenden Spaltungen des Gebirges einen Niederbruch der Werksohlen von den unmittelbar darauf liegenden alten Landsee- und Welsbergwerken befürchten lassen, welcher das Eindringen der Landseewässer zur Folge haben könnte. Um daher jede entfernte Veranlassung zu einem solchen Unglücksfall zu beseitigen, alle Weitungen, wodurch Gefälle und Klüftungen des Gebirges herbeigeführt werden könnten, zu vermeiden, und für die Sicherstellung des Salzbergbaues vor ferneren Verheerungen der Selbstwässer alles Mögliche zu leisten, so beschloss man, auch bei diesem Werke selbst auf die Benutzung zum Soolen-Einschlag zu verzichten, alle noch vorhandenen Weitungen mit Knappenberg zu verstürzen, und nur eine Oeffnung zur fortwährenden Beobachtung zu belassen.

14) Das Thürheimwerk. Dieses bereits gänzlich verlassene Werk hielt 24000 Eimer, und hinterliess ein Versudmaass von 4 Stabeln. Die über dasselbe ziehende Künigl-Schachtricht und die nahe Lage der Selbstwässer im Landsee-Revier haben seine Auflassung begründet,

ohne jedoch die Benutzung zum Soolen-Einschlag auszuschliessen.

15) Das Wonethinnwerk. Der im Jahre 1766 erfolgte Einbruch des Welsbergwerkes aus dem Mitterberg in das Wonethinnwerk veranlasste, dass letzteres mit einem Fassungsraum von 16000 Eimern und einem noch übrigen Versudmaass von 7 Stabeln in Feier gestellt, und zum Soolen-Einschlag verwendet wurde, welches auch schon wegen der nahen Lage der Wassergebäude räthlich war, und wobei es ferner zu belassen für nöthig erachtet wurde.

16) Das Riedmüllerwerk, Taf. XIII. Nr. 164, steht ganz frei und gefahrlos in einem mittelmässig gesalzenem Gebirge, fasste bei der General-Befahrung im Jahre 1810 gegen 35000 Eimer, und hatte noch beinahe 13 Stabel zu versieden. Es wurde im Jahre 1695 mit einer Teufe von 22 Stabeln als ein Schöpfwerk angelegt, aber im Jahre 1718 in ein Ablasswerk umgewandelt. Die Püthe hierzu wurde auf der Ladron-Schachtricht, das Sinkwerk auf dem Störzinger Ebenschurf im Steinberg, und der Wöhrlangofen auf der Albrecht-Schachtricht im Königsberg ausgefangen. Bei diesem Werke war der Sumpf und das Lettengerüste in einem so verdorbenen Zustande, dass man sich bei Gelegenheit der Säuberung im Jahre 1810 genöthigt sah, die Wöhre zu öffnen, und sowohl Sumpf als Lettengerüste gänzlich auszulösen. Bei Gelegenheit der Consultation über den künftigen Wöhrbau schlug der Steiger Franz Würtenberger vor, denselben zur Ersparung des Wöhrlangofens und des Lettengerüstes in der Sumpfpüthe selbst anzubringen, indem diese unter der Werksohle noch auf eine beträchtliche Höhe im Salzgebirge steht. Da die Möglichkeit der Ausführung dieses Vorschlages lediglich davon abhängt, ob das Gebirge in der Sumpfpüthe durch die darin ge-

standene Soole nicht zu sehr erweicht worden ist, so wurde befohlen, die Beschaffenheit des Gebirges durch einen Schramm daselbst zu untersuchen, der jedoch entweder gar nicht angefangen wurde, oder von ungünstigem Erfolg begleitet war, weil zu Anfange des Jahres 1811 der Wöhrlangofen durch drei Häuer erhöht und erweitert, das Lettengerüste neu hergestellt, und die Wöhre noch vor Ablauf desselben Jahres beendigt wurde. Bis zur 18ten Woche 1812 hat man sonach die Wöhre ordentlich austrocknen lassen, und die gesättigte Soole zur Bedeckung derselben eingeleitet, endlich in der 26sten Woche nach und nach den ganzen Sumpf mit Soole gefüllt, und am 3ten April 1812 vollständig angewässert, am 30sten Mai den Himmel erreicht, und im Monat November gut gesprochen. Das Werk versiedet auf jedes Wasser 31 Zoll vom Himmel, und braucht zur Füllung 8, zur Vergütung 32 und zur Säuberung 34 Wochen, wobei 20 Hunde in jeder Schicht fünfmal auszulaufen haben.

17) Das Enzenbergwerk, Taf. XIII. Nr. 130. In frühern Zeiten des Betriebes haben sich in der Bergdicke des Königsberges sieben Werke, nämlich das Zottwerk, Eggelsteinerwerk, Rabbinerwerk, Hochstetterwerk, Pompwerk, Gutmann- und Bayerwerk zusammengeschnitten, sind hierauf vollständig mit einander vereinigt, und unter gemeinschaftlichem Himmel mit der Benennung Enzenbergwerk in die Bergdicke des Steinberges aufzusieden angefangen worden. Bei der General-Befahrung im Jahre 1810 fasste dieses ungeheure Werk 480000 Eimer, und hatte noch ein Versudmaass von beinahe 15 Stabeln, welches, nachdem keine Gebäude über demselben stehen, vollkommen abgenommen werden kann, wenn nicht unvorherzusehende Zufälle, denen ein Werk von solchem Umfang ausgesetzt ist, es früher in Feier zu stellen nöthigen. Dabei muss jedoch vorzüglich die östliche Ulme

gegen das alte Haidenreichwerk um 20 Stabel eingezogen, und daher bei jeder Säuberung eine Verstürzung derselben vorgenommen werden, indem gemäss einer vorhandenen ältern Karte ein höherer Ausschnitt des Haidenreichwerkes bereits über die Lage der Enzenberger-Werksulme übergreift. Ein weiteres Augenmerk ist diesfalls auf die südliche Ulme gegen die Stollpüthe in den Königsberg zu nehmen, um das Ausschneiden in dieselbe zu verhüten. Das Werk versiedet auf jedes Wasser 25 Zoll vom Himmel, und braucht zur Vergütung 43, zur Säuberung aber 180 Wochen, wobei 30 Hunde nothwendig sind, die in jeder Schicht nur sechsmal auslaufen können.

18) Das Leitnerwerk, Taf. XIII. Nr. 143. Dieses Werk ist aus zwei Werken zusammengesetzt, welche Anfangs vom Kaisersberg gegen den Königsberg unter dem Namen des Wallpach- und Spauerwerkes aufgesotten wurden. Beide Werke sind schon im siebzehnten Jahrhundert als Schöpfwerke angelegt, das Spauerwerk aber im Jahre 1680 mit einer Püthenstockwöhre versehen worden. Jedes derselben wurde Anfangs einzeln aufgesotten, bis im Jahre 1750 das Wallpachwerk in das Spauerwerk, gerade als letzteres in der Säuberung begriffen war, hereingebrochen ist. Seit dieser Zeit wurden beide Werke vereinigt unter die Königsberger Hauptschachtricht aufgesotten, und weil man den Antrag hatte, ihre Versiedung in die Bodendicke des Steinberges fortzusetzen, so wurde in den Jahren 1773 und 1774 ein Probeschurf unter dem Namen Graf Heisterschurf aus dem Werk gegen den Steinberg hinaufgetrieben, und, nachdem er durchaus mittelmässiges Salzgebirge entblösste, im Jahre 1782, als das vereinigte Werk bereits bis auf 1½ Stabel unter die Königsberger Hauptschachtricht aufgesotten war, letztere mit einer Wöhre geschlossen, im Jahre 1788 noch eine zweite Wöhre auf der Kaunizer Schachtricht angelegt, und

die Versiedung des Werkes unter der neuen Benennung Leitnerwerk gegen den Steinberg angefangen, wobei der Graf Heisterschurf theils als Sinkwerk, theils dazu benutzt wurde, die Gräzmüller-Schachtricht im Steinberg weiter aufzufahren. Im Jahre 1808, als das Werk durch die Wöhre auf der Kaunizer Schachtricht gesäubert werden sollte, entdeckte man hinter dem Sinkwerk grosse Spaltungen am Himmel und ein sich loszichendes Gefälle, zu dessen Unterstützung drei Säulen von aufgeschichtetem Werklaist errichtet wurden. Im Jahre 1811 wurde eine an der westlichen Werksulme hereinstehende Salzgebirgsmasse mit einem stehenden Ofen durchschlagen, und von diesem durch gemeine Oefen aufgeschlossen; zugleich wurde ein sich bildender Ausschnitt auf der südwestlichen Ulme mit einem Querdamm und mit angestürztem Werklaist versichert, die Säuberung vollendet, und die geöffnete Wöhre auf der Kaunizer Schachtricht, jedoch ohne Einlegung des Ablassrohrs, geschlossen, weil auf eine wiederholte Säuberung durch diese Wöhre der Antrag gemacht worden ist. Als hierauf das Werk angewässert wurde und bereits in der 36sten Woche in Vergütung stand, ergab sich ein Gefälle vom Himmel, welches eine überrechte Füllung von $1\frac{1}{8}$ Stabel erzeugte und zur Folge hatte, dass die Soole, um sie wieder unter den Himmel zu fällen, sechs Tage lang in das Sommerauwerk abgelassen werden musste. Das Leitnerwerk fasst 323363 Eimer und hatte bei der General-Befahrung im Jahre 1810 noch ein Versudmaass von 23 Stabeln, wovon jedoch 6 Stabel wegen der darüber liegenden Gräzmüller-Schachtricht und des Probeschurfs in den Mitterberg, in welchen die Thorer Schachtricht durchschlägig gemacht werden soll, als Bergfeste zurückbleiben müssen. Im Uebrigen liegt dieses wichtige Werk in einem ganz gefahrlosen Revier, versiedet auf jedes Wasser 29 Zoll vom Himmel, und bedarf 14 Wochen zur Füllung, 38 Wochen zur Vergütung und 106 Wochen zur Säuberung, wobei 24 Hunde angestellt werden, die in jeder Schicht nur viermal auslaufen können.

In Ansehung der Aufgewältigung älterer, zur Zeit verlassener Werke konnte im Steinberg bei der General-Befahrung im Jahre 1810 keine Gelenheit aufgefunden werden, wenn man nicht die im Betreff der Kernsalzrevier, dann des Rummel-, Grundner- und Gröbnerwerkes bereits erwähnten Anträge hierher zählen will. Eben so fand man zur Anlage eines neuen Werkes ausser der im Plane liegenden dereinstigen Aufsiedung des Würtenberger-, Fischer- und Zingnisswerkes aus dem Königsberg in den Steinberg nur allein die Mitterkeile zwischen dem alten Karl Füger- und Maitingerwerk auf der Holzhamer Schachtricht geeignet, wozu der Ablassofen von der Parteller Schachtricht im Königsberg auszulenken wäre. Da jedoch auf mehrern Punkten dieser Schachtricht Frischgebirge durchfahren wurde, so wird es räthlich sein, den Ablassofen zuerst zu übertreiben, und allenfalls auch von demselben durch einen Probeschurf das Gebirge vorläufig zu untersuchen.

§. 61. Der Königsberg. Dieser Berg enthielt zur Zeit der General-Befahrung im Jahre 1810 in allen nur 40 Werke, 23 alte, entweder durch Zusammenschneidung oder wegen ihrer Lage unter andern Gebäuden unbrauchbar gewordene, und 17 damals noch offene Werke, die theils zum Soolen-Einschlag, theils zur Soolen-Erzeugung benutzt wurden, und in folgendem Zustande waren:

1) Das vereinigte Franz- und Stossinnwerk, Taf. XIII. Nr. 179. Dieses Werk fasst etwas über 28000 Eimer, und hatte noch 9½ Stabel vom Himmel zu versieden; allein aus den zwei Ursachen, weil es unter der Königsberger Hauptschachtricht liegt, und wegen seiner

nahen Lage am Tag und seiner Entfernung unter den übrigen Werken der höhern Berge in jeder Hinsicht das wichtigste Soolen-Einschlagwerk im ganzen Salzberg bildet, wurde es längst in Feier gestellt und beschlossen, es auch in Zukunft ausschliessend zur Soolen-Verwahrung zu benutzen. Und da es ferner in Ansehung der Einschlagwerke von gleichem Werthe ist, ob zwei derselben nach der bisherigen Uebung, nähmlich zwei Stabel vom Himmel oder nur eins, aber verhältnissmässig tiefer gesäubert wird, so wurde für das Vortheilhafteste erkannt, diesen Versuch vor allen bei dem Franz- und Stossinnwerk vorzunehmen, und dasselbe auf 3 bis 4 Stabel vom Himmel zu säubern, indem dieses Unternehmen bei keinem andern Einschlagwerk mit mindern Kosten und grösserer Beschleunigung stattfinden kann. Diese Säuberung interessirt überdies noch deswegen, weil sie nicht durch die Püthe, sondern durch das Sinkwerk vorgenommen worden ist, welches zu dem Zweck erweitert, mit Gestängen belegt, und auf dem Ebentl mit einem Haspel versehen wurde.

2) Das Stachelburger Ablasswerk, Taf. XIII. Nr. 183. Dieses auf der Schneeberger Schachtricht angelegte alte und sehr reiche Werk fasst 112000 Eimer, und besass im Jahre 1810 nur noch das unbedeutende Versudmaass von $\frac{1}{3}\frac{2}{2}$ Stabel. Es stand lange in Feier, und seine Benutzung beschränkte sich lediglich darauf, die ungeheuern Kernsalzgefälle, die in ihm aufgehäuft lagen, durch Nachwässer zu vergüten, welche bis auf drei Stabel unter die wahre Werksohle gezogen wurden, um die Gefälle auch noch in grösserer Teufe zu gut zu bringen. Dieser Betrieb nun wurde so lange fortzusetzen beschlossen, als sich die Nachwässer vollständig vergüten werden. Zugleich aber wurde derjenige Antrag wiederholt, der schon bei der v. Leitnerschen General-Befahrung gemacht

worden ist, nämlich das Stachelburger Ablasswerk durch Verwöhrung der Krippen- und Kufner Schachtricht in den Steinberg aufzusieden. Nach reiflicher Ueberlegung wurde erkannt, dass zwar diese Aufsiedung über die Kufner- und Schneeberger Schachtricht, wegen des grossen Umfanges, und einer in so reichem Gebirge mit Grund zu befürchtenden Ausschneidung des Werkes nicht wohl räthlich sein dürfte; dass aber der Genuss der Bodendicke von 4 bis 5 Stabel zwischen der Krippen- und Kufner Schachtricht keinem Anstand unterliegen, und in jeder Hinsicht sehr vortheilhaft sein werde, wenn man auf der bereits durch das Hereinbrechen der Wände sehr erweiterten Krippen-Schachtricht eine haltbare Wöhre anzubringen im Stande wäre. Die Bergmeisterschaft wurde daher angewiesen, über den Gegenstand schriftliche und umständliche, mit Kosten-Anschlägen belegte Vorschläge anzufertigen, und hierbei selbst auf einen Wöhrbau von grösserer Dimension den Antrag zu machen, wenn zur Anlage einer gewöhnlichen Wöhre kein Punkt ausgemittelt werden könnte, um ohne Zeitverlust nach vollendeter Auswässerung der Gefälle dazu Hand anlegen zu können.

3) **Das Stachelburger Schöpfwerk, Taf. XIII. Nr. 186.** Dieses unbedeutende, nur 4000 Eimer fassende Werk wurde im Jahre 1799 von dem Wöhrlangofen des Ablasswerkes gleiches Namens auf 10 Stabel unter die Ebensohle des Königsberger Stollenmundlochs angelegt. Es hatte bei der General-Befahrung im Jahre 1810 noch ein Versudmaass von beinahe 2 Stabeln; da jedoch eine weitere Benutzung desselben wegen der vorliegenden Stachelburger Wöhre nicht stattfinden kann, so wurde beschlossen, das Werk ohne fernere Säuberung zusammen zu sieden.

4) **Das Sternbachwerk, Taf. XIII. Nr. 193.** Die Anlage dieses Werkes zur Benutzung des zwischen dem

alten Moser-, Würschinger- und Walterwerk anstehenden Mitterkeils wurde schon bei der Hauptbefahrung im Jahre 1793 in Betrieb gefunden. Bei der Hauptbefahrung im Jahre 1810 fasste dasselbe 48000 Eimer, und hatte noch ein Versudmaass von mehr als 16 Stabeln, wovon aber wegen der darüber liegenden, den Zugang zum Menzwerk bildenden Hechengartner Schachtricht von je her 4 Stabel als unbenutzbar vorgemerkt waren. Allein, da nunmehr der Durchbau zu dem Menzwerk vom Sinkwerks-Ebentl aus angelegt ist, so wurde dadurch die Hechengartner Schachtricht entbehrlich, und das Sternbachwerk kann demnach gänzlich aufgesotten werden, und zwar ohne alle Gefahr, sobald getrachtet wird, dasselbe durch Veröffnung in eine längliche Form zu bringen, und durch Verstürzung der Ausschnitte zu erhalten. Es versiedet auf jedes Wasser 32 Zoll vom Himmel, und bedarf zur Füllung 12, zur Vergütung 35 und zur Säuberung gleichfalls 35 Wochen, wobei 12 Hunde in jeder Schicht zehnmal zu laufen haben.

5) Das Maderwerk, Taf. XIII. Nr. 195, fasst 80000 Eimer und hätte noch ein Versudmaass von 5 Stabeln, nachdem jedoch unmittelbar darauf der Hauptstollen des Königsberges liegt, so muss diese Bergfeste ungeschwächt verbleiben, und das Werk wird daher nur zum Soolen-Einschlag benutzt.

6) Das Erzherzog Johann-Werk, Taf. XIII. Nr. 210. Die Anlage dieses Werkes zur Benutzung des Mitterkeils zwischen der Parteller, Marcherl- und Hauptschachtricht wurde bei der General-Befahrung im Jahre 1793 beschlossen. Im Jahre 1810 hatte dasselbe einen Fassungsraum von 16000 Eimern und ein Versudmaass von beinahe 32 Stabeln, wovon wegen der nahen Hauptschachtricht nur 3 Stabel als nöthige Bergfeste abgeschrieben werden dürfen. Wenn seiner Zeit bei höherem An-

steigen der Werksohle die Ulme in der Richtung gegen das benachbarte Rudlwerk gehörig beobachtet und versichert wird, so ist im Betrieb des Erzherzog Johann-Werkes keine weitere Gefahr vorzusehen. Es versiedet auf jedes Wasser 37 Zoll vom Himmel und braucht 8 Wochen zur Füllung, 32 Wochen zur Vergütung und 31 Wochen zur Säuberung, wobei 8 Hunde in jeder Schicht achtmal auszulaufen haben.

7) Das Purklechnerwerk, Taf. XIII. Nr. 200. Die Anlage dieses Werkes geschah in der zurückgelassenen Bodendicke unter dem alten Schöpfwerke gleiches Namens, wodurch zugleich das umher befindliche übrige Salzgebirge unterfahren wurde. Püthe und Sinkwerk wurden bloss verlängert, und der Wöhrlangofen wurde von der Trojolin-Schachtricht im Kaisersberge angefangen. Alle diese Gebäude standen im gut gesalzenen Gebirge, und wurden in dem Zeitraum von 1760 bis 1764 fertig. Als nun dieses Werk im Jahre 1808 fast bis unter die alte Purklechner Werksohle aufgesotten war, entstand vom Himmel herab ein beträchtliches Gefälle, wodurch die Püthe zu Bruch und der Sumpf zu Verlust ging, und das Werk bis zum Jahre 1811 in Feier versetzt wurde, um den Püthenofen verlängern, eine neue Püthe im ganzen Gebirge, und 3 Stabel vor dem Lettengerüste auch einen neuen Sumpf im Werklaist abteufen zu können. Im Jahre 1812, nachdem das Werk reparirt, gesäubert und gegen das Gefälle unter der alten Püthe verstürzt war, wurde es wieder mit dem ersten Wasser angelassen, welches nach 14 Wochen den Himmel erreichte und nach 59 Wochen gut gesprochen wurde. Das Werk fasst 100000 Eimer, versiedet auf ein Wasser 50 Zoll vom Himmel, hatte im Jahre 1810 über Abzug der wegen der darüber liegenden Parteller Schachtricht zur Bergfeste nothwendigen 4 Stabel noch ein benutzbares Versudmaass von bei-

nahe 16 Stabeln, und braucht 12 Wochen zur Füllung, 36 Wochen zur Vergütung und 39 Wochen zur Säuberung, wobei 12 Hunde in jeder Schicht siebenmal auszulaufen haben.

8) Das Spannwerk, Taf. XIII. Nr. 202, fasst 64000 Eimer und hatte im Jahre 1810 noch ein Versudmaass von 23 Stabeln, wovon indessen wegen des darauf liegenden Parteller Ebenschurfs und der Feierabendwöhre 6 Stabel abzuziehen kommen. Der Betrieb dieses Werkes ist übrigens mit keinen Gefahren verbunden, sobald die nordwestliche und südöstliche Werksulme in Acht genommen wird, um die Einschneidung in das alte Parteller- und Purklechnerwerk zu verhüten. Es versiedet auf jedes Wasser 38 Zoll vom Himmel, und bedarf zur Füllung 10, zur Vergütung 28 und zur Säuberung 40 Wochen, wobei die Hunde siebenmal in jeder Schicht auszulaufen haben.

9) Das Treylingerwerk, Taf. XIII. Nr. 208. Dieses Einschlagwerk fasst 32000 Eimer, und hätte noch gegen 8 Stabel zu versieden, wenn die darauf liegende Marcherl - Schachtricht und die sich bereits ergebenen Spaltungen des Werkhimmels einen Gebrauch davon zu machen erlaubten.

10) Das Rudlwerk, Taf. XIII. Nr. 212. Bei diesem Einschlagwerk treten die nämlichen Verhältnisse, wie bei dem vorigen ein, das heisst, es ist in Feier gestellt, weil die Hauptschachtricht des Königsberges und der Panzenberger und Marcherl-Schachtrichtwechsel unmittelbar darauf liegen. Nachdem jedoch sein Versudmaass noch 11 Stabel beträgt, so kann in dringenden Fällen noch ein oder das andere Wasser abgenommen werden. Der Fassungsraum beträgt 48000 Eimer.

11) Das Neupacherwerk, Taf. XIII. Nr. 216. Nachdem das rückwärts liegende Schenkwerk bereits ver-

lassen, die Enzenberg-Stockwöhre aber auf der Zottinn-Schachtricht ohne Ablass ist, so kann das Neupacherwerk ohne Nachtheil ganz bis zur erwähnten Schachtricht aufgesotten werden. Dasselbe fasst 80000 Eimer, hat noch ein Versudmaass von 15 Stabeln, verätzt auf jedes Wasser 31 Zoll vom Himmel, und erfordert zur Füllung 10, zur Vergütung 40 und zur Säuberung 41 Wochen, wobei 15 Hunde in jeder Schicht achtmal auszulaufen haben.

12) Das Schenkwerk, Taf. XIII. Nr. 217, fasst 64000 Eimer, und hätte noch ein Versudmaass von zwei Stabeln, allein der grösste Theil des Himmels ist eingefallen, und die Püthenwöhre ist wegen Verdrückung ganz unbrauchbar. Zur Versiedung vom Himmel kann daher das Werk nicht mehr verwendet werden; seine Benutzung zum Soolen-Einschlag aber hängt davon ab, ob es möglich ist, die damalige Püthe wieder in gehörigen Stand zu setzen.

13) Das Kamerlandwerk, Taf. XIII. Nr. 235. Bei diesem Werke, dessen aufmerksamer Betrieb vorzüglich zu empfehlen ist, waren zur Zeit der General-Befahrung im Jahre 1810 folgende drei Punkte zu bedenken:

a) Die Wöhre war schon von Anfang her unhaltig, und auch ein später angebrachter Lettenmantel hat seinen Zweck nicht erreicht. Sie wurde daher im Jahre 1807 neu geschlagen und hat sich zwar als haltig erprobt, allein es ist vorauszusehen, dass bei einer wiederholten Oeffnung derselben keine fernere Haltbarkeit bewirkt werden könnte, und dass sonach das ganze Werk aufgelassen werden müsste, weil auch selbst der Wöhrlangofen zu kurz ist, um noch einen dritten Wöhrsatz anbringen zu können.

b) Da zwischen der Kamerlandpüthe und dem Fischer-Sinkwerk die einzige Strecke ist, auf welcher seiner

Zeit zur höhern Aufsiedung der vereinigten Würtenberger-, Fischer- und Zingnisswerke in den Steinberg die Hauptschachtricht des Königsberges verwöhrt werden kann, so muss vorzügliche Sorge getragen werden, das Gebirge in dieser Gegend ganz und frisch zu erhalten, und alle Spaltungen zu vermeiden, welche sich bei höherer Aufsiedung des Kamerlandwerkes ergeben könnten. Es wurde daher beschlossen, in demselben nur zuweilen zur Aushülfe für den übrigen Werksbetrieb ein Wasser vom Himmel abzunehmen, obgleich das Versudmaass noch $13\frac{1}{2}$ Stabel beträgt.

c) Endlich wurde bei diesem Werke der Versuch gemacht, die Soole zur Zeit, als es durch die Wöhre nicht geschehen kann, durch einen Heber mittelst des nahen Trainerschurfes, aus dem ein Durchschlag in das Werk geführt wurde, abzulassen. Nachdem nun dieser Durchschlag bei höherer Aufsiedung des Werkes wieder verwöhrt werden müsste, so schlug der k. Obersteiger Joseph Würtenberger vor, denselben mit dem besonders fetten Laiste aus dem Leitnerwerke sorgfältig zu verschlagen, um sowohl die Verwöhrung zu ersparen, als auch für die Nachkommenschaft die Gewissheit zu erhalten, ob sich mit dem Werklaist solche Oeffnungen mit Sicherheit verschliessen lassen oder nicht. — Bei dem langen Zeitraum, in welchem diese Verdämmung trocken liegen, und der gegenseitigen Verdrückung überlassen bleiben wird, nahm man keinen Anstand, den besten Erfolg davon zu erwarten.

Das Kamerlandwerk fasste damals 48000 Eimer, versiedete auf jedes Wasser 33 Zoll vom Himmel, und bedurfte 12 Wochen zur Füllung und 33 Wochen zur Vergütung.

14) Das Haserwerk, Taf. XIII. Nr. 237. Dieses Werk hatte im Jahre 1810 noch ein Versudmaass von mehr als 14 Stabeln, wovon jedoch 6 Stabel als ungeniessbar vorgemerkt waren, und zwar aus dem nämlichen Grunde, wie bei dem Kamerlandwerk, um nämlich die Gesteinsfestigkeit für den Wöhrsatz zu den dereinst in die Bergdicke des Steinberges aufzusiedenden drei vereinigten Werken nicht zu schwächen. Ausserdem ist bei dem fernern Betrieb des Haserwerkes die sorgfältige Verstürzung der nördlichen Revier nicht ausser Acht zu lassen, um sowohl das Zusammenschneiden desselben mit dem Fischer- und Würtenbergerwerk, als auch die Ausschneidung unter die Püthe gegen die Hauptschachtricht und das Kamerlandwerk zu verhüten. Der Fassungsraum beträgt 64000 Eimer, die Versiedung vom Himmel auf jedes Wasser 40 Zoll, die Dauer der Füllung 16, der Vergütung 44 und der Säuberung 34 Wochen, wobei 17 Hunde nothwendig sind, die in jeder Schicht fünfmal auslaufen müssen.

15) Das Schützwerk, Taf. XIII. Nr. 240. Dieses Werk war ehedem ein Schöpfwerk unter dem Namen Eggerwerk, und war unter dem Kaisersberger Horizont in einem ganz freien, gut gesalzenen Revier angelegt. Sobald aber dasselbe gegen den Eggels-Ebenschurf aufgesotten war, wurde dieser mit einer Dammwöhre geschlossen, und die weitere Aufsiedung des Werkes unter der Benennung Schützwerk gegen den Königsberg als Ablasswerk fortgesetzt. Gefahren sind hierbei nicht vorzusehen, was um so wichtiger ist, als das Werk noch ein Versudmaass von 34 Stabeln besitzt. Der Fassungsraum beträgt 40000 Eimer, die Versiedung vom Himmel auf jedes Wasser 36 Zoll, die Dauer der Füllung 10, der Vergütung 28 und der Säuberung 26 Wochen, wobei 25 Hunde in jeder Schicht nur viermal auslaufen können.

16) Das vereinigte Würtenberger-, Fischer-

und Zingnisswerk, Taf. XIII. Nr. 284—286. Diese drei zusammengebrochenen Werke fassen 06000 Eimer und hätten noch ein Versudmaass von 5 Stabeln, deren Benutzung jedoch wegen der nahe liegenden Leitnerwöhre vor der Hand nicht stattfinden kann. Sobald aber das Leitnerwerk aufgesotten sein wird, geht der Antrag dahin, die Hauptschachtricht des Königsberges mit einer Wöhre zu schliessen, und die Versiedung obiger drei Werke in die Bergdicke des Steinberges fortzusetzen.

17) Das Hompeschwerk, Taf. XIII. Nr. 255. Die Anlage dieses Werkes von der Panzenberg-Schachtricht im Königsberg geschah erst in den Jahren 1807 bis 1810, in einem durchaus gleichförmig und ziemlich reich gesalzenen Gebirge. Im Jahre 1814 betrug der Fassungsraum 4630 Eimer, das Versudmaass über 29 Stabel, die Versiedung vom Himmel auf jedes Wasser 30 Zoll, die Dauer der Füllung 10, der Vergütung 19 und der Säuberung 7 Wochen, wobei 7 Hunde in jeder Schicht siebenmal auszulaufen haben.

§. 62. Der Kaisersberg. Der Kaisersberg enthält in allen nur 11 Werksanlagen, und hiervon sind nur fünf zur Soolen-Erzeugung geeignet, die andern sechs sind wegen Zusammenschneidung und Armuth des Gebirges theils todtgesprochen, theils in Feier gestellt. Bei der General-Befahrung im Jahre 1810 dehnte sich die Berathung auf folgende sieben Werke aus:

Das neue Fennerwerk, Taf. XIII. Nr. 248. Dieses Werk ist wegen seiner nahen Lage am Tage vorzüglich zur Auswässerung der gesalzenen Knappenberge und zum Soolen-Einschlag nützlich, wozu es denn auch meistens verwendet wird. Sein noch übriges Versudmaass betrug im Jahre 1810 zwar noch gegen 13 Stabel; allein wegen der darüber liegenden Hauptschachtricht sind 6 Stabel davon als ungeniessbar vorgemerkt. Damals fasste dasselbe 40000 Eimer, verätzte auf jedes Wasser 25 Zoll vom Himmel und bedurfte zur Füllung 8, zur Vergütung 24 und zur Säuberung ebenfalls 24 Wochen, wobei 14 Hunde in jeder Schicht neunmal auszulaufen haben.

2) Das vereinigte Sommerau- und Erzherzogin Anna-Werk, Taf. XIII. Nr. 260 und 261. Das Erzherzogin Anna-Werk ist in das Sommerau-Werk gebrochen, als dieses noch um einige Stabel tiefer lag. Letzteres wurde daher mit Beschleunigung aufgesotten, und sobald beide Himmel in gleicher Ebene waren, durch Veröffnung mit ersterem vereinigt. Dieses zweifache Werk hatte im Jahre 1810 einen Fassungsraum von 192000 Eimern und ein Versudmaass von fast 13 Stabeln, wovon jedoch wegen der darauf liegenden Treilinger und Neubacher Wöhre und der über das ganze Werk hinziehenden Hauptschachtricht 6 Stabel unbenutzbar zurückgelassen werden müssen. Es versiedet auf jedes Wasser 27 Zoll vom Himmel, und bedarf zur Füllung 14, zur Vergütung 34 und zur Säuberung 43 Wochen, wobei 15 Hunde in jeder Schicht achtmal auszulaufen haben. In dem Sommerauwerk wurde einstmals ein bedeutender Ausschnitt gegen das Zacherwerk getroffen und verblendet. Da letzteres bereits mit dem Wickawerke vereinigt ist, so würden durch einen Einbruch des Sommerauwerkes seiner Zeit vier Werke des Kaisersberges unter einem gemeinschaftlichen Himmel gerathen, und bei den rückwärts liegenden wegen des beträchtlichen Ansteigens der Hauptschachtricht sehr vieles vom möglichen Versudmaass verloren gehen, der übrigen Nachtheile von solchen grossen Werken nicht zu gedenken. Es ist demnach in Ansehung dieses Ausschnittes nach jedem Wasser Untersuchung anzustellen, und die Verblendung und Verstürzung nöthigenfalls fortzusetzen.

3) Das vereinigte Zecher- und Wickawerk, Taf. XIII. Nr. 268 und 269. Das Wickawerk wurde im Jahre 1754, und das Zecherwerk im Jahre 1763 angelegt, und beide haben sich im Jahre 1794 zusammengeschnitten. Es tritt jedoch der besondere Umstand hierbei ein, dass der Wässerungssteiger später eine Unterbrechung ihrer vormaligen Communication beobachtet haben will, indem die Soole in beiden Werken nicht mehr gleichmässig ansteige oder falle. Der k. Obersteiger gründete hierauf den Vorschlag, das Wickawerk nun um so mehr allein aufzusieden, als dadurch die Gefahr einer Vereinigung des Zecherwerks mit dem Sommerauwerke vermieden werden kann. Allein bei näherer Ueberlegung fand man, dass es sehr unwahrscheinlich sei, diese einmal vereinigten Werke getrennt zu erhalten, und dass jeder Versuch mit vielem Zeitverlust verbunden sein würde; ferner ergab es sich im Verfolge der Berathung, dass das Sinkwerk des Wickawerkes in jedem Fall verstürzt werden muss, weil das schon hoch herauf versottene Trojolswerk so nahe dabei angelegt wurde, dass es in dasselbe unvermeidlich ausbrechen müsste. Man entschloss sich daher, bei der nächsten Säuberung das Zecherwerk in das Wickawerk zu veröffnen, und das Sinkwerk des erstern für beide zu benutzen; zugleich aber das Sinkwerk des letztern zu verwöhren, und im Zecherwerk in der Richtung gegen das Sommerauwerk eine ergiebige Verstürzung anzubringen. Im Jahre 1813, wo diese Vereinigung ausgeführt, und der 5 Stabel unter dem Werklaist vergrabene Wickasumpf wieder gefunden war, hatte das Werk ein Versudmaass von 12 Stabeln, wovon wegen der darauf liegenden Hauptschachtricht 4 Stabel als Bergfeste zurückbleiben müssen, der Fassungsraum betrug 89230 Eimer, die Versiedung vom Himmel 14 Zoll, und die Dauer der Füllung 12, der Vergütung 42 und der Säuberung

57 Wochen, wobei 29 Hunde in jeder Schicht siebenmal auszulaufen haben.

4) Das Trojloswerk, Taf. XIII. Nr. 274. Von dem Versudmaass dieses im Jahre 1766 angelegten Werkes zu $8\frac{1}{2}$ Stabel müssen wegen der darauf liegenden Wöhren und der Prugger Schachtricht 4 Stabel unbenutzt zurückbleiben. Es fasst 64000 Eimer, versiedet auf jedes Wasser 30 Zoll vom Himmel, und bedarf zur Füllung 10, zur Vergütung 32 und zur Säuberung 43 Wochen, wobei 15 Hunde in jeder Schicht sechsmal auszulaufen haben.

5) Das Taschwerk, Taf. XIII. Nr. 275, hatte im Jahre 1810 einen Fassungsraum von 16000 Eimern und ein Versudmaass von beinahe 9 Stabeln. Allein, nachdem die Hauptschachtricht unmittelbar darauf liegt, das Gebirge höchst arm und brüchig, und die Masse der bereits hereingegangenen Gefälle sehr beträchtlich ist, so wurde schon früher beschlossen, dieses Werk gänzlich zusammenzusieden, dieser Beschluss aber höchsten Orts nicht genehmigt, sondern anbefohlen, gleichwohl noch eine Säuberung zu versuchen. Es wurde am 26sten Juni 1812 mit dem vierten Wasser nach der letzten Säuberung angelassen, welches erst am 26sten Februar 1813 den Himmel und im Monat Juli desselben Jahres den Sättigungsgrad erreichte, nachdem 16 Zoll vom Himmel versotten waren.

6) Das Störzingerwerk, Taf. XIII. Nr. 276. 277. Dieses im Jahre 1762 angelegte Werk ist schon früh in aller Teufe eingestürzt, wurde hierauf über dem Werkshimmel noch einmal angelegt, und ging abermals durch Gefälle zu Grunde. Es wurde daher schon vor längerer Zeit todtgesprochen, wobei es auch belassen wurde, indem das Gebirge viel zu arm ist, als dass noch ein dritter Versuch gewagt werden könnte, das Werk empor zu bringen.

7) Das Trojolswerk. Dieses Werk von 64000 Eimern wurde bei einem Versudmaass von 11 Stabeln wegen des darauf liegenden Würtenberger-, Fischer- und Zingnisswerkes in Feier gestellt. Bei der Anlage desselben wurde eine Bodendicke von 10 Stabeln zurückgelassen, deren Benutzung durch ein neu vorzurichtendes Ablasswerk in der Ebensohle des Erzherzogberges geschehen kann, und für die Zukunft vorgemerkt worden ist.

§. 63. Der Erzherzogberg. In diesem Berge befand sich zur Zeit der General - Befahrung im Jahre 1810 ein einziges Schöpfwerk, nämlich das Wrbna-Schöpfwerk, Taf. XIII. Nr. 306, welches ein bis auf zwei Stabel zu benutzendes Versudmaass von 11½ Stabel, einen Fassungsraum von 28000 Eimern, ein Verätzmaass von 12 Zoll auf jedes Wasser und eine Vergütungszeit von 10 Wochen besitzt. Es wird theils zum Einschlag, theils auch zur Auswässerung gesalzener Knappenberge verwendet.

Nachhaltigkeit der Soolen-Erzeugung.

§. 64. Allgemeine Bemerkungen. Fasst man diejenigen Gebrechen zusammen, die bei den eben beschriebenen Soolen-Erzeugungswerken am häufigsten, und so zu sagen, immerwährend vorkommen, so sind es folgende fünf, nämlich

Abzug vom Versudmaass,
Ausschneidung,
Zusammenschneidung,
Gefälle und
Mangel an Orientirung.

Im Salzberge zu Hall, wo die übermässig vielen Strecken jeden Bergaufschluss nach allen Richtungen durchziehen, tritt der Fall ein, dass die meisten Werksätze entweder über der Förste, oder aber unter der Sohle von Strecken des nächst tiefern oder nächst höhern Berges stehen, und also entweder gar nicht, oder nicht ohne Abzug vom Versudmaass geniessbar sind. Zu einem solchen Abzug wegen darüber liegender Strecken und Wöhren waren im Jahre 1814 unter 57 Werken nicht weniger als 42 mit einer zurück zu lassenden Bergfeste von zusammen 241 Stabeln vorgemerkt, und zwar zu einer Zeit, wo jedes Werk im Durchschnitt einen Fassungsraum von 68636 Eimern oder 154431 Kubikfuss hatte, und die benutzbare Höhe des Versudmaasses noch lange nicht erreicht war. Gleichwohl setzt schon dieser damalige Fassungsraum, wenn die Werkshöhe zu acht Fuss angenommen wird, einen Himmel von 19304 Quadratfuss voraus, und es berechnet sich folglich die bloss über obigen 42 Werken unbenutzbare Gebirgsmasse auf mehr als 18 Millionen Kubikfuss, und der damit verbundene Verlust an Steinsalz, wenn das Durchschnittsgewicht eines Kubikfusses Salzgebirge zu 100 Pfund, und der Steinsalzgehalt zu 35 Procent angenommen wird, auf mehr als sechs Millionen Zentner!

Was die Ausschneidung betrifft, so wird jedes Werk wenigstens dreimal angewässert, bis es gesäubert wird, das heisst, es bleibt, um die Zeit der Abtrocknung zu ersparen, gegen drei Jahre lang sich selbst überlassen, bis es endlich befahren, untersucht und in Reparatur genommen werden kann. Wie ist es möglich, dass während dieser Zeit die immer thätige, wenngleich unscheinbare Tendenz zur ungleichförmigen Auflösung nicht auf mehrere Stellen im Umkreis der Ulmen wirksam sein und endlich Raum gewinnen sollte; wie kann es anders sein, als dass ohne Ausnahme jedes Werk bei jeder Säuberung eine abnorme Form darstelle, dass durch die ganze Versudhöhe ein Ausschnitt den andern übergreife, und jeder

Mitterkeil in seiner Lage eben so gut unter, als zwischen den Werken angenommen werden muss; wer endlich vermag es unter diesen Verhältnissen, den Mittelpunkt, die Form und Grösse zu bestimmen, auf und unter denen ein Werk in die Ebensohle des nächst höhern Bergaufschlusses treten wird? Wir wollen die Wirkungen, die sich daraus auf das mögliche Zusammenschneiden der Werke folgern lassen, nicht wiederholen; allein der Leser wird bemerkt haben, dass, wenn im Salzberge zu Hall ein Mitterkeil oder eine verlassene Bodendicke sammt dem Umgriff benachbarter Gebirgsmittel zur Werksanlage verwendet werden, die Ausdehnung derselben bis zum versottenen Gebirge angrenzender alter Werke sorgfältig, selbst mit Aufopferung an Versudmaass vermieden wird, und in der That auch vermieden werden muss, wenn nicht die Ausschnitte bei ihrer Erreichung niederbrechen und eine Vereinigung der Werke herbeiführen sollen. So wichtig ist bei dem Salzbergbau das Ausschneiden der Werke, dass dadurch die an und für sich schwachen Mitterkeile noch unbrauchbarer, die starken hingegen nur zum Theil geniessbar werden.

Zusammengeschnitten waren ferner unter 57 Werken nicht weniger als 16, die beinahe den dritten Theil der gesammten Soolen-Erzeugungsanlage ausmachen. An diesem Unglücke, vor welchem wieder andere Werke gerade noch zur rechten Zeit durch Verstürzung und Wegziehung in eine andere Gegend errettet wurden, konnten nur drei Ursachen Schuld gewesen sein: entweder wurde ein Mitterkeil versotten, bevor noch die um ihn herum liegenden Werke todtgesprochen waren, oder es wurde, wenn ältere Werke nur auf einer Seite die Grenze bildeten, das neue Werk ohne Rücksicht auf die Grösse der Bergdicke und auf das Verhältniss der Versiedung vom Himmel zur Versiedung an den Ulmen so gross oder so nahe dabei angelegt, dass der Zusammenschnitt von selbst erfolgen musste, oder endlich, der inzwischen belassene Mitterkeil war so schwach, dass es nur eines oder mehrerer Ausschnitte über einander bedurfte, um ihn zu durchsetzen.

An Gefällen litten wirklich, oder waren davon im Verfolg ihrer Aufsiedung unvermeidlich bedroht, und zwar wegen zu grosser Ausdehnung und überrechter Füllung in Folge Zusammenschnitts, zumal unter ungleichen Himmelsebenen, 7, wegen darüber liegender älterer Werke, deren versottenes Gebirge dereinst niederbrechen muss, 8, und wegen zu armen, rissigen und zu Brüchen geneigten Gebirges 9, oder zusammen 24 Werke, die mehr als den dritten Theil der gesammten Soolen-Erzeugungsanlage bilden. So schön der Anblick eines frisch gesäuberten Soolen-Erzeugungswerkes unter einem ebenen Himmel ist, so traurig ist das Bild der Verwüstung, wenn das Werk mit hereingegangenen Gebirgsmassen bis unter den weit und tief ausgehöhlten Himmel mehr oder weniger bedeckt und unzugänglich wird. Nicht die Gefälle sind es, um deren Verlust der Bergmann vorzüglich hierbei trauert, sondern er denkt vielmehr an die Reihe von Jahren, die das Werk während der Auswässerung der Gefälle betriebsunfähig wird, und an die ausserordentliche Schwierigkeit, die es hat, einen zerstörten Himmel wieder in eine Ebene zu bringen, ohne bei einer so langen Umtriebszeit der Werke, bei einer mehrjährigen Unbefahrbarkeit derselben wiederholte überrechte Füllungen, immer neue Gefälle, immer mehr und grössere Spaltungen am Himmel befürchten zu müssen.

Das fünfte und wichtigste vorherrschende Gebrechen bei den Soolen-Erzeugungswerken zu Hall ist endlich der Mangel an Orientirung. Nachdem nämlich die Werke auf beliebigen Standpunkten von jeher angelegt worden sind, und die Grösse und Form, zu der sie sich nach und nach erweitern, höchst mannigfaltig ist, nachdem die Verschiedenheit, mit der die Verticalebenen des ganzen Streckensystems in allen Bergaufschlüssen von einander abweichen, keine Specialkarten über jeden einzelnen Berg, sondern nur einen Hauptplan über sämmtliche Berge unter einander zulässt, auf welcher die Veränderungen der Werke an Grösse und Form nach jeder Säuberung nicht nachgetragen werden können, so bleibt das gegenseitige wahre Verhältniss in der Lage der Ulmen benachbarter Werke, und mithin die Stärke und Lage der Mitterkeile, die zwischen der ältern und jüngern Soolen-Erzeugungsanlage anstehen, ganz unbekannt. Der Leser wird in der vorausgegangenen Beschreibung ausser dem Zustand, der in den Werken selbst sichtbar war, höchstens noch den Namen der Werke, die herum oder darüber liegen, angegeben finden; allein die Frage, die sich bei jedem Werk im Augenblick seiner Untersuchung aufdringen muss: wie dick ist die Scheidewand bis zur angrenzenden Ulme des benachbarten Werkes? Diese in Absicht auf drohende Zusammenschneidungen und eine weise Bewirthschaftung des Grubenfeldes so wichtige Frage ist bei keinem Werke beantwortet worden.

§. 65.. **Conspect der Soolen-Erzeugungswerke.** Das etatsmässige jährliche Soolenbedürfniss der Saline Hall betrug im Jahre 1814 wenigstens 700000 Eimer. Um nun zu prüfen, ob die Soolen-Erzeugungsanlage des Salzberges nach ihrem beschriebenen damaligen Zustande gross genug war, obiges Soolenbedürfniss nachhaltig zu befriedigen, werden sämmtliche, theils zur Soolen-Erzeugung, theils zum Soolen-Einschlag brauchbare Werke in folgende zwei tabellarische Conspecte gebracht, wobei die Zeit der Füllung, der Vergütung, der Ablassung und der Säuberung unter einer Summe in die Spalte der Umtriebszeit gesetzt, und übrigens zur Erhaltung der wahren relativen Erträgniss jedes Werkes auf ein Jahr angenommen wurde,

1) dass die Zeit, die jedes Werk zur Leerung erfordert hat, der zur Füllung nöthigen Zeit gleich war;
2) dass die Zeit der Säuberung, welche bei der Beschreibung jedes Werkes angegeben wurde, diejenige ist, die im Durchschnitt nach drei Wässern erforderlich war, und dass folglich
3) nur der dritte Theil dieser Zeit in Rechnung gezogen werden darf, sobald eine Wiederholung der Säuberung nach jedem dritten Wasser vorausgesetzt wird.

(Hier folgen Tabelle I. und II.)

I. Soolen-

Nummer der Werke.	Berg-aufschluss.	Namen der Werke
1	Oberberg	Das ältere Sternbachwe
2	:	Das Koberweinwerk .
3	:	Das Schlägelwerk . .
4	:	Das Erlachwerk . . .
5	Mitterberg	Das neue Schaumerwer
6	:	Das neue Schwerinwer
7	:	Das vereinigte Brückne Mitterbergerwerk .
8	:	Das Klotzwerk . . .
9	Steinberg	Das Prixenwerk . .
10	:	Das Leerbachwerk . .
11	:	Das Karl-Tauschwerk
12	:	Das Menzwerk . . .
13	:	Das Bornwerk . . .
14	:	Das neue Fennerwerk
15	:	Das Grundnerwerk .
16	:	Das Gröbnerwerk . .
17	:	Das Riedmüllerwerk .
18	:	Das Enzenbergwerk .
19	:	Das Leitnerwerk . .
20	Königsberg	Das Sternbachwerk .
21	:	Das Erzherzog Johannw
22	:	Das Purklechnerwerk
23	:	Das Spannwerk . . .
24	:	Das Neupacherwerk .
25	:	Das Haserwerk . . .
26	:	Das Schützwerk . .
27	:	Das Hompeschwerk .
28	Kaisersberg	Das vereinigte Sommer Erzherzogin Annawer
29	:	Das vereinigte Zecher-Wickawerk . . .
30	:	Das Trojolswerk . .
		Summa
		Durchsch

Zu Seite 284.

ngswerke.

ngs- …m.	Verätz-maass auf ein Wasser.	Benutzbares Versudmaass.	Umtriebszeit.	Relative Erträgniss auf ein Jahr.
…er.	Zoll.	Fuss.	Wochen.	Eimer.
535	65	21	66	43046
153	22	96	28	57855
298	12	51	47	41267
000	29	32	59	70508
000	27	8	28	26000
000	24	84	46	18087
000	40	12	75	22880
000	23	30	38	128632
000	18	46	25	37440
000	34	60	39	42666
217	15	41	38	91981
000	34	56	77	230953
000	44	56	56	44589
439	10	102	27	54771
500	6	36	39	86000
000	6	12	75	221866
717	31	50	52	34717
000	25	59	102	244706
363	29	76	87	193274
000	32	49	57	43789
000	37	115	52	16000
000	50	63	84	61904
000	38	67	52	64000
000	31	60	64	65000
000	40	33	71	46873
000	36	136	47	44255
630	30	118	32	7523
000	27	28	63	158476
230	14	33	73	63561
000	30	18	56	59428
182	859	1648	1655	2322047
000	29	—	56	77400

II. Soolen

Nummer der Werke.	Bergaufschluss.	
1	Oberberg	Das Peut
2	Mitterberg	Das alte
3	"	Das Berg
4	"	Das Thür
5	"	Das Won
6	Königsberg	Das verei
7	"	Das Stack
8	"	Das Made
9	"	Das Trey
10	"	Das Rudl
11	"	Das Sche
12	"	Das Kam
13	"	Das Würt
14	Kaisersberg	Das neue
15	"	Das Troj
16	Erzherzogberg	Das Wrb

lagwerke.

er Werke.	Fassungsraum.
	Eimer.
. . . .	27000
erk	32000
. . . .	120000
. . . .	24000
. . . .	16000
- und Stosswerk . .	28000
lasswerk	112000
. . . .	80000
. . . .	32000
. . . .	48000
. . . .	64000
. . . .	48000
'ischer- u. Zingnisswerk	96000
k	40000
. . . .	64000
. . . .	28000
Summa	832000

Die Resultate, die sich hieraus ergeben, sind folgende:

1) Von den 57 Werken, welche bei der General-Befahrung im Jahre 1810 den Bestand der gesammten Soolen-Erzeugungsanlage im Salzberge zu Hall bildeten, waren nur 30 wirklich zur Soolen-Erzeugung geeignet; 16 andere Werke waren theils wegen zurückgelegten möglichen Versudmaasses, theils wegen Hauptgebrechen zum Soolen-Einschlag verurtheilt, und 10 Werke theils wegen ihrer Lage in der Nähe von Selbstwässer-Gebäuden, theils wegen des gänzlichen Verfalls ihres Zustandes todtgesprochen.

2) Der Fassungsraum eines jeden Soolen-Erzeugungswerkes betrug im Durchschnitt 96000 Eimer, das Verätzmaass vom Himmel auf jedes Wasser 29 Zoll, die Umtriebszeit 56 Wochen, und die relative Erträgniss auf ein Jahr 77400 Eimer.

3) Im Jahre 1814 waren daher im Salzberg zu Hall zur Erzeugung des etatsmässigen jährlichen Soolenbedürfnisses von 700000 Eimern höchstens 10 Werke im ununterbrochenen Zustande der Vergütung erforderlich, und die doppelte Anzahl derselben stand ausserdem als eine zweifache Soolen-Erzeugungsreserve entweder ebenfalls in Vergütung, oder in Feier, oder in Reparatur, oder endlich mit gesättigter Soole voll, so dass es nach Hinzurechnung des Fassungsraums der gleichfalls damit angefüllten Einschlagwerke begreiflich wird, wie man über einen Mangel an Einschlagwerken klagen, und wie bei der General-Befahrung im Jahre 1810 die Soolenreserve in der Grube über zwei Millionen Eimer oder fast einen dreijährigen Vorrath betragen konnte.

4) Wenn diejenigen Soolen-Erzeugungswerke, deren noch übriges Versudmaass im Jahre 1814 das schwächste gewesen ist, seitdem ununterbrochen zur Vergütung ver-

wendet worden wären, so stand dessenungeachtet ihr Verätzmaass auf jedes Wasser mit diesem noch übrigen Versudmaass in einem solchen Verhältniss, dass die Reduction der doppelten Soolen-Erzeugungsreserve auf die einfache vor zwanzig Jahren, das heisst, vor den heutigen Tag gewiss nicht hätte erfolgen können, und das benutzbare Versudmaass der jetzt noch übrigen Soolen-Erzeugungsanlagen müsste alsdann noch so gross sein, dass abermals dreissig Jahre vorübergehen dürften, bis eine neue Werks-Anlage zur vollzähligen Erhaltung derselben erforderlich sein würde.

§. 66. Neue Werksanlage. Unter solchen Verhältnissen war die Nachhaltigkeit der Soolen-Erzeugungsanlage im Salzberge zu Hall im Jahre 1814 auf ungefähr ein halbes Jahrhundert gesichert, vorausgesetzt, dass die damalige Anzahl von 30 betriebsfähigen Werken durch Unglücksfälle nicht bedeutend geschwächt wird. Einige werden diesen Grad von Sicherheit für hinreichend halten, weil bei so mächtigen Stockwerken, als die Lagerstätten von Steinsalz insgemein bilden, eine Nachhaltigkeit auf grössere Zeitfernen nicht nothwendig zu sein, und im Besitze einer doppelten Soolen-Erzeugungsreserve, wie sich dessen der Salzberg damals wirklich zu erfreuen hatte, das Recht zu bestehen scheint, Unglücke, durch deren seltenes Zusammentreffen eine ganze Reserve riskirt wird, vorerst abwarten zu dürfen, indem die Nachhaltigkeit der Soolen-Erzeugung schon allein durch die zweite Reserve noch immer gedeckt sein würde. Die baiersche Staatsregierung hingegen beschloss schon im Jahre 1809 die beschleunigte Anlage von zehn bis zwölf neuen Werken, mithin einer dritten Soolen-Erzeugungsreserve, deren Grösse dem jährlichen Soolenbedürfniss der Saline Hall allein gewachsen ist, und zwar aus dem Grunde, weil ein Salzbergbau mit so vielen zusammengeschnittenen Werken, deren Betrieb wegen der häufigen Zufälle, denen solche grosse Räume jederzeit unterworfen sind, wo manche Werke im Verhältniss zur Bergdicke, so wie zur Versiedung vom Himmel und an den Ulmen, schon ursprünglich zu nahe neben einander und zum Theil unter alten Werken angelegt worden sind, wo die Werke zwei bis drei Jahre bis zur nächsten Säuberung unbefahren bleiben, und über den gegenseitigen Stand der Ulmen so gut wie keine Orientirung herrscht, weil ein solcher Bergbau vor wiederholten Zusammenschneidungen und Gefällen keinen Augenblick sicher, und überhaupt vermöge der Unregelmässigkeit seiner ganzen Anlage unfähig ist, eine solide Bürgschaft zu gewähren. So gründlich sorgte diese Staatsregierung für den Salzberg zu Hall, dass sie zu obigen neuen Werken selbst alle Anlagsreviere, die sich in den obern Bergaufschlüssen entweder auf verlassenen Mitterkeilen und Bodendicken schon wirklich darboten, oder durch weitere Aufschliessung der hintern nördlichen und nordwestlichen Reviere auf viel kürzerem Wege hoffen liessen, noch immer als nicht sicher genug verschmähte, und dafür den bereits beschriebenen, mit sehr grossen Kosten verbundenen neuen Aufschluss des Gebirges im Königs-, Kaisers- und Erzherzogberg vorzog, um die neuen Reservewerke von dem alten, vorzüglich wegen der Selbstwässer allzu gefahrvollen Grubenbau so viel möglich zu trennen und zur Vereinfachung des Streckensystems in Zusammenhang zu bringen. Das erste dieser neuen Werke, das Utzschneiderwerk, stand im Jahre 1814 bereits mit der Veröffnung in Hoffnung und Betrieb, in einem durchaus gut gesalzenen Gebirge und mit der ganzen Bergdicke des Kaisersberges zur benutzbaren Versudhöhe. Püthe und Sinkwerk sind von dem Egger-Ebenschurf abgeteuft, und der Ablassofen im Erzherzogberg ist von der Marzinn-Schachtricht aus angefangen worden.

Die Veröffnung wurde zur Aufsparung eines ergiebigen Mitterkeils für die dereinstige Aufgewältigung des Trojerwerkes 27 Stabel lang und 15 Stabel breit beliebt, und es stand im Antrag, bei dem künftigen Betrieb des Utzschneiderwerkes auf seine Erhaltung in dieser länglichen Form vorzüglichen Bedacht zu nehmen.

Schluss.

Zum Schluss gegenwärtiger Abhandlung stellen wir uns auf den Standpunkt des Ueberblicks, und fassen das Wesentliche ihres Inhalts in folgende Sätze zusammen.

1) Der Salzberg zu Hall bildet ein beiläufig 6 bis 7000 Fuss langes, 4000 Fuss breites und 1200 Fuss hohes Stockwerk von Thon, welcher mit Steinsalz und Gips innigst gemengt und durchdrungen ist. Auf diese Durchdrungenheit beschränkt sich in den meisten Fällen der ganze Reichthum der Lagerstätte; allein häufig treten Steinsalz und Gips auch putzen- und nesterweise eingesprengt und eingewachsen hervor, und einige Mal verbreiten sie sich in derben, nach jeder Richtung mehrere hundert Fuss mächtigen Massen dergestalt, dass Steinsalz und Gips auf solchen Bänken fast immer plötzlich mit einander abwechseln. Dieses Vorkommen so vorzüglich mächtiger Gipsmassen ist für den Salzberg zu Hall sehr charakteristisch, und der Leser wird darunter vornehmlich zwei als ausgezeichnet bemerkt haben, nämlich diejenige Gipsbank, die in der Bergdicke zwischen dem vierten und fünften Bergaufschluss beinahe mitten in der Lagerstätte anfängt und sich bis über den ersten Bergaufschluss hinauf erstreckt; dann diejenige, in welcher die Hauptstollen des fünften, sechsten und siebenten Bergaufschlusses vom Mundloch herein aufgefahren sind, und deren Tiefstes beinahe bis in die Ebensohle des Max-Josephberges hinab-

reicht. Diese eingestreuten zwei Gipsbänke sind vor der Hand die einzigen, deren Lage und Grenzen man ungefähr kennt; sie stehen nicht in Verbindung, sondern besitzen einen grossen, ebensöhligen Abstand von einander, so dass die tiefere bereits erhärtet gewesen sein muss, bevor sich die höhere aus der Solution auszuscheiden anfing.

2) Die Art, in welcher der Salzberg 4428 Fuss über dem Meere zu höchst auf der muldenförmigen Abdachung der Thalschlucht auf und zwischen steil abfallenden Alpenkalksteinbergen eingelagert ist, sucht in der Welt ihres Gleichen. Er war aber in seinen obern Teufen noch nicht erhärtet, als die über ihn weit hinausragenden Gipfel der Berge einstürzten, und die herabgefallenen Trümmer mehr oder weniger tief in die Lagerstätte versenkt wurden. Daher bildet der nämliche Alpenkalkstein, wie das Liegende, so auch das Hangende, daher die Kalksteinkuppe über dem höchsten Bergaufschluss, dem Wasserberg, daher der Kalkstein, auf dessen Klüften und Gesteinsscheidungen die Selbstwässer des Ober- und Mitterberges mitten im Salzthon entspringen, daher der Kalkstein, in welchem der tiefste Bergaufschluss, der Max-Josephberg, vom Mundloch anfangend, aufgefahren werden musste, bis das Steinsalzgebirge erreicht wurde, daher endlich überhaupt die Trennung des Hallthals vom Issthal.

3) nachdem der hintere Theil des Ober- und Mitterberges gegen Mitternacht und Abend wenig aufgeschlossen, und die Bergdicke zwischen dem Kaisers- und Erzherzogberg noch weniger, die doppelte Bergdicke aber zwischen dem Erzherzog- und Max-Josephberg gar nicht benutzt, und unter der Ebensohle des letztern Bergaufschlusses noch keine Spur vom ausgehenden Tiefsten der Lagerstätte bemerkt worden ist, so lässt sich annehmen, dass der Salzbergbau zu Hall in Tyrol, der bereits im

sechsten Jahrhundert seines ehrwürdigen Alters steht, noch ferner mehrere Jahrhunderte lang dauern wird.

4) Der Reisende bewundert die grosse Mächtigkeit der Steinsalzgebirge, und ergötzt sich an ihrer Pracht, so wie an der Eigenthümlichkeit im Innern eines auf künstliche Soole betriebenen Bergbaues; der Staatswirth achtet an demselben die grosse, vielhundertjährige Ausbeute, auf die sich überall ein Theil des Staatseinkommens gründet; die Aufmerksamkeit des Bergmannes aber werden am meisten nur zwei Dinge fesseln, nämlich der ungeheure Steinsalzverlust und das ausserordentlich lange Streckensystem, die der Salzbergbau unvermeidlich im Gefolge haben kann, je nachdem er angelegt und betrieben wird. Der Steinsalzverlust, welcher darin besteht, dass die ganze Masse des versottenen Gebirges immer mit aus der zurück gebliebenen Soole angeschossenen Krystallen reinen Salzes, oder mit unaufgelösten Körnern, Brocken, Trümmern und Gefällen von Steinsalz durch und durch gemengt bleibt, dass das Gebirge in der Nachbarschaft von Selbstwässern, dann unter, über und zwischen Soolen-Erzeugungswerken, über und unter Stollen und Strecken mehr oder weniger nicht benutzt werden kann; endlich, dass in den Werken selbst sich mächtige Gebirgsmassen vom Himmel losrreissen, die bei aller Mühe, die man sich geben mag, niemals vollständig zu Genuss kommen; dieser Verlust kann den dritten Theil, ja die Hälfte der ganzen Lagerstätte betragen; das Streckensystem aber kann bei einer grossen Mächtigkeit der Lagerstätte und bei einem hohen Alter des Bergbaues, ohne dass es nothwendig wäre, mehrere Meilen lang werden, es kann die überflüssigen Kosten seiner Unterhaltung im Ausbau mehrere Jahrhunderte lang erfordern, je nachdem die Lagerstätte in das Feld und in die Teufe

aufgeschlossen und benutzt, und die Soolen-Erzeugungsanlage ausgeführt wird.

5) In der Vermeidung jenes Steinsalzverlustes und dieses allzu grossen Streckensystems besteht nun die eigentliche Kunst des Salzbergbaues, durch welche um hundert Millionen Centner Steinsalz mehr vergütet und an den unmittelbaren Ausgaben auf den Bergbau Hunderttausende erspart werden können. Nichts schliesst diese Kunst mehr aus, als ein willkürliches Verfahren, indem sie sich darauf gründet, dass die Ansitzpunkte, die Stunden und Winkel aller Aufschluss- und Werksgebäude in ihrer Lage neben und unter einander, die Mittelpunkte, die Grösse und Form aller Werksanlagen, die Art, die Folge und das Maass des Aufschlusses und der Versiedung der Lagerstätte in die Länge, Breite und Teufe, endlich die Veröffnung, Anwässerung und Säuberung nach bestimmten und eigenen Grundsätzen gewählt, berechnet und vollzogen werden. Diese Grundsätze entspringen höchst einfach aus der natürlichen Beschaffenheit der Steinsalzgebirge selbst, insbesondere aus der vortheilhaftesten Grösse des Raums, zu der sich dieselben in ihrem eigenen Körper auflösen lassen, und aus dem Verhältniss, in dem diese Auflösung theils an dem Himmel, theils an den Ulmen der Werke stattfindet; sie sind wegen der Aehnlichkeit, die in der Construction und in der stockwerksartigen Mächtigkeit aller auf künstliche Soole benutzbaren Steinsalzgebirge herrscht, auf jeden Salzbergbau anwendbar, und es ist der ausschliessende Zweck der ganzen Abhandlung, sie abzuleiten und darzustellen.

6) Die Vorfahren haben auf diese Grundsätze wenig Rücksicht genommen, sondern das Gebirge eröffnet, versotten, auf- und zurückgelassen, wie der Stand damaliger Industrie, die Observanz, der eigene Vortheil, Gefahren und Unglücke dazu angetrieben haben. Insofern daher

in den Fesseln seines ältern und ältesten Aufschlusses des Gebirges jeder Salzbergbau befangen bleibt, insofern darf man annehmen, dass auch jeder an zu vielen Bergen, an zu vielen Werken, an zu vielen und zu langen Strekken, an unbenutzbaren Bergfesten und Mitterkeilen mehr oder weniger leiden wird.

7) Soll nun ein solcher Salzbergbau in den Zustand der Regelmässigkeit versetzt werden, so begreifen wir das hierzu nöthige Verfahren unter dem Wort Correction. Die Bergdicken zwischen den einmal aufgeschlossenen Stollen sind zwar nicht mehr abzuändern, allein sie mögen zu gross oder zu klein sein, so wird ihrer schädlichen Einwirkung durch die Grösse der Basis, die man den Werken ertheilt, und durch das Maass, in dem ihre Ulmen gesäubert werden, vorgebeugt werden können. Die Entdeckung des vortheilhaftesten, grössten Durchmessers der Werke, und des natürlichen Verhältnisses, in dem die Versiedung vom Himmel zur Versiedung an den Ulmen steht, bildet daher das Fundament jeder Correction. Was hierauf ferner bedingt wird, betrifft lediglich die Lage des gesammten Streckensystems aller Berge neben und unter einander. Der fernere Betrieb der Feldörter muss nämlich in einer solchen Stunde und aus einem solchen Standpunkte geschehen, dass alle Stollen, alle Haupt- und Querstrecken der verschiedenen Berge in Verticalebenen unter einander zu liegen kommen, und in ihrer rechtwinkligen Durchschneidung in der Ebensohle jedes Berges lauter gleiche Rechtecke bilden, die drei Werkmesser breit und deren so viel, als es nur immer möglich ist, lang seien, mithin eine bestimmte Anzahl von Werksätzen fassen. Manche Haupt- und Querstrecke wird hierbei aufgelassen, manche neu aufgefahren werden müssen, und der wohlfeilste Act der Correction wird eine blosse Versetzung der Gebäude sein. Hiermit ist jedoch die Regel-

mässigkeit im Aufschluss des Gebirges, und die Möglichkeit hergestellt, durch eine planmässige, in vier Perioden auf einander folgende, der Form und Grösse der eingetheilten Werksätze entsprechende und im Schluss gehaltene Versiedung des Gebirges nicht nur allein alle Bergfesten und Mitterkeile zu vermeiden, sondern auch den ganzen Bergbau in denjenigen möglichst kleinsten Raum zu bringen, der mit einer nachhaltigen sichern Erzeugung des jährlichen Soolen-Bedürfnisses nur immer verträglich ist.

8) Eine solche Correction im Salzberg zu Hall vom Oberberg bis in den Kaisersberg hinunter vorzunehmen, lohnt die Kosten nicht mehr, weil die Feldörter dieser Berge dem Ausgehenden der Lagerstätte schon überall zu nahe stehen. Für diese älteren Berge kann daher nichts Besseres weiter geschehen, als Specialkarten anzufertigen, um die Lage, Form und Grösse jener Menge von Bodendicken, Bergfesten und Mitterkeilen, die in ihnen zurückstehen, und die Art, auf welche sie zu Genuss gebracht werden können, kennen zu lernen. Um so geeigneter zur Correction ist dagegen die Bergdicke zwischen dem Erzherzog- und Max-Josephberg, weil ersterer mit verhältnissmässig wenigen Gebäuden eröffnet ist, und im Max-Josephberg selbst nicht einmal das Stollenort weit vorgerückt sein dürfte.

9) Die Nothwendigkeit dieser Correction wird jedoch kaum vor zwei Jahrhunderten eintreten. Denn eine Hauptursache von der dermaligen ausserordentlichen Länge des Streckensystems im Salzberg zu Hall ist die, dass sechs Berge zur Soolen-Erzeugung weitläufig verwendet werden, obgleich drei, höchstens vier vollkommen dazu hinreichend wären. Um daher einmal wenigstens mit dem höchsten Berge fertig zu werden, kann diesem Salzberge kein grösseres Heil widerfahren, als wenn die zur Erzeu-

gung des jährlichen Soolenbedürfnisses nöthige Anzahl von Werken mit Hülfe der alten zurückstehenden und der noch unaufgeschlossenen neuen bauwürdigen Mittel ausschliessend im Oberberg angelegt und unterhalten, und eine gleiche Anzahl von Werken als Soolen-Erzeugungs-Reserve in den Mitterberg, Steinberg und Königsberg vertheilt, dagegen aller Betrieb sowohl der Werke als Oerter im Kaisers-, Erzherzogs- und Max-Josephsberg sistirt, und die Benutzung dieser tieferen drei Berge lediglich bloss auf den Soolen-Einschlag beschränkt wird.

Tafel XIII.

Erklärung des Planes des Salzbergbaues zu Hall in Tyrol.

A. Der Wasserberg.
B. Der Oberberg.
C. Der Mitterberg.
D. Der Steinberg.
E. Der Königsberg.
F. Der Kaisersberg.
G. Der Erzherzogsberg.
H. Der König Max Joseph von Bayern Stolln oder Berg.

Im Wasserberg: **1.** Neue Wasserbau-Schachtricht. **2.** Neues Wasserbau-Schachtricht-Feldort. **3.** Alte Wasserbau-Schachtricht. **4.** Schmeckendes Oefele. **5.** Thalhaker Fahrtl. **6.** Anno 1717 erbauter Wasserofen. **7.** Thalhaker Schurf.

Im Oberberg: **8.** Rossschurf. **9.** Peitnerin-Pitten und Werk. **10.** Probeschachtricht-Feldort gegen Mitternacht. **11.** Raschützerin-Schachtricht. **12.** Probeschachtricht von der Raschützerin aus. **13.** Neue Pittenstatt auf der Raschützerin. **14.** Alte Bettwerks-Schachtricht. **15.** Der Kreuz-Schurf. **16.** Veitin-Schachtricht. **17.** Sternpachin-Pitte und ditto Werk. **18.** Koberweinin-Sinkwerk. **19.** Koberweinin-Pitten und Werk. **20.** Alt-verlassenes Riegelin-Sinkwerk. **21.** Mannsfahrt-Schachtricht. **22.** Vorderes und hinteres Kaltenbrunner Schürfl. **23.** Angerin-Wassergebäude. **24.** Wandwassergebäude. **25.** Kotteröfen. **26.** Korolanzin-Schachtricht. **27.** Neue Schachtricht. **28.** Alte Ursprung-Schachtricht. **29.** Ein Wasserschurf. **30.** Kotekin-Wassergebäude. **31.** Neues Schöglin-Sinkwerk, sammt Pitte und Werk. **32.** Störzingerin-Sinkwerk und ditto Werk. 33. Walpachin-Sinkwerk, Pitten und ditto Werk. 34. Veitin-Sinkwerk, Pitte und ditto Werk. 35. Schwarzer Ofen. 36. Meittinger-Schurf. 37. Ladronin-Pitte, Sinkwerk und Werk. 38. Tannenbergin-Sinkwerk, Pitte und Werk. 39. Bestechschurf gegen den Wasserberg. 40. Preinerin-Pitte. 41. Erlacherin-Pitte, Sinkwerk und Werk.

Im Mitterberg: 42. Pfarrerin-Schachtricht. 43. Peitnerin-Wehr. 44. Schwörzerin-Schachtricht. 45. Stöppin-Ebenschurf. 46. Schalkhartenschurf. 47. Langsteng-Schachtricht. 48. Sternpachin-Wehr. 49. Schannerin-Werk, Sinkwerk und Pitte. 50. Koberweinin-Wehr. 51. Herrnbau-Schachtricht. 52. Pragerin-Schachtricht. 53. Altschwerin-Werk, Pitten und Sinkwerk. 54. Thorerin-Schachtricht. 55. Sötzenschurf. 56. Klotzin-Werk, Sinkwerk und Pitten. 57. Walpachin-Ebenschurf. 58. Prücknerin-Pitten, Werk und Sinkwerk. 59. Haldin-Schachtricht. 60. Schlöglin-Wehr. 61. Zugang zum hohen Gefäll. 62. Erbenin-Wasser-Abführschürfl. 63. Feldort auf Nr. 24. 64. Puchenbergin-Schachtricht. 65. Landsee in Wassergebäude und höchstes Ort auf demselben. 66. Schnotterin-Schachtricht. 67. Ehrlacherin-Wehrofen. 68. Alten-Störzingerin-Werk, Pitten und Sinkwerk. 69. Trautsannin-Schachtricht. 70. Preinerin-Wehr. 71. Leopoldischurf. 72. Meittingerschurf. 73. Ladronin-Wehr. 74. Walpachin-Wehr. 75. Störzingerin-Wehr. 76. Zechin-Schachtricht. 77. Leberin-Sinkwerk u. Pitten. 78. Hinterer Kreuz-Ebenschurf. 79. Harreiss-Schachtricht. 80. Neuer Wehrofen zur Anlegung eines neuen Werkes. 81. Hoher oder Kreuzschurf. 82. Langsteng-Schachtricht. 83. Probbau von Langsteng. 84. Stuppaunschurf. 85. Stossin- und Sellerin-Schachtricht. 86. Bestechschurf gegen den Oberberg hinauf. 87. Neues Schwerin-Werk, Pitten und Sinkwerk.

Im Steinberg: 88. Hauptschachtricht. 89. Horberin und Perlin alt verlassene Pitte. 90. Sillerin-Schachtricht. 91. Zacher Pitte und Sinkwerk. 92. Tafer Pitte. 93 Zacher Feldort in der Höhe. 94. Stäklschurf im Königsberg hinab. 95. Prixin-Wehr vom Stäklschurf aus. 96. Kostnitzerin-Schachtricht. 97. Gatterer Ebenschürfl. 98. Schalkharten-Schurf. 99. Flammin-Schachtricht. 100. Aichhanschurf. 101. Ottin-Schachtricht. 102. Menzin-Pitte. 103. Lehrpachin-Werk, Sinkwerk und Pitten. 104. Tauschin-Sinkwerk, Pitten und Werk. 105. Fingerin-Schachtricht. 106. Reichenauin-Sinkwerk. 107. Praunin-Schachtricht. 108. Romingerin-Schachtricht. 109. Teiblerin-Schachtricht. 110. Born-Werk. 111. Gebhartin-Schachtricht. 112. Waldensteinerin-Schachtricht. 113. Alte Holzhamerin-Schachtricht. 114. Waldensteinerin-Pitte, Sinkwerk und Werk. 115. Neues Fenerin-Sinkwerk. 116. Hansalmer Schurf. 117. Grundnerin-Sinkwerk, Pitte u. Werk. 118. Pragerschurf. 119. Waldenhofer Ebenschurf. 120. Rumel- und Feierabend-Werk. 121. Genger Ebenschurf. 122. Neue Schwerin-Wehr. 123. Teiblerin-Schachtricht. 124. Hilteprandin-Schachtricht. 125. Gröbnerin-Pitte, Sinkwerk u. Werk. 126. Zellingerin-Schachtricht. 127. Magrin-Schachtricht. 128. Taschin neue Pitten. 129. Füscherin-Schachtricht und darauf stehende Zinglin-Wehr. 130. Enzenbergin-Pittenlangofen und darauf stehende Sinkpitte. 131. Zweite ditto. 132. Dritte ditto auf der Karlschurfer Schachte. 133. Karlschurfer Schachtricht und darauf stehende Rollpitte.

134. Magolin-Ebenschürfl. **135.** Karlschurf. **136.** Ammonin-Schachtricht. **137.** Gretzmillerin-Schachtricht. **138.** Neu ausgearbeitete Pittenstatt auf der Probschachtricht gegen Mitternacht. **139.** Ditto Feldort gegen Mitternacht. **140.** Lenoblschurf. **141.** Pitte auf den Zingnissin-Pittenofen im Königsberg hinab. **142.** Bestechschurf gegen den Mitterberg hinauf. **143.** Leithnerin-Sinkwerk, Pitte und Werk. **144.** Ladronin-Schachtricht. **145.** Gretzmillerin-Feldort. **146.** Pergerin-Pitte, Sinkwerk und Werk. **147.** Klotzin-Wehr. **148.** Zerninin-Sinkwerk. **149.** Durchschlag auf die Fügerin. **150.** Erlerin-Schachtricht. **151.** Sarnthanin-Schachtricht. **152.** Taschin late Pitten. **153.** Wempachin-Schachtricht. **154.** Voglmayrin-Wehr. **155.** Schückmayrin-Wehr. **156.** Welsbergin-Wehr. **157.** Königlin-Schachtricht. **158.** Stökl- und Meyrlin-Pitten und Sinkwerke. **159.** Salvatischurf. **160.** Alte Störzingerin-Wehr. **161.** Korrettin-Schachtricht. **162.** Wenzlin- und Seeauin-Wehrofen. **163.** Ladronin-Schachtricht. **164.** Riedmüllerin-Pitte, Sinkwerk und Werk. **165.** Störzingerin-Ebenschürfl. **166.** Panzoldischurf.

Im Königsberg: **167.** Königsberger Hauptschachtricht. **168.** Walpachin-Schachtricht. **169.** Flurls Sinkwerk. **170.** Uttschneiders Sinkwerk und Pittenofen. **171.** Neuer Pittenofen zum abgeteuften Sinkwerk auf der Walpachin-Schachtricht. **172.** Feldort gegen Morgen von der Walpachin aus. **173.** Probbau gegen Morgen von der Walpachin aus. **174.** Zacherschurf. **175.** Zacherpitten. **176.** Zacherschurf auf die Silberin im Steinberg. **177.** Stossin-Schachtricht. **178.** Menzin-Wehr. **179.** Stossin- und Franzin-Werke sammt Pitten und Sinkwerke. **180.** Krippin-Schachtricht. **181.** Sticklschurf. **182.** Lehrbachin-Wehr. **183.** Stachlburgerin-Werk. **184.** Schullerin-Sinkwerk. **185.** Stachlburgerin-Wehr. **186.** Neues Stachlburgerin-Sinkwerk, Pitten und Werk. **187.** Krippenschurf. **188.** Stachlburgerin-Sinkwerk. **189.** Schneebergerin-Schachtricht. **190.** Kufnerin-Schachtricht. **191.** Reichenauin-Sinkwerk. **192.** Fahrtl zum Karolina-Sternbach-Sinkwerk. **193.** Karolina-Sternbach-Pitten und Werk. **194.** Hochengartin-Schachtricht-Feldort. **195.** Marderin-Pitte, Sinkwerk und Werk. **196.** Partellerin-Schachtricht-Wechsel. **197.** Pornin-Wehr. **198.** Püchlin-Pittenofen und Pitte. **199.** Moosserin-Ebenschurf. **200.** Purklechnerin-Sinkwerk und Werk. **201.** Fenerin-Wehr. **202.** Spanin-Sinkwerk sammt Pitten und Werk. **203.** Parteller Ebenschurf. **204.** Feyrabentin-Wehrschurf und ditto Wehr. **205.** Gängerschurf. **206.** Haidenreichin-Schachtricht und Grundnerin-Wehr. **207.** Marcherlin-Schachtricht. **208.** Treilingerin-Sinkwerk und Werk. **209.** Gröbnerin-Wehr. **210.** Erzherzog Johann-Sinkwerk und Werk. **211.** Pragerin-Wehr. **212.** Rüdlin-Sinkwerk und Werk. **213.** Panzenbergerin-Schachtricht. **214.** Hompeschin-Sinkwerk und Pitten. **215.** Zottin-Schachtricht. **216.** Neupacherin-Sinkwerkpitten und Werk. **217.** Schenkin-Sinkwerk, Werk und Pitte. **218.** Enzenbergin-Wehr. **219.** Extrain-Schachtricht. **220.** Taschin-Wehr. **221.** Albrechtin-Schachtricht. **222.** Riesenfelserin-Wehr. **223.** Thierheimin-Wehr. **224.** Wonethin-Wehrschürfl und Wehr. **225.** Meyrlin-Wehr. **226.** Stöcklin-Wehr. **227.** Salvattischurf. **228.** Neues Sinkwerk auf dem Albrechtin. **229.** Wolkensteinerin-Wehr. **230.** Neuer Wehrofen unter die Wenzlin-Probpitte. **231.** Riedmüllerin-Wehr. **232.** Enzenbergin-Pittenlangofen. **233.** Karlschurf. **234.** Trainerschurf. 235. Kamerlanderin - Sinkwerk sammt Pitte und Werk. 236. Wettinin-Ebenschurf. 237. Haasserin-Sinkwerk sammt Pitte und Werk. 238. Panzoldischurf. 239. Kaunitzin - Schachtricht. 240. Schützin-Sinkwerk, Pitte und Werk. 241. Bestechschurf auf der Ladronin-Schachtricht. 242. Leithnerin-Wehr. 243. Leithnerin-Ablasswehr.

Im Kaisersberg: 244. Wickaschurf. 245. Franzin-Wehr. 246. Karolina-Sternbach-Wehr. 247. Heinzin-Schachtricht und Menzin-Wehr. 248. Fenerin-Sinkwerk, Werk u. Pitte. 249. Maaderin-Wehrofen und Wehr. 250. Walterin-Wehrofen und Wehr. 251. Kolloredoschurf. 252. Prinz Johannin-Wehr. 253. Deflini-Schachtricht. 254. Rüdlin-Wehrschürfl und Wehr. 255. Hompeschin-Wehr. 256. Purklechnerin-Wehr. 257. Troyolin-Schachtricht. 258. Spanin-Wehr. 259. Treylingerin-Wehrschürfl u. Wehr. 260. Hörzogin-Sinkwerk, Pitten u. Werk. 261. Fuggerin-Schachtricht. 262. Sümmerauin-Werk, Pitte und Sinkwerk. 263. Holzhamerin-Wehrschürfl. 264. Knoflin-Wehrschürfl. 265. Neupacherin-Wehr. 266. Summerauin 2te Pitte. 267. Schenkin-Wehr. 268. Zechnerin-Pitte, Sinkwerk und Werk. 269. Wickain-Pitte. 270. Pruggerin-Schachtricht. 271. Zottin-Wehrschürfl. 272. Troyolin-Pitte. 273. Gutmannin-Wehrschürfl. 274. Troyolin-Sinkwerk. 275. Taschin-Sinkwerk sammt Pitten und Werk. 276. Alte Störzingerin-Pitte. 277. Störzingerin-Sinkwerk. 278. Trainerschurf. 279. Eggels-Ebenschurf. 280. Schützin-Wehr. 281. Haaserin-Wehrschürfl. 282. Kummerlanderin-Wehr. 283. Marzin-Sinkwerk. 284. Füscherin-Wehrschürfl. 285. Zingnissin-Wehrschürfl. 286. Würtenbergerin-Wehrschürfl. 287. Spanin-Wehr. 288. Walpachin-Wehr. 289. Wicka-Schachtricht. 290. Herzog Pius-Schachtricht. 291. Herzog Wilhelm-Schachtricht.

Im Erzherzog- und im Max-Josephberg: 292. Pekin-Pitte. 293. Flurls Pitte auf dem Pekin-Pittenlangofen. 294. Pekin-Sinkwerk. 295. Probbau gegen Abend. 296. Probbau gegen Morgen. 297. Parallel-Schachtricht. 298. Pekin zweites Sinkwerk. 299. Erzherzogsberger Hauptschachtricht. 300. Fenerin-Wehr. 301. Mongulaz-Sinkwerk. 302. Mongulaz-Pittenofen. 303. Probbau von Kolloredoschurf. 304. Hartellin-Sinkwerk und Pitte sammt Probgebäude. 305. Herzogin-Wehrschürfl. 306. Wrbnain-Sinkwerk, Pitte und Werk. 307. Summerauin-Wehr. 308. Zechnerin-Wehr. 309. Probsiedewerk nächst der Zechnerin-Wehr. 310. Wikain-Wehr. 311. Troyolin-Wehr. 312. Taschin-Wehr. 313. Störzingerin-Wehr. 314. Marzin-Probbau. 315. Peitnerin-Pitten und Sinkwerk. 316. Trappin-Schachtricht. 317. Königin Karolina-Schachtricht. 318. Kronprinz Ludwig-Schachtricht. 319. Kronprinzessin Theresia-Schachtricht.

Erklärung der Tafel XIV.

Durchschnitts-Ansicht von zwei unter einander liegenden Bergen, mit den dabei vorkommenden Gebäuden.

Lit. A. Durchschnitt eines Werkes mit der Pittendammwehre: 1. die Pittenstatt, 2. die Säuberpitte, 3. das Sinkwerk, 4. der Werkhimmel, 5. die Werksohle, 6. der ausgelaugte Werklaist bis auf die Anlagssohle nieder, 7. das mit Löchern versehene Seihrohr, 8. das Seihror zum Abstürzen des Säuberleistes, 9. die Wehrkränze mit dem Wehrdamm, 10. der Wehrofen.

Lit. B. Durchschnitt eines zum Ablasswerk umgeänderten Schöpfwerkes, dabei ist: 1. die Pittenstatt, 2. die ehemalige Schöpf- und nunmehrige Säuberpitte, 3. das Sinkwerk, 4. Abstand zwischen Himmel und Laist, 5. der ausgelaugte Werklaist, 6. die zur Umänderung vom Schöpf- zum Ablasswerke, durch die zurückgebliebene Bodendicke mehr abgeteufte Pitte, um die Ablasswehre sammt dem Wehrschurf erbauen zu können; 7. die Damm-Ablasswehre, 8. das Wehrschürfl.

Lit. C. Durchschnitt eines Schöpfwerkes: 1. die Pittenstatt, 2. die Schöpfseite oder Grube, 3. der unter das Gestäng aufgesottene Werkhimmel, 4. das Sinkwerk oder Stiegl (Ankehrschurf), 5. der Schlammversatz in der Pitte oder Grube, 6. die Anlagssohle.

Lit. D. Durchschnitt eines zum Theil aufgesottenen Werkes, in welchem die Schöpfpitte auf die untere Berg-Abtheilung zur Anlage einer Damm-Ablasswehre abgeteuft wurde.

Lit. E. Durchschnitt eines nach der jetzigen Art angelegten und von einer Bergdicke zur andern zu versiedenden Werkes.

Lit. F. Grundriss der neuern Art eines Werkes.

Lit. G. Grundriss einer vormaligen ganz geschlossenen Dammwehre, welche zur Säuberung nicht geöffnet, sondern das Werk durch die Pitte gesäubert wird.

Lit. H. Die oberere Hauptschachtricht.

Lit. I. Die untere Hauptschachtricht.

Lit. K. Communications-Schurf oder Sinkwerk.

Die Figuren 1—20 sind in der Abhandlung selbst bereits specieller erläutert.

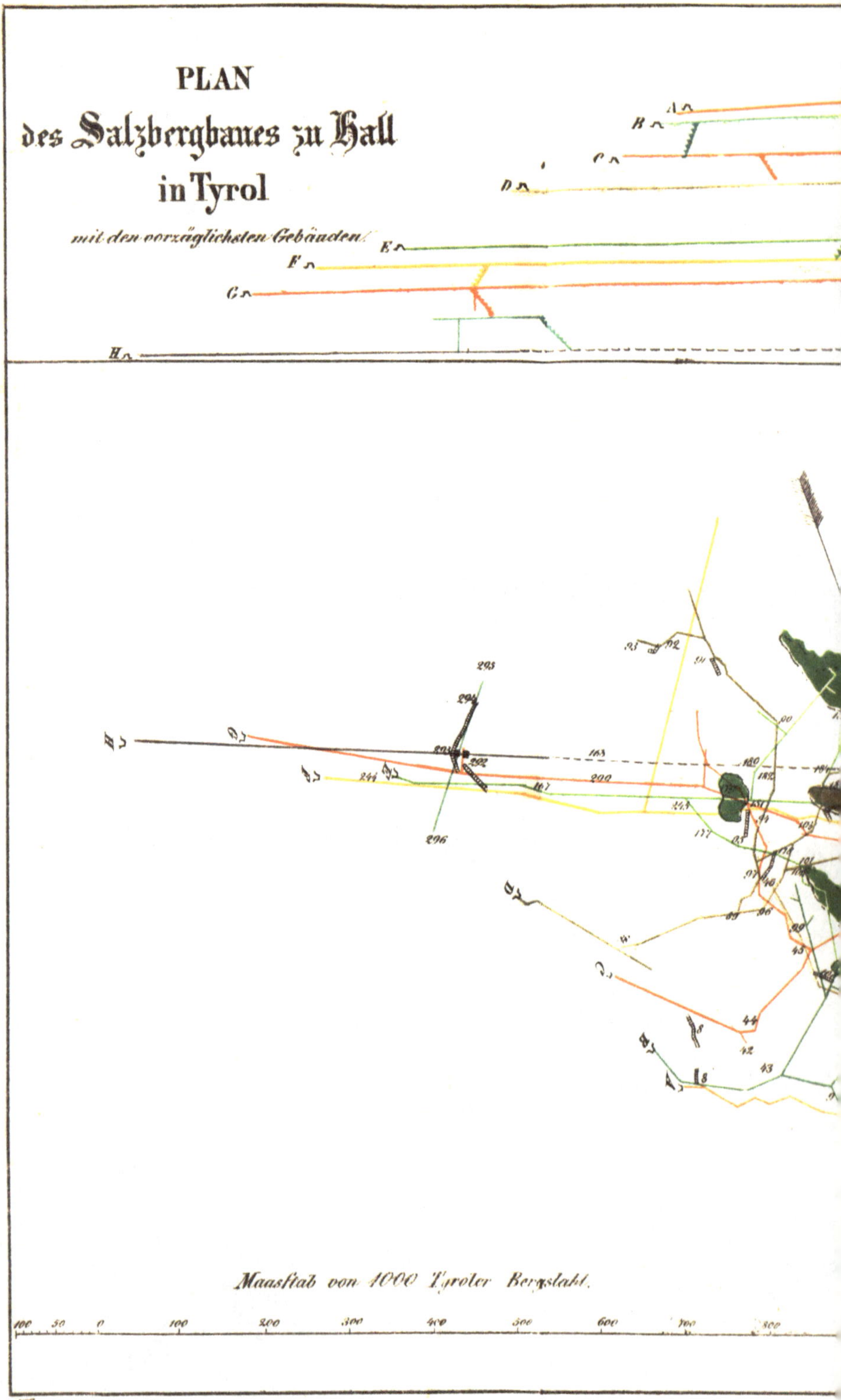

Kopff. Salzbergbau.

s.

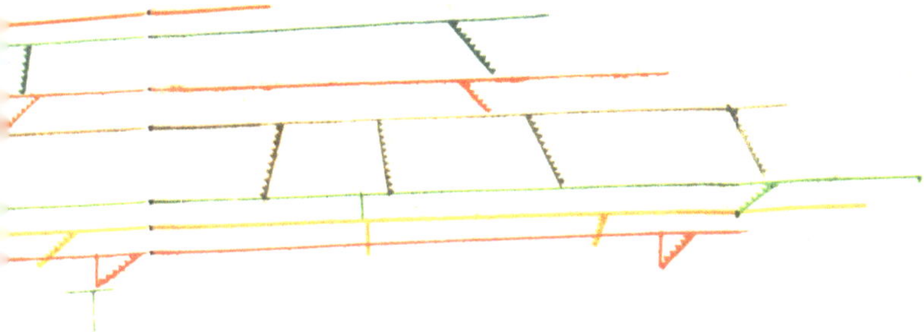

ifs.

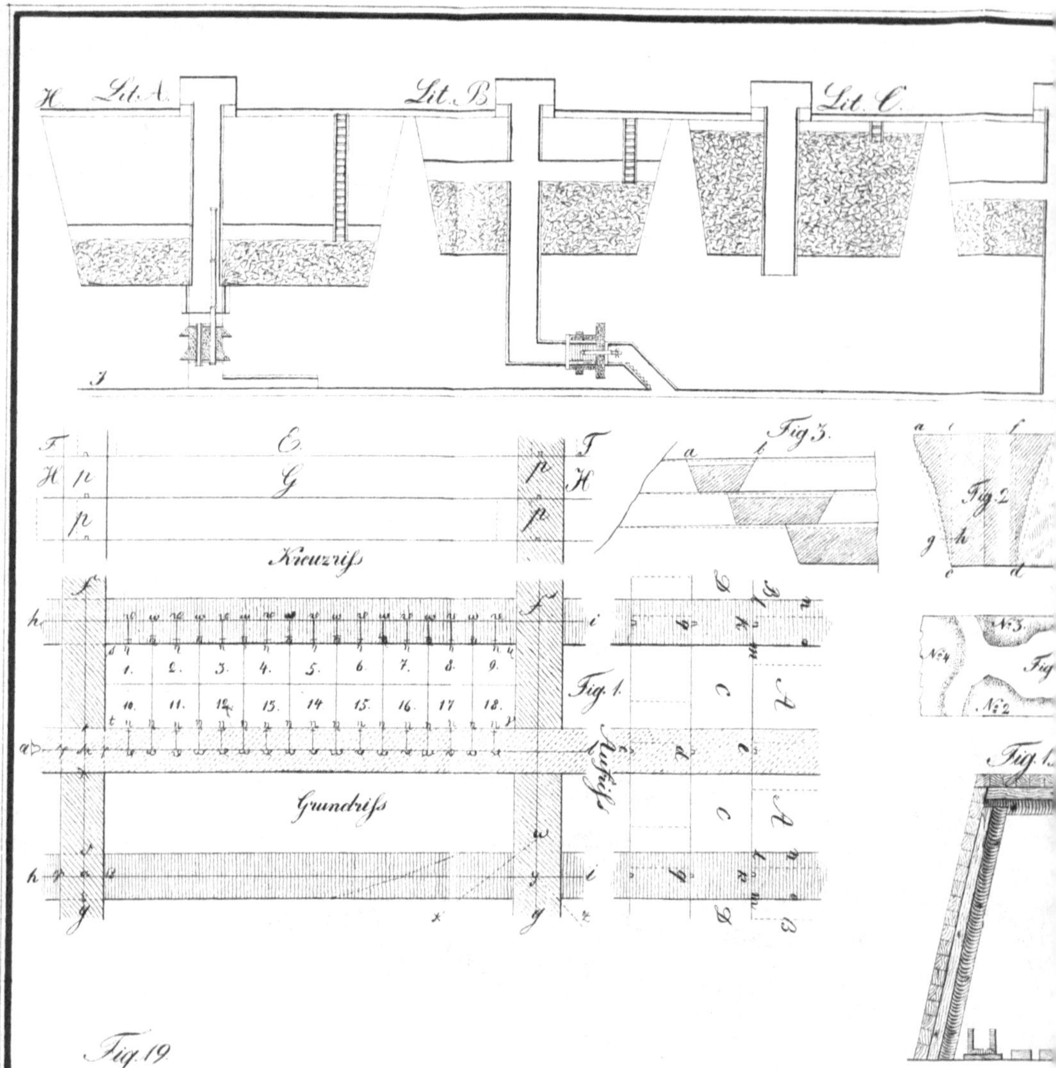

Focher Rad, und Radlfocher sammt Lutten

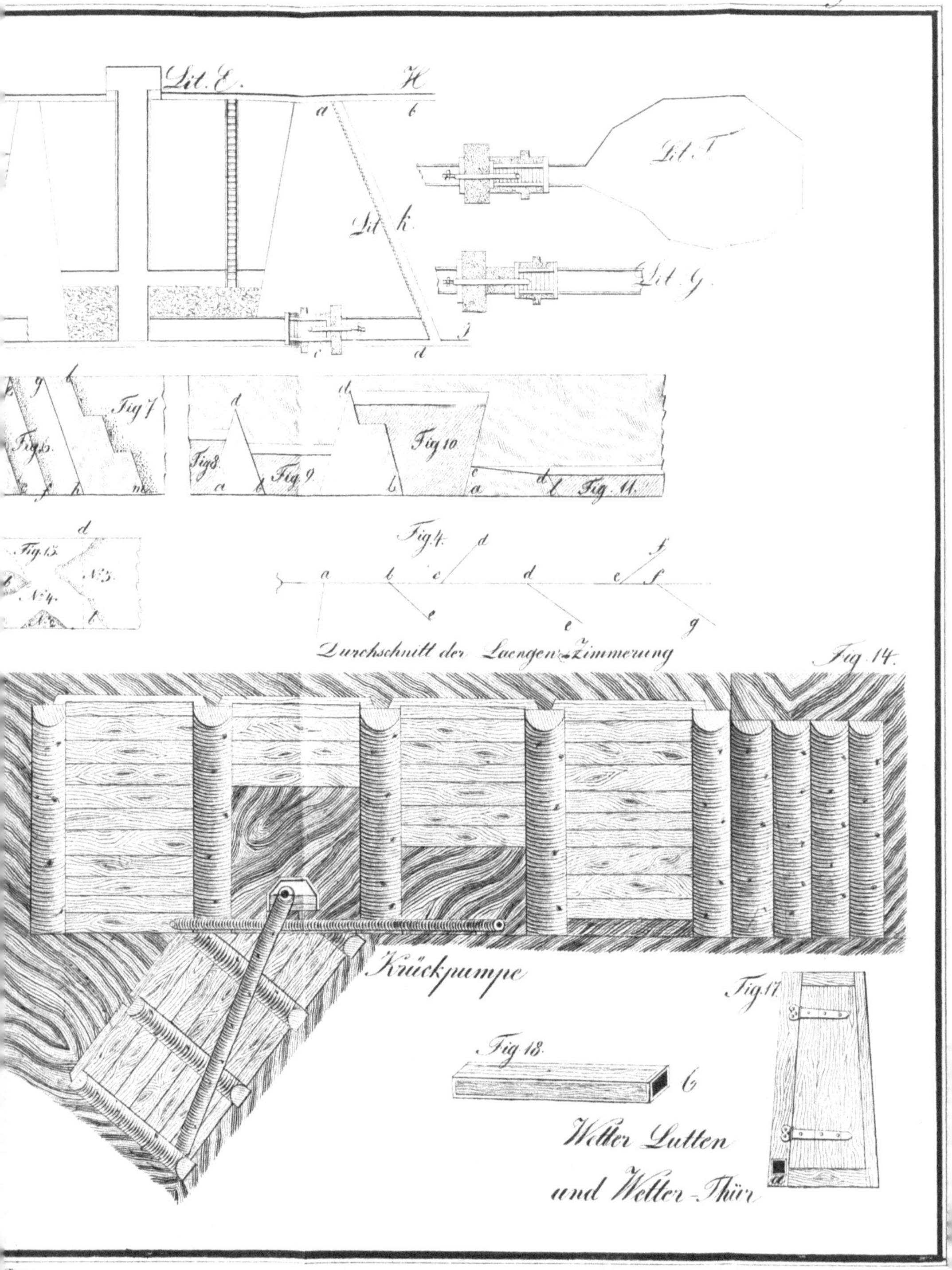

Lit. E.
H
Lit. F.
Lit. k.
Lit. G.
Fig 7
Fig 6.
Fig 8
Fig 9.
Fig 10
Fig. 11.
Fig. 13.
N:3.
N:4.
N:2.
Fig 4.
Durchschnitt der Laengen-Zimmerung
Fig. 14.
Krückpumpe
Fig 17
Fig 18.
Wetter Lutten
und Wetter-Thür

Ansicht der Getriebe-Zimmerung für die Sta…
Stolln zu H…

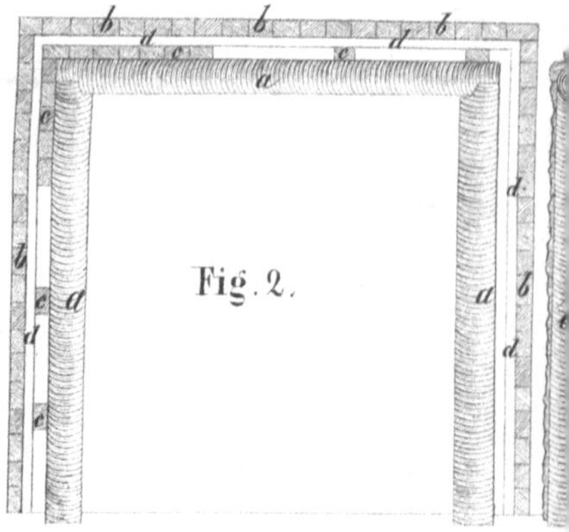

Ansicht der Stolln Mauerung, wo die Stempel heraus genommen und die Verspannung eingesetzt ist.

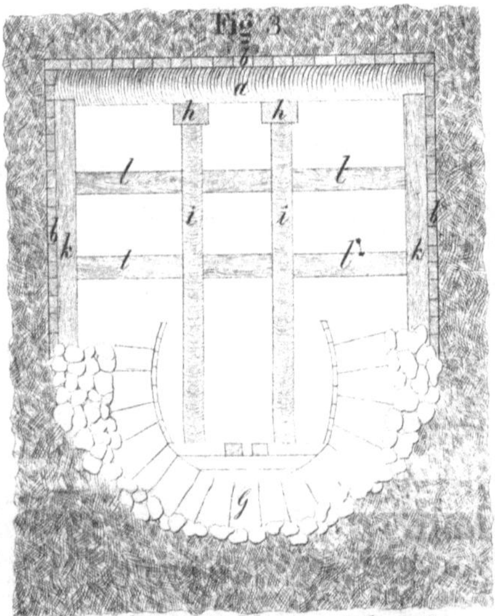

Ansicht der St…
bisauf die Kapp…

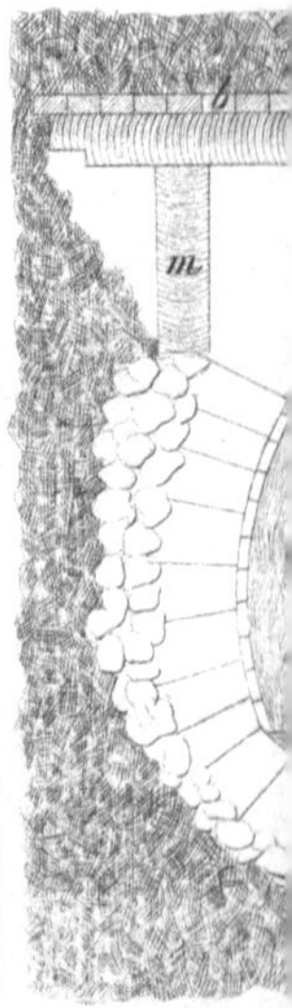

Ansicht der ganz geschlossenen Stolln-Mauerung, wo die Zimmerung ganz herausgenommen ist.

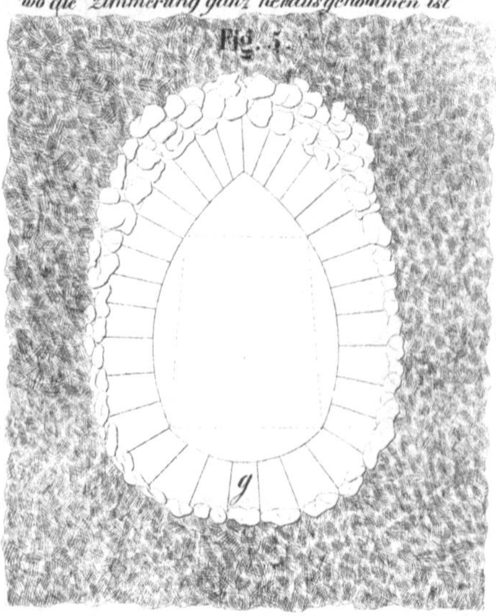

...les Koenig Max Joseph von Bayern

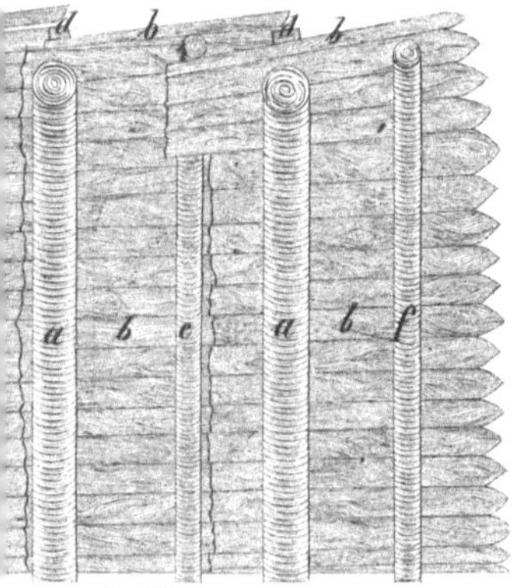

...g, wo die Verspannung
...men ist

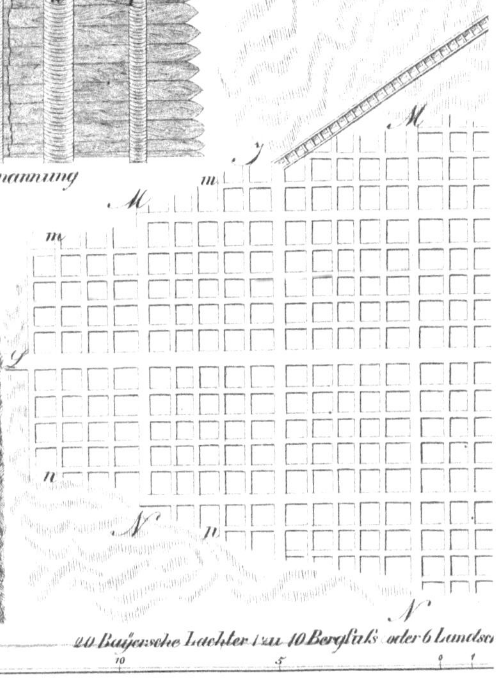

...icht eines Waßerortes

Kopf, Val...

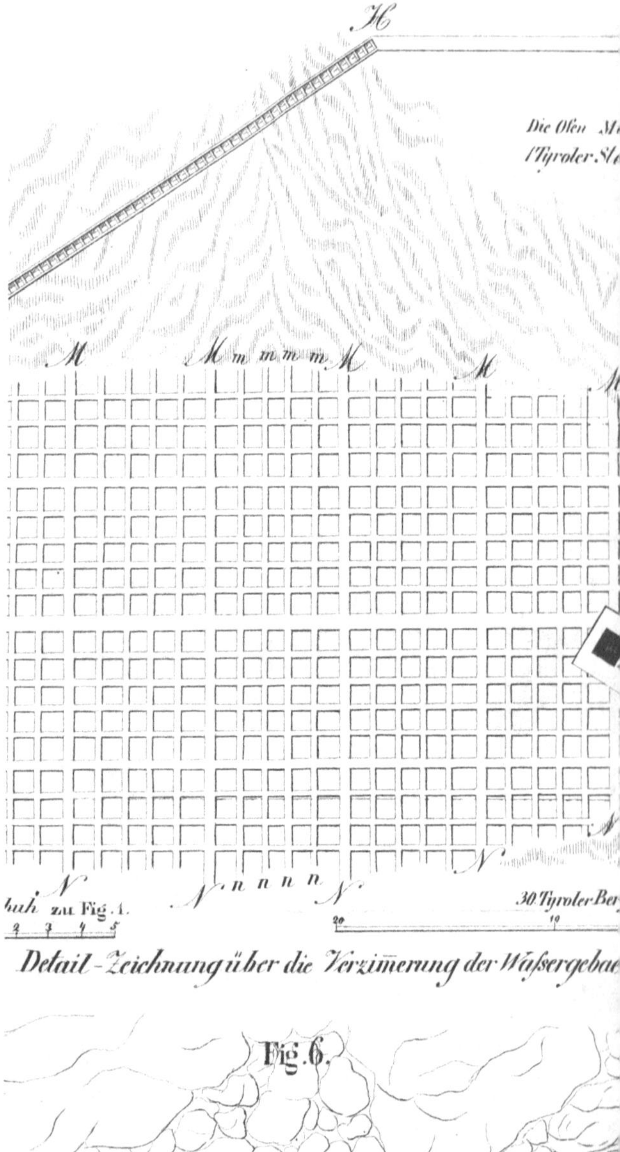

Detail-Zeichnung über die Verzimerung der Waßergebau

Fig. 6.

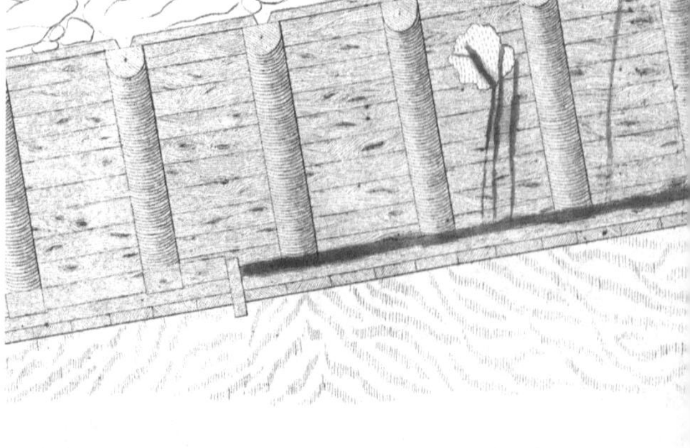

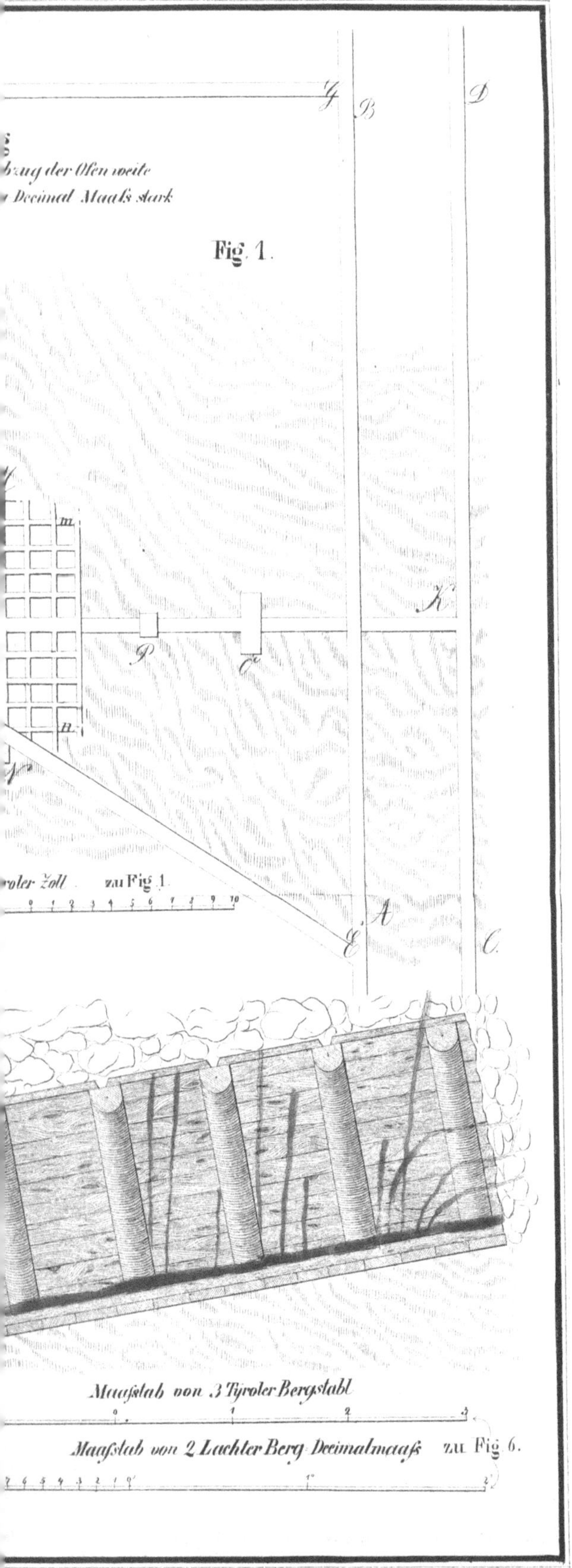
bzug der Ofen weite
Decimal Maaſs stark
Fig. 1.
G
B
D
K
P
C
m
n
A
E
C
roler Zoll
zu Fig. 1.
Maaſstab von 3 Tyroler Bergstabl
Maaſstab von 2 Lachler Berg Decimalmaaſs zu Fig. 6.

Vordere Ansicht des Wehrbundes.

Fig. 7.

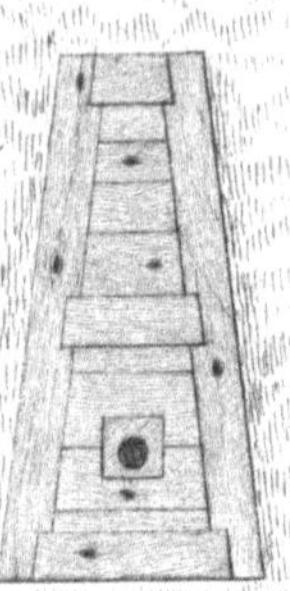

Kreutzriss des Lettengerüstes.

Fig. 8.

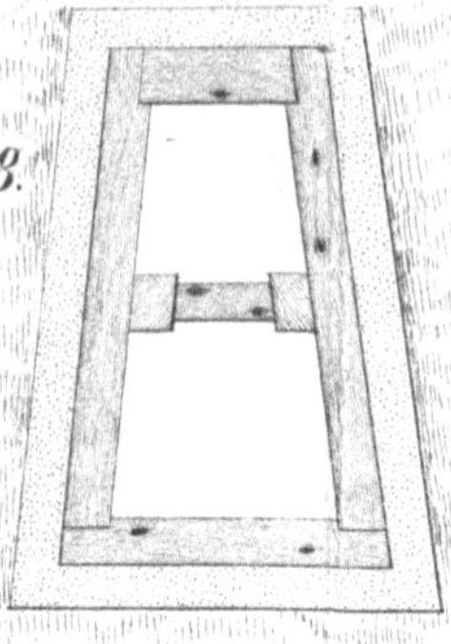

Kreutzriss des Lettengerüs
nach dem Antrag des Ber
Rode.

Fig. 9.

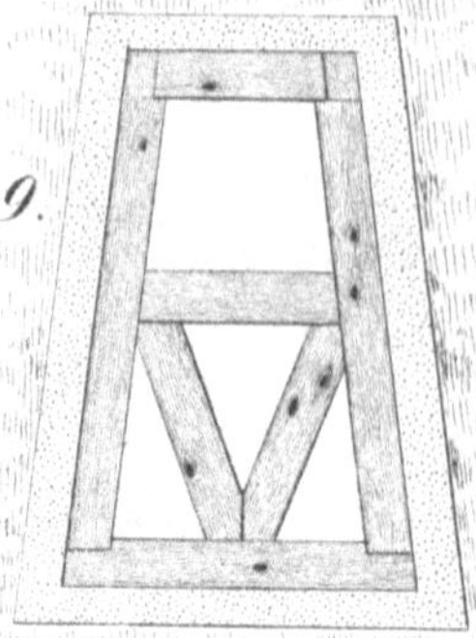

Fig. 1.

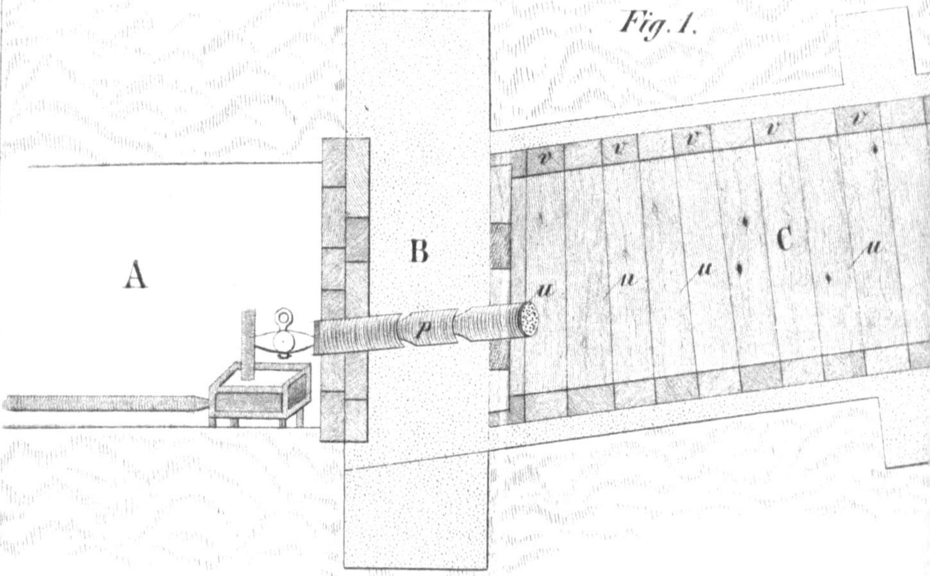

Grundriss der Lettendamm

Fig. 2.

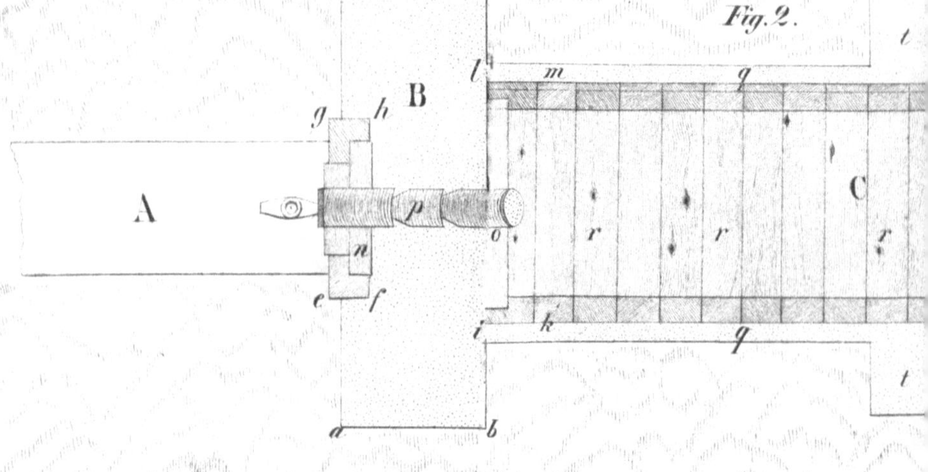

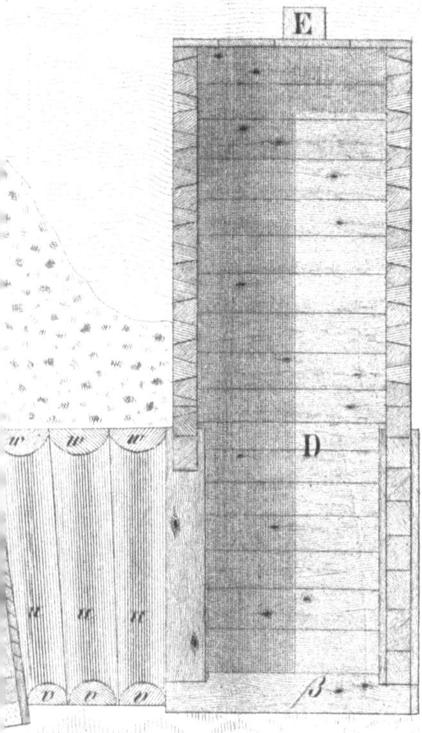

Aufriss
...ettendamm = Wehre mit dem Sumpf.

...it dem Sumpf.

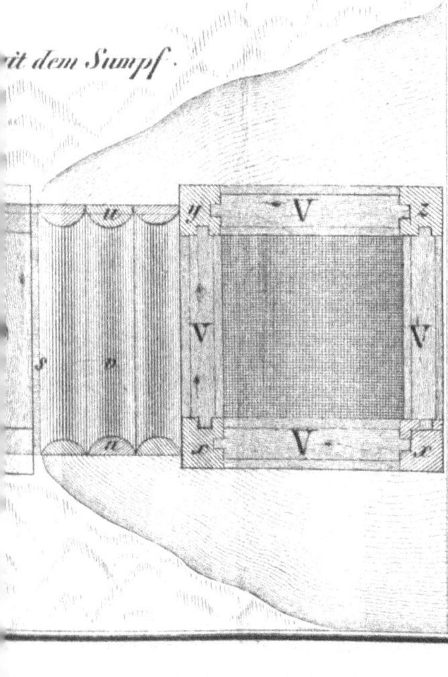

Ansicht der Scheidewand
am Ende des Lettengerüstes.

Fig.10.

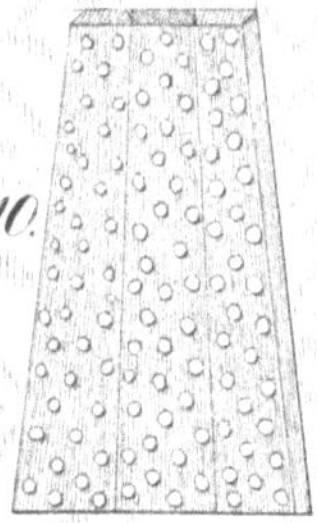

Vordere ...

Fig. ...

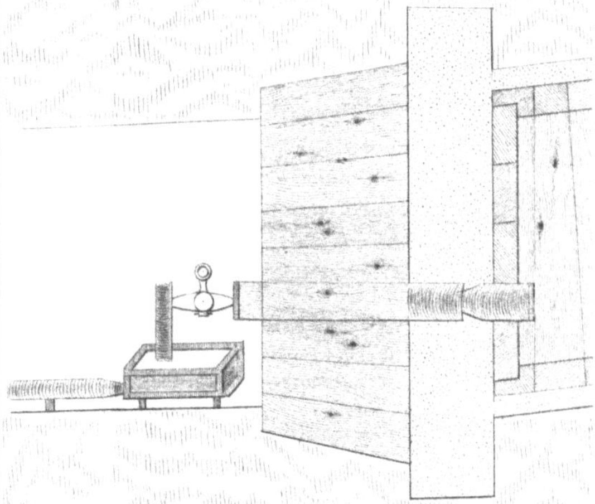

Gru...
sam...

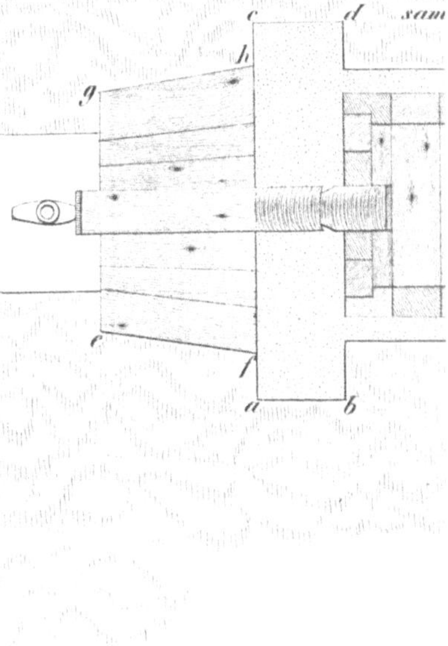

10 5

Maa...

Kopf, Salzb...

Ansicht der Stockwehr.

ıl.

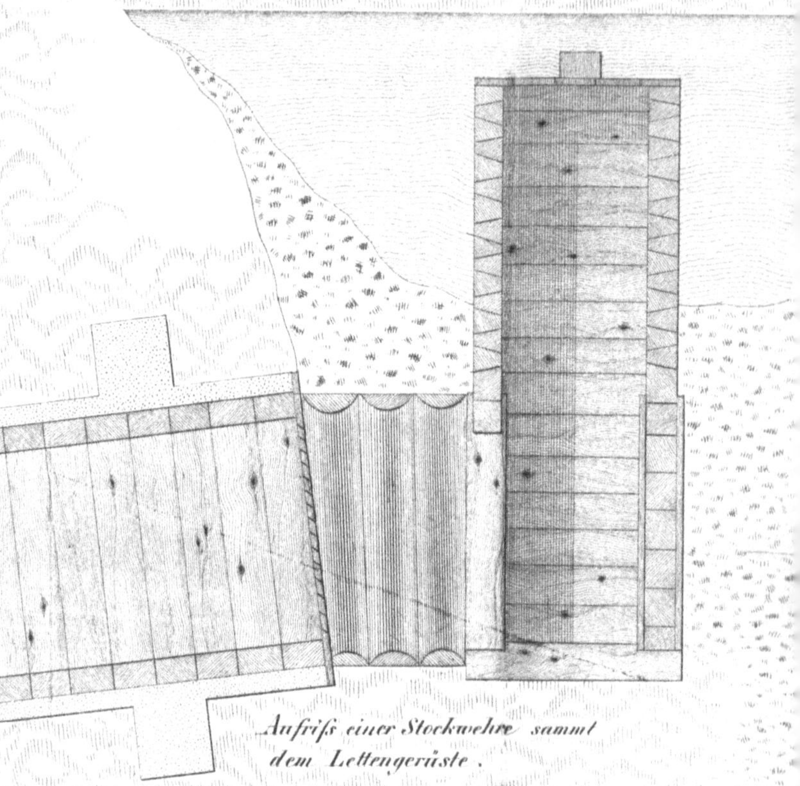

Fig. 3.

Aufriß einer Stockwehre sammt dem Lettengerüste.

ıdriß einer Stockwehre
ımt dem Lettengerüste.

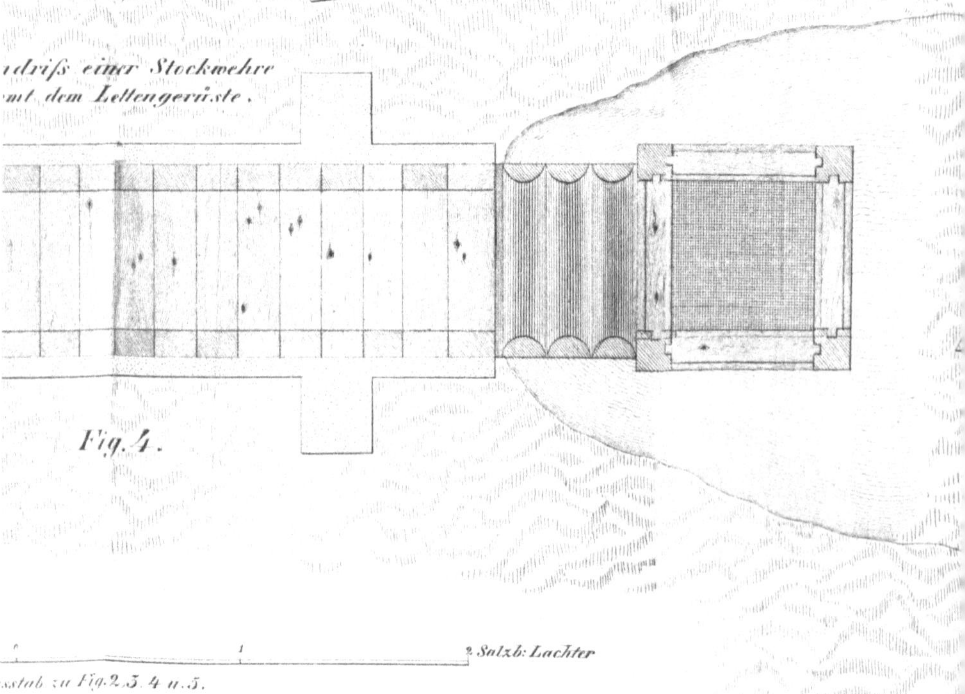

Fig. 4.

0 1 2 Salzb: Lachter

ısstab zu Fig. 2. 3. 4 u. 5.

ırgbau.

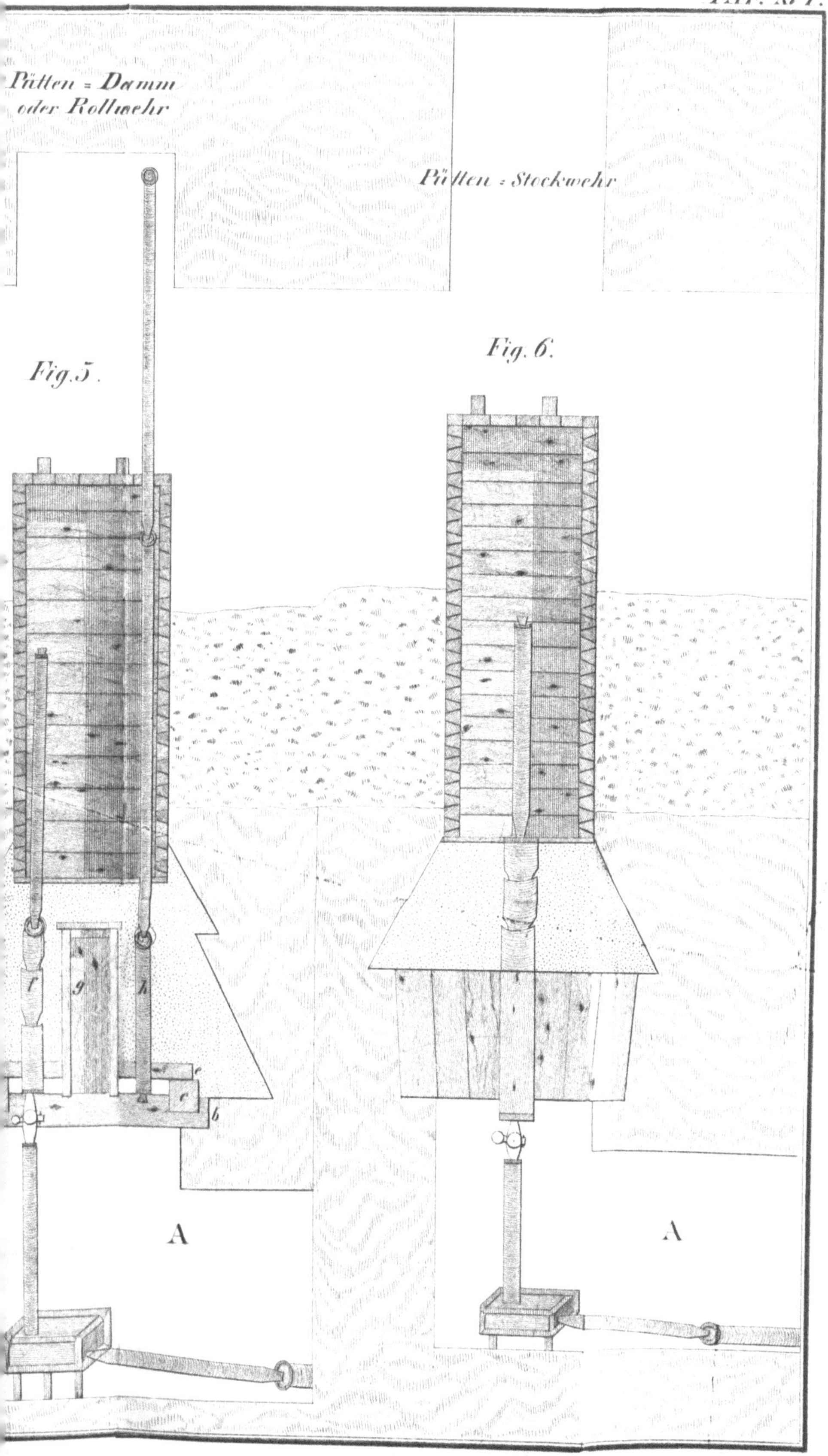
Pütten = Damm
oder Rollwehr
Pütten = Stockwehr
Fig. 5.
Fig. 6.
f
g
h
e
c
b
A
A